普通高等教育数学基础课程"十三五"规划教材

U0325789

概率论与数理统计

主　编　王洪山　　陈永光　　刘桂东

副主编　唐　强　　万　立　　欧贵兵

同济大学 出版社
TONGJI UNIVERSITY PRESS

内 容 提 要

本书是根据 2014 版"工科类本科数学基础课程教学基本要求"而编写的. 全书共分为 8 章,分别为概率论的基本概念,随机变量及其分布,多维随机变量及其分布,随机变量的数字特征,大数定律和中心极限定理,数理统计的基本概念,参数估计以及假设检验. 每章后附有习题,书后附有答案. 全书理论系统、举例丰富、讲解透彻,适合作为普通高等院校工科类、理科类(非数学专业)、经管类有关专业的概率论与数理统计课程的教材使用,也可供作为相关专业人员和广大教师的参考用书.

图书在版编目(CIP)数据

概率论与数理统计/王洪山,陈永光,刘桂东主编.
--上海:同济大学出版社,2016.12
   ISBN 978-7-5608-6700-7

Ⅰ.①概… Ⅱ.①王… ②陈… ③刘… Ⅲ.①概率论—高等学校—教材 ②数理统计—高等学校—教材 Ⅳ.①O21

中国版本图书馆 CIP 数据核字(2016)第 324262 号

普通高等教育数学基础课程"十三五"规划教材

概率论与数理统计

主编 王洪山 陈永光 刘桂东 **副主编** 唐 强 万 立 欧贵兵
责任编辑 陈佳蔚 **责任校对** 徐春莲 **封面设计** 潘向蓁

出版发行	同济大学出版社 www.tongjipress.com.cn
	(地址:上海市四平路 1239 号 邮编:200092 电话:021-65985622)
经 销	全国各地新华书店
印 刷	大丰科星印刷有限责任公司
开 本	787mm×1 092mm 1/16
印 张	16
字 数	320000
印 数	3 101—5 200
版 次	2016 年 12 月第 1 版 2017 年 9 月第 2 次印刷
书 号	ISBN 978-7-5608-6700-7
定 价	35.00 元

本书若有印装质量问题,请向本社发行部调换   版权所有 侵权必究

前　　言

　　"概率论与数理统计"是普通高等学校理、工、经济、金融以及管理类各专业普遍开设的一门重要的公共基础课程,具有较强的逻辑性和抽象性. 其理论和方法广泛应用于各个学科之中,特别是在大数据时代,概率论与数理统计在国民经济和科学技术中的地位和作用越来越重要. 为了更好地适应我国高等教育发展的新常态,满足新时期普通高等学校出现的教学新形式和教学特点,我们编写了这本《概率论与数理统计》教材.

　　本书的编写过程中,我们严格执行教育部"数学与统计学教学指导委员会"最新修订的"本科数学基础课程(概率论与数理统计部分)的教学基本要求",参考了近几年兄弟院校出版的教材、教辅,结合编者多年的教学实践经验,在适度关注本课程自身系统性与逻辑性的同时,把握"以应用为主,必须够用为度"的原则,着重于学生完整全面地掌握基本概念、基本方法和基本技能,强调培养和提高学生基本运算能力.

　　本书的概念、定理以及理论叙述准确、精炼,符号使用标准、规范,知识点突出,难点分散,证明和计算严谨,精心选择具有代表性的例题和习题,通过简洁细腻的解题方法帮助学生掌握本课程的内容.

　　本书的主要内容有:概率论的基本概念、随机变量及其分布、多维随机变量及其分布、随机变量的数字特征、大数定律和中心极限定理、数理统计基本概念、参数估计以及假设检验. 本书的编写组成员均为教学一线工作多年、教学经验丰富的教师,在编写和审定教材时,大家紧扣指导思想和编写原则,准确定位,注重构建教材的体系和特色,并严谨细致的对内容的排序、例题习题的选择深入地进行了探讨,倾注了大量的心血.

　　由于编者水平有限,书中如有不妥之处,欢迎广大师生和同行批评指正.

编　者

2016.12

目　　录

第1章 概率论的基本概念

在自然界和人类社会生产实践中发生的现象是多种多样的,其中一类是确定性现象,即在一定条件下必然要发生的现象.例如,向上抛石子必然下落;同性电荷一定相互排斥.还有一类现象,在相同条件下,可能出现这样的结果也可能出现那样的结果.例如,在相同条件下抛掷同一枚硬币,其结果可能是正面朝上,也可能是反面朝上,并且在每次抛掷之前无法肯定到底会出现哪种结果;同一门炮向同一目标发射多发同种炮弹,因受炮弹制造时质量误差、天气条件的微小变化等因素的影响,其弹着点也不尽相同,在射击前是无法预测弹着点的位置,等等.这些现象都有一个共同的特点:在一定的条件下,试验或现象会时而出现这种结果,时而出现那种结果,呈现出一种偶然性、不确定性.然而,经过人们长期实践和研究后,发现这类现象在大量重复试验或观察下,其结果却呈现出某种规律性.例如,多次重复抛一枚硬币得到正面向上的大致一半;同一门炮射击同一目标的弹着点按照一定的规律分布,等等.这种大量重复试验或观察中所呈现出的固有规律性,就是我们以后说的**统计规律性**,把这种在个别试验中其结果呈现出不确定性,而在大量重复试验中其结果具有统计规律性的现象称为**随机现象**.概率论与数理统计是研究和揭示随机现象统计规律的一门数学学科.

1.1 随机试验、样本空间及随机事件

一、随机试验

这里所讨论的试验,其含义广泛,包括各种各样的科学实验,甚至对某一事物的某一特征的观察也可看作一种试验.

下面我们来看一些试验的例子.

E_1:抛掷一枚硬币,观察正面 H、反面 T 出现的情况.

E_2:抛掷一枚硬币三次,观察正面、反面出现的情况.

E_3:抛掷一枚硬币三次,观察正面出现的次数.

E_4：掷一颗骰子，观察出现的点数.

E_5：测试某种型号电子元件的使用寿命.

E_6：袋内有红、黄、蓝三色的球各一个，从中取出一个球来观察其颜色.

E_7：观察一天内到某超市购物的人数.

上面举出的七个试验的例子，它们有着共同的特点. 例如，试验 E_1 有两种可能的结果，出现 H 或者出现 T，但在抛掷之前不能确定出现 H 还是出现 T，这个试验可以在相同条件下重复进行. 又如试验 E_5，电子元件的寿命（以小时计）$t \geqslant 0$，但在测试之前不确定它的寿命有多长. 这一试验也可以在相同条件下重复进行. 概括起来，这些试验具有以下特点：

（1）可以在相同条件下重复进行（简称"可重复性"）；

（2）每次试验的可能结果不止一个，并且事先知道其所有可能出现的结果（简称"不唯一性"）；

（3）在进行一次试验之前不能确定哪一个结果会出现（简称"不确定性"）.

在概率论中，通常把具有上述三个特征的试验称为**随机试验**，用 E 来表示. 在本书中以后提到的实验都指随机试验. 我们是通过研究随机试验来研究随机现象的.

二、样本空间

根据随机试验的概念，尽管每次试验之前无法预知试验结果，但试验的所有可能结果组成的集合是已知的. 我们把随机试验 E 的所有可能结果组成的集合称为试验 E 的**样本空间**，记为 S. 样本空间的元素，即 E 的每个结果，称为**样本点**，用 e 来表示. 于是 $S = \{e \mid e$ 为 E 的可能结果$\}$.

前面列举的七个随机试验 E_k 的样本空间 $S_k (k = 1, 2, 3, 4, 5, 6, 7)$ 分别为

$S_1 = \{H, T\}$；

$S_2 = \{HHH, HHT, HTH, THH, HTT, THT, TTH, TTT\}$；

$S_3 = \{0, 1, 2, 3\}$；

$S_4 = \{1, 2, 3, 4, 5, 6\}$；

$S_5 = \{t \mid t \geqslant 0\}$；

$S_6 = \{红，黄，蓝\}$；

$S_7 = \{0, 1, 2, 3, \cdots\}$.

应该说明的是：问题的不同，其样本空间可能不同，有的简单，有的复杂. 样本空间的元素也由试验的目的所确定，试验的目的不一样，其样本空间也不一样.

三、随机事件

在实际中，当进行随机试验时，人们往往关心满足某种条件的样本点组成的集

合. 例如, 若规定某种型号电子元件的使用寿命不少于 500, 则由 E_5 满足这一条件的样本点组成其样本空间 S_5 的一个子集 $A = \{t \mid t \geqslant 500\}$. 我们称 A 为试验 E_5 的一个随机事件. 显然, 当且仅当子集 A 中一个样本点出现时, 有 $t \geqslant 500$.

一般地, 称试验 E 的样本空间 S 的子集为 E 的**随机事件**, 简称**事件**, 用字母 A, B, $\cdots$ 表示. 在每次试验中, 当且仅当事件中的一个样本点出现时, 就称这一**事件发生**.

特别地, 由一个样本点组成的单点集, 称为**基本事件**或**简单事件**. 把由两个及两个以上样本点组成的集合, 称为**复合事件**或**复杂事件**. 不包含任何样本点的集合, 即空集 $\varnothing$, 称为**不可能事件**. 样本空间 S 包含所有的样本点, 它是自身的子集, 在每次试验中它总是发生的, 称为**必然事件**.

例如, 在 E_2 中, 事件 A_1:"第一次出现 H", 即 $A_1 = \{HHH, HHT, HTH, HTT\}$; 事件 A_2:"三次出现同一面", 即 $A_2 = \{HHH, TTT\}$. 在 E_5 中, 事件 A_3:"寿命小于 $1\,000$ 小时", 即 $A_3 = \{T \mid 0 \leqslant t < 1\,000\}$.

四、事件间的关系及运算

事件是一个集合, 因此事件间的关系与运算自然按照集合间的关系与运算来处理. 下面依"事件发生"的含义, 给出这些关系和运算在概率论中的含义.

设试验 E 的样本空间为 S, 而 A, B, C, $A_k(k = 1, 2, \cdots)$ 均为 S 的子集.

(1) 若事件 A 发生必然导致事件 B 发生, 则称事件 B 包含事件 A, 记为 $A \subset B$, 也称事件 A 是事件 B 的**子事件**.

(2) 若 $A \subset B$ 且 $B \subset A$, 则称事件 A 与事件 B **相等**, 记为 $A = B$.

(3) 若事件 C 发生当且仅当 A, B 中至少有一个发生, 称事件 C 为事件 A 与事件 B 的**和事件**, 记为 $A + B$ 或 $A \bigcup B$, 即 $A \bigcup B = \{e \mid e \in A \text{ 或 } e \in B\}$.

易证, $A \subset B$ 当且仅当 $A \bigcup B = B$.

类似地, 称 $\bigcup_{k=1}^{n} A_k$ 为 n 个事件 A_1, A_2, $\cdots$, A_n 的和事件, 称 $\bigcup_{k=1}^{\infty} A_k$ 为可列个事件 A_1, A_2, $\cdots$ 的和事件.

(4) 若事件 C 发生当且仅当 A, B 同时发生, 则称事件 C 为事件 A 与事件 B 的**积事件**, 记为 $A \bigcap B$ 或 AB, 即 $A \bigcap B = \{e \mid e \in A \text{ 且 } e \in B\}$.

易证, $A \subset B$ 当且仅当 $A \bigcap B = A$.

类似地, 称 $\bigcap_{k=1}^{n} A_k$ 为 n 个事件 A_1, A_2, $\cdots$, A_n 的积事件, 称 $\bigcap_{k=1}^{\infty} A_k$ 为可列个事件 A_1, A_2, $\cdots$ 的积事件.

(5) 若事件 C 发生当且仅当 A 发生, 而 B 不发生, 则称事件 C 为事件 A 与事件 B 的**差事件**, 记为 $A - B$, 即 $A - B = \{e \mid e \in A, e \notin B\}$.

(6) 若事件 A 与事件 B 不能同时发生, 即 $A \bigcap B = \varnothing$, 则称事件 A 与事件 B

为**互不相容事件**或**互斥事件**. 若 $A_iA_j = \varnothing (i, j = 1, 2, \cdots, i \neq j)$,则称 A_1,A_2,$\cdots$ 为**两两互不相容事件组**(或**列**).

(7) 若 $A \bigcup B = S$,$A \bigcap B = \varnothing$,则称事件 A 与事件 B **互为逆事件**或**对立事件**. 即在每次试验中,事件 A,B 中必有一个发生,且仅有一个发生. 记 A 的对立事件为 $\bar{A}$,且 $\bar{A} = S - A$.

易证,$A - B = A - AB = A\bar{B}$.

关于事件间的关系及运算与集合之间的关系及运算的类比,如表 1.1 所示.

表 1.1   **符号的意义**

符号	概率论	集合论
S	样本空间或必然事件	全集
$\varnothing$	不可能事件	空集
e	样本点	元素
A	事件 A	集合 A
$\bar{A}$	A 的对立事件	A 的余集(补集)
$A \subset B$	事件 A 发生导致事件 B 发生	A 是 B 的子集
$A = B$	事件 A 与事件 B 相等	A 与 B 相等
$A \bigcup B$	事件 A 与 B 至少有一个发生	A 与 B 的并集
$A \bigcap B$	事件 A 与 B 同时发生	A 与 B 的交集
$A - B$	事件 A 发生,而 B 不发生	A 与 B 的差集
$AB = \varnothing$	事件 A 和事件 B 互不相容	A 与 B 不相交

事件的基本运算律   设有事件 A,B,C,则有

交换律 $A \bigcup B = B \bigcup A$, $A \bigcap B = B \bigcap A$.

结合律 $A \bigcup (B \bigcup C) = (A \bigcup B) \bigcup C$,
$A \bigcap (B \bigcap C) = (A \bigcap B) \bigcap C$.

分配律 $A \bigcup (B \bigcap C) = (A \bigcup B) \bigcap (A \bigcup C)$,
$A \bigcap (B \bigcup C) = (A \bigcap B) \bigcup (A \bigcap C)$.

德·摩根律 $\overline{A \bigcup B} = \bar{A} \bigcap \bar{B}$, $\overline{A \bigcap B} = \bar{A} \bigcup \bar{B}$.

一般地

$$\overline{A_1 \bigcup A_2 \bigcup \cdots \bigcup A_n} = \bar{A}_1 \bigcap \bar{A}_2 \bigcap \cdots \bigcap \bar{A}_n,$$
$$\overline{A_1 \bigcap A_2 \bigcap \cdots \bigcap A_n} = \bar{A}_1 \bigcup \bar{A}_2 \bigcup \cdots \bigcup \bar{A}_n.$$

例 1   设 A,B,C 表示随机试验 E 的三个事件,如何通过 A,B,C 表示出下列事件?

(1) A 发生而 B 与 C 都不发生;

(2) A 与 B 都发生而 C 不发生；

(3) A，B，C 这三个事件都发生；

(4) A，B，C 这三个事件中至少一个发生；

(5) A，B，C 至少两个发生；

(6) A，B，C 三个事件都不发生；

(7) A，B，C 中不多于一个事件发生；

(8) A，B，C 中不多于两个事件发生；

(9) A，B，C 中恰有一个事件发生；

(10) A，B，C 中恰有两个事件发生.

解　(1) $A\bar{B}\bar{C}$ 或 $(A-B)-C$ 或 $A-(B+C)$；

(2) $AB\bar{C}$ 或 $AB-C$ 或 $AB-ABC$；

(3) ABC；

(4) $A+B+C$ 或 $A\bar{B}\bar{C}+\bar{A}B\bar{C}+\bar{A}\bar{B}C+\bar{A}BC+A\bar{B}C+AB\bar{C}+ABC$；

(5) $AB+BC+CA$ 或 $AB\bar{C}+A\bar{B}C+\bar{A}BC+ABC$；

(6) $\bar{A}\bar{B}\bar{C}$ 或 $\overline{(A+B+C)}$；

(7) $\bar{A}\bar{B}\bar{C}+A\bar{B}\bar{C}+\bar{A}B\bar{C}+\bar{A}\bar{B}C$ 或 $\overline{(AB+BC+CA)}$；

(8) $\bar{A}\bar{B}\bar{C}+A\bar{B}\bar{C}+\bar{A}B\bar{C}+\bar{A}\bar{B}C+\bar{A}BC+A\bar{B}C+AB\bar{C}$；

(9) $A\bar{B}\bar{C}+\bar{A}B\bar{C}+\bar{A}\bar{B}C$；

(10) $\bar{A}BC+A\bar{B}C+AB\bar{C}$.

例 2　从一批零件中任取两个，A 表示事件"第一个零件为合格品"，B 表示事件"第二个零件为合格品"，问 AB，$\bar{A}$，$\overline{AB}$，$\bar{A}\bar{B}$，$\overline{A\bigcup B}$ 分别表示什么事件？

解　(1) AB 表示事件"第一个，第二个零件都为合格品"；

(2) $\bar{A}$ 表示事件"第一个零件不是合格品"；

(3) $\overline{AB}$ 表示事件"在第一个零件，第二个零件中至少有一个不是合格品"；

(4) $\bar{A}\bar{B}$ 表示事件"第一个，第二个都不是合格品"；

(5) 因为 $A\bigcup B$ 表示事件"第一个零件，第二个零件中至少有一个合格品"，所以 $\overline{A\bigcup B}$ 表示事件"两个零件都不是合格品".

1.2　概率的定义

对于一个事件(除必然事件和不可能事件外)来说，它在一次试验中可能发生，也可能不发生. 我们通常希望知道某些事件在一次试验中发生的可能性究竟多大. 为此，首先引入频率，它描述了事件发生的频繁程度，进而引出表征事件在一次试验中出现的可能性大小的数值 —— 概率.

一、概率的统计定义

在某次试验中一个事件是否发生,事先是无法确定的. 在相同的条件下,进行 n 次试验,把事件 A 发生的次数 n_A 称为事件 A 发生的**频数**,比值 $\dfrac{n_A}{n}$ 称为事件 A 发生的**频率**,记为 $f_n(A)$,即 $f_n(A) = \dfrac{n_A}{n}$.

由定义,易见频率有下述基本性质:

(1) $0 \leqslant f_n(A) \leqslant 1$;

(2) $f_n(S) = 1$;

(3) 若 A_1,A_2,$\cdots$,A_k 是两两互不相容的事件,则

$$f_n(A_1 \bigcup A_2 \bigcup \cdots \bigcup A_k) = f_n(A_1) + f_n(A_2) + \cdots + f_n(A_k).$$

由于事件 A 发生的频率是它发生的次数与试验次数之比,其大小反映了事件 A 发生的频繁程度. 频率大,A 发生频繁,意味着 A 在一次试验中发生的可能性大,反之亦然. 这就提出了一个问题:能否用频率表示 A 在一次试验中发生的可能性的大小?先看看下述例子.

例1 考虑"抛硬币"这个试验,我们将一枚硬币抛掷 5 次、50 次、500 次,各做 10 遍,得到的数据如表 1.2 所示(其中 n_H 表示 H(出现正面)发生的频数,$f_n(H)$ 表示 H(出现正面)发生的频率).

表 1.2   抛硬币试验(1)

实验序号	n	n_H	$f_n(H)$	n	n_H	$f_n(H)$	n	n_H	$f_n(H)$
1		2	0.4	22	0.44		251	0.502	
2		3	0.6	25	0.50		249	0.498	
3		1	0.2	21	0.42		256	0.512	
4		5	1.0	25	0.50		253	0.506	
5	5	1	0.2	24	0.48		251	0.502	
6		2	0.4	21	0.42	50	246	0.492	500
7		4	0.8	18	0.36		244	0.488	
8		2	0.4	24	0.48		258	0.516	
9		3	0.6	27	0.54		262	0.524	
10		3	0.6	31	0.62		247	0.494	

在概率论的发展历史过程中,有许多数学家也做过"抛硬币"的试验,其相关数据如表 1.3 所示.

表 1.3　　　　　　　　　抛硬币试验(2)

试验人	"抛硬币"试验次数	出现正面(H)	频率
德摩根	2 048	1 061	0.518 1
蒲丰	4 040	2 048	0.509 6
K·皮尔逊	12 000	6 019	0.501 6
K·皮尔逊	24 000	12 012	0.500 5

由表 1.2 和表 1.3 中数据发现,当抛掷次数 n 较小时,频率 $f_n(H)$ 在 0 与 1 之间的随机波动较大. 当 n 较大时,$f_n(H)$ 的随机波动较小. 当 n 逐渐增大时,$f_n(H)$ 总是在 0.5 附近摆动,而且逐渐稳定于 0.5.

例 2　考察英语中特定字母出现的频率. 当观察字母的个数 n(试验的次数)较小时,频率有较大幅度的随机波动. 当 n 增大时,频率呈现稳定性. Dewey.G 统计了约 438 023 个字母后归纳了一份英文字母频率统计表如表 1.4 所示.

表 1.4　　　　　　　　　字母出现频率

字母	频率	字母	频率
E	0.126 8	F	0.025 6
T	0.097 8	M	0.024 4
A	0.078 8	W	0.021 4
O	0.077 7	Y	0.020 2
I	0.070 6	G	0.018 7
N	0.063 4	P	0.018 6
S	0.059 4	B	0.015 6
R	0.057 3	V	0.010 2
H	0.039 4	K	0.006 0
L	0.038 9	X	0.001 6
D	0.028 0	J	0.001 0
U	0.026 8	Q	0.000 9
C	0.070 6	Z	0.000 6

大量试验表明,当试验次数 n 逐渐增大时,同一事件发生的频率尽管不一定相

同,然而却在某一固定的常数附近摆动,呈现出相对稳定的状态.我们把这种"频率稳定性"称为**统计规律性**.频率接近的这一固定常值看作相应事件的概率.于是得到概率的统计定义.

定义 1 在大量重复试验中,若事件 A 发生的频率稳定在某一常数 p 附近摆动,则称该常数 p 为事件 A 发生的**概率**,记为 $p(A) = p$.

由例 1 知,$P(H) = 0.5$.

二、概率的公理化定义

概率的统计定义从直观上给出了概率的定义,然而在理论上和应用中它又存在着缺陷.从理论上讲,人们会问:为什么频率具有稳定性?(要回答这个问题,需要用到第 5 章中的大数定律);从应用上讲,没有充分的理由认为,试验 $n+1$ 次计算出的频率总会比试验 n 次的更接近已求的概率,n 多大才好呢?没法确定.因此,必须研究概率更加严格的数字化定义.这个定义已经由前苏联数学家柯尔莫哥洛夫于 1933 年给出,即概率公理化定义.

定义 2 设随机试验 E 的样本空间为 S,对 E 的某一事件 A 赋予一个实数记为 $P(A)$.如果集函数 $P(\cdot)^{[*]}$(＊集函数就是一个定义域为 S 的子集的某个集合、值域为某一数集的函数)满足下列条件:

(1) **非负性** 对于任意一个事件 A,有 $P(A) \geqslant 0$;

(2) **规范性** 对必然事件 S,有 $P(S) = 1$;

(3) **可列可加性** 设 $A_1, A_2, \cdots$ 是两两互不相容的事件列,即当 $i \neq j$ 时,$A_i A_j = \varnothing (i, j = 1, 2, \cdots)$,则 $P(A_1 \bigcup A_2 \bigcup \cdots) = P(A_1) + P(A_2) + \cdots$,即

$$P\left(\bigcup_{k=1}^{\infty} A_k\right) = \sum_{k=1}^{\infty} P(A_k), \tag{1-1}$$

则称 $P(A)$ 为事件 A 的**概率**.

由概率的公理化定义,可推得一些重要性质.

性质 1 $P(\varnothing) = 0$.

证 令 $A_n = \varnothing (n = 1, 2, \cdots)$,则 $\bigcup_{n=1}^{\infty} A_n = \varnothing$,且 $A_i A_j = \varnothing, i \neq j, i, j = 1, 2, \cdots$.由概率的可列可加性,得

$$P(\varnothing) = P\left(\bigcup_{n=1}^{\infty} A_n\right) = \sum_{n=1}^{\infty} P(A_n) = \sum_{n=1}^{\infty} P(\varnothing),$$

又 $P(\varnothing) \geqslant 0$,所以 $P(\varnothing) = 0$.

性质 2(有限可加性) 设 $A_1, A_2, \cdots, A_n$ 是两两互不相容的事件,则

$$P(A_1 \bigcup A_2 \bigcup \cdots \bigcup A_n) = P(A_1) + P(A_2) + \cdots + P(A_n). \tag{1-2}$$

证 令 $A_{n+1} = A_{n+2} = \cdots = 0$，则 $A_i A_j = \varnothing$，$i \neq j$，$i, j = 1, 2, \cdots$. 由概率的可列可加性及性质 1，得

$$P(A_1 \bigcup A_2 \bigcup \cdots \bigcup A_n) = P\left(\bigcup_{k=1}^{\infty} A_k\right) = \sum_{k=1}^{\infty} P(A_k) = \sum_{k=1}^{n} P(A_k) + 0$$
$$= P(A_1) + P(A_2) + \cdots + P(A_n).$$

性质 3 设 A, B 为试验 E 的两个事件，若 $A \subset B$，则

(1) $P(B-A) = P(B) - P(A)$. $\tag{1-3}$

(2) $P(A) \leqslant P(B)$. $\tag{1-4}$

(3) $P(\bar{A}) = 1 - P(A)$. $\tag{1-5}$

证 因 $A \subset B$，$B = A \bigcup (B-A)$，且 $A \bigcap (B-A) = \varnothing$，所以由概率的有限可加性 (1-2)，有 $P(B) = P(A) + P(B-A)$.

于是

(1) $P(B-A) = P(B) - P(A)$.

(2) 由概率的非负性，知 $P(B-A) \geqslant 0$，则 $P(B) \geqslant P(A)$.

(3) 取 $B = S$，$B-A = S-A = \bar{A}$，则 $P(\bar{A}) = 1 - P(A)$.

性质 4 对任一事件 A，有 $P(A) \leqslant 1$.

证 因 $S \supset A$，由式 (1-4)，得 $P(A) \leqslant P(S) = 1$.

性质 5（加法公式） 设 A, B 为试验 E 两个事件，则

$$P(A \bigcup B) = P(A) + P(B) - P(AB). \tag{1-6}$$

证 因 $A \bigcup B = A \bigcup (B-AB)$，$A \bigcap (B-AB) = \varnothing$，$AB \subset B$. 由概率的有限可加性及性质 3，得

$$P(A \bigcup B) = P(A) + P(B-AB) = P(A) + P(B) - P(AB).$$

推论 1（次可加性） 设 A, B 为试验 E 两个事件，则

$$P(A \bigcup B) \leqslant P(A) + P(B). \tag{1-7}$$

推论 2 对于任意 n 个事件 $A_1, A_2, \cdots, A_n$，有

$$P\left(\bigcup_{k=1}^{n} A_k\right) = \sum_{i=1}^{n} P(A_i) - \sum_{1 \leqslant i < j \leqslant n} P(A_i A_j) + \sum_{1 \leqslant i < j < k \leqslant n} P(A_i A_j A_k) - \cdots +$$
$$(-1)^{n-1} P\left(\bigcap_{k=1}^{n} A_k\right). \tag{1-8}$$

用数学归纳法可证得推论 2.

特别地，

$$P(A \cup B \cup C) = P(A) + P(B) + P(C) - P(AB) - P(AC) - P(BC) + P(ABC).$$

推论 3 对于任意 n 个事件 A_1，A_2，$\cdots$，A_n，有

$$P\left(\bigcup_{i=1}^{n} A_i\right) \leqslant \sum_{i=1}^{n} P(A_i). \tag{1-9}$$

1.3 等可能概型(古典概型)

在 1.1 节中抛掷硬币时，由硬币两面的对称性，出现正面 H 和出现反面 T 的可能性是一样的；投掷骰子时，同样会认为 6 个点数出现的可能性是一样的. 观察可知，这两例具有两个共同的特性：

(1) 试验的样本空间只包含有限个元素；

(2) 试验中每个基本事件发生的可能性相同.

具有以上两个特点的试验是大量存在的. 这种试验被称为**等可能概型**，它是概率论发展初期的主要研究对象，也称为**古典概型**. 等可能概型的概率具有直观、容易理解的特点，有广泛的应用.

下面我们来讨论等可能概型中事件概率的计算公式.

设试验 E 的样本空间 $S = \{e_1, e_2, \cdots e_n\}$. 由于在每次试验中每个基本事件发生的可能性是相同的，即 $P(\{e_1\}) = P(\{e_2\}) = \cdots = P(\{e_n\})$.

又由于基本事件两两不相容，于是

$$\begin{aligned}
1 = P(S) &= P(\{e_1\} \cup \{e_2\} \cup \cdots \cup \{e_n\}) \\
&= P(\{e_1\}) + P(\{e_2\}) + \cdots + P(\{e_n\}) \\
&= nP(\{e_i\}),
\end{aligned}$$

得 $P(\{e_i\}) = \dfrac{1}{n}(i = 1, 2, \cdots, n)$.

又事件 A 含的基本事件数为 k，设 $A = \{e_{n_1}, e_{n_2}, \cdots, e_{n_k}\}$，这里 $k_1, k_2, \cdots, k_k$ 是 $1, 2, \cdots, n$ 中某 k 个不同的数，所以 $P(A) = \sum_{j=1}^{k} P(\{e_{n_j}\}) = \dfrac{k}{n} = \dfrac{A \text{包含的基本事件数}}{S \text{中基本事件总数}}$.

定理 设样本空间 S 的基本事件数为 $|S| = n$,事件 A 含的基本事件数为 $|A| = k$,则事件 A 的概率

$$P(A) = \sum_{j=1}^{k} P(\{e_{n_j}\}) = \frac{k}{n} = \frac{A \text{ 包含的基本事件数}}{S \text{ 中基本事件总数}}. \tag{1-10}$$

式(1-10)就是古典概型中事件的**概率计算公式**.

式(1-10)表明,在计算古典概型事件的概率时,只要求得试验的样本空间中的基本事件总数和事件所含的基本事件数,就容易求得概率了.

例 1 将一枚硬币抛掷三次,求(1)恰好出现一次正面的概率;(2)至少出现一次正面的概率.

解 试验 E_2 样本空间包含的基本事件数为

$$|S_2| = |\{HHH, HHT, HTH, THH, HTT, THT, TTH, TTT\}| = 8.$$

(1)用 A 表示事件"恰好出现一次正面",则

事件 A 包含的基本事件数为 $|A| = |\{HTT, THT, TTH\}| = 3$,

所以 $P(A) = \dfrac{3}{8}$.

(2)用 B 表示事件"至少出现一次正面",则

$$|B| = |\{HHH, HHT, HTH, THH, HTT, THT, TTH\}| = 7,$$

所以 $P(B) = \dfrac{7}{8}$.

$P(B)$ 还可用 B 的对立事件来求出. 事实上,事件 B 的对立事件 $\bar{B}$ 表示"不出现正面",即"三次全出现反面",有 $|\bar{B}| = |\{TTT\}| = 1$,则 $P(\bar{B}) = \dfrac{1}{8}$. 从而

$$P(B) = 1 - P(\bar{B}) = \frac{7}{8}.$$

当样本空间的元素较多时,一般不再将 S 中的元素一一列出,而只需要分别求出 S 中与 A 中包含的元素的个数(即基本事件的个数),再由式(1-10)即可求出 A 的概率.

例 2 一袋中有形状大小相同的球 8 个,其中黑色球 5 个,白色球 3 个,从袋中取球两次,每次随机取一只. 考虑两种取球方式:

(1)第一次从袋中取出一个球,观察颜色后不放回,第二次从剩余球中再取出一个球,这种方法叫作**不放回抽样**;

(2)第一次从袋中取出一个球,观察后放回袋中,搅匀后再取一球,这种方法叫作**放回抽样**.

试求取出的两球全是黑色球的概率.

解 用 A 表示事件"取出两球是黑色球".

(1) 从袋中的 8 个球中第一次取出一个球,不放回,剩下 7 个球,第二次再从 7 个球中取出一个球,其取法有 $C_8^1 C_7^1 = 56$ 种,即样本空间 S 所含的基本事件数 $|S| = 56$;"取出两黑球"的取法有 $C_5^1 C_4^1 = 20$ 种,即 $|A| = 20$,所以 $P(A) = \dfrac{20}{56} = \dfrac{5}{14}$.

(2) 从 8 个球中第一次取出一个球,放回,袋中还是 8 个球,第二次再从中取一个球,其取法有 $C_8^1 C_8^1 = 64$ 种,其样本空间所含的基本事件数 $|S| = 64$;"取出两黑球"的取法有 $C_5^1 C_5^1 = 25$,即 $|A| = 25$,所以 $P(A) = \dfrac{25}{64}$.

例3 一袋中有形状大小相同的白球 a 个,黑球 b 个,k 个人依次从袋中随机各取球一个.(1) 做放回抽样;(2) 做不放回抽样.试求第 $i(i = 1, 2, 3, \cdots, k)$ 个人取得白球的概率($k \leqslant a + b$).

解 第 $i(i = 1, 2, 3, \cdots, k)$ 个人取得白球的事件记为 B.

(1) 做放回抽样,显然有 $p(B) = \dfrac{a}{a + b}$.

(2) 做不放回抽样,每人取一球,共有基本事件 A_{a+b}^k 个,当事件 B 发生时,第 i 个人取的应是白球,有 a 种取法,其余被取的 $k - 1$ 只球可以是其余 $a + b - 1$ 只中的任意 $k - 1$ 只,共有 A_{a+b-1}^{k-1} 种取法,因而,事件 B 包含 $a A_{a+b-1}^{k-1}$ 个基本事件.故有

$$p(B) = \frac{a A_{a+b-1}^{k-1}}{A_{a+b}^k} = \frac{a}{a + b}.$$

例 3 表明:尽管每人取球的次序不同,但是取得白球概率是相同的,与取球的次序无关.类似的,如购买彩票时,每人中奖的机会是一样的.

例4 将 n 个球随机即放入 $N(N \geqslant n)$ 个盒子中,求每个盒子里至多有一个球的概率(设盒子的容量不限).

解 先求基本事件总数,把每个球随机地放入 N 个盒子的任意一个中,有 N 种不同的放法,共有 n 球,由排列组合乘法原理知,一共有放法 $N \cdot N \cdot \cdots \cdot N = N^n$ 种.

用 B 表示事件"每个盒子至多有一个球",由于每个盒子里至多有一个球,所以第一个球有 N 种放法;第一个球放好后,即占去了一个盒子,第二个球只有 $N - 1$ 种放法;第一、二个球放好之后,即共占去了两个盒子,所以第三个球只有 $N - 2$ 种放法,$\cdots$,第 n 个球只有 $N - (n - 1) = N - n + 1$ 种放法,由排列组合乘法原理知,使事件 B 发生的放法有 $N(N-1)\cdots[N - (n-1)] = A_N^n$,则 $P(B) = \dfrac{A_N^n}{N^n}$.

有许多问题和本例具有相同的数学模型,例如,假设每人的生日在一年 365 天

中的任一天是等可能的,即都为 1/365,那么随机选取 $n(n \leqslant 365)$ 个人,他们的生日各不相同的概率为 $\dfrac{365 \times 364 \times \cdots \times (365 - n + 1)}{365^n}$. 因而 n 个人中至少两人的生日相同的概率为 $1 - \dfrac{365 \times 364 \times \cdots \times (365 - n + 1)}{365^n}$.

例 5 一批产品共 N 件,其中次品 M 件($M \leqslant N$),从中任取 n 件($n \leqslant N$),试求所取 n 件产品中恰有 $m(m \leqslant M)$ 件次品的概率.

解 用 A 表示事件"n 件产品中恰有 m 件次品",从 N 件产品中任取 n 件的所有可能取法有 C_N^n 种. 从 M 件次品中取 m 件的取法有 C_M^m 种,从余下的 $N - M$ 正品中取 $n - m$ 件的取法有 C_{N-M}^{n-m} 种. 由排列组合乘法原理知,使事件 A 发生的取法有 $C_M^m C_{N-M}^{n-m}$ 种,所以 $P(A) = \dfrac{C_M^m C_{N-M}^{n-m}}{C_N^n}$

这个式子即所谓**超几何分布**的概率公式.

例 6 从 1 到 1 000 的整数中随机地取出一个数,试求所取出的整数能被 4 整除或能被 6 整除的概率.

解 用 A 表示事件"取出的整数能被 4 整除",用 B 表示事件"取出的数能被 6 整除",则 $A \bigcup B$ 表示"取出的数能被 4 整除或能被 6 整除". 根据概率加法公式有

$$P(A \bigcup B) = P(A) + P(B) - P(AB).$$

显然任取一个数的取法有 $C_{1\,000}^1 = 1\,000$ 种,即 $|S| = 1\,000$. 由于 $\dfrac{1\,000}{4} = 250$,所以 $P(A) = \dfrac{250}{1\,000}$.

由于 $166 < \dfrac{1\,000}{6} < 167$,所以使事件 B 发生的取法有 166 种,故 $P(B) = \dfrac{166}{1\,000}$.

因为一个数同时能被 4 和 6 整除,就相当于这个数能被 4 和 6 的最小公倍数(即 12)整除,所以 $83 < \dfrac{1\,000}{12} < 84$,从而 $P(AB) = \dfrac{83}{1\,000}$.

因此 $P(A \bigcup B) = \dfrac{250}{1\,000} + \dfrac{166}{1\,000} - \dfrac{83}{1\,000} = 0.333$.

例 7 从 n 双不同的手套中任取 $2k(k < n)$ 只,求(1)恰有一双配对的概率;(2)至少有 2 只可配成双的概率.

解 用 A 表示事件"恰有一双配对",B 表示事件"至少有 2 只可配成双".

从 n 双手套中取 $2k$ 只,不同的取法总数有 C_{2n}^{2k},即 $|S| = C_{2n}^{2k}$.

(1)要"恰有一双配对",需分三步来完成:

（ⅰ）从 n 双手套中取出一双来作为配对的那 2 只手套，有 C_n^1 种取法；

（ⅱ）从剩下的 $n-1$ 双手套中取出 $k-1$ 双手套，有 C_{n-1}^{k-1} 种取法；

（ⅲ）再从这不同中的 $k-1$ 双手套中的每一双中各取一只手套，共有

$$\underbrace{C_2^1 \cdot \cdots \cdot C_2^1}_{(k-1)} = \underbrace{2 \times \cdots \times 2}_{(k-1)} = 2^{(k-1)} \text{ 种取法}.$$

由排列组合乘法原理知，使事件 A 发生的取法有 $C_n^1 C_{n-1}^{k-1} \times 2^{k-1}$ 种，故 $P(A) = \dfrac{2^{k-1} C_n^1 C_{n-1}^{k-1}}{C_{2n}^{2k}}$.

（2）显然事件 B 的对立事件 $\bar{B}$ 表示"没有配成双". 使事件 $\bar{B}$ 发生的取法可分两步来完成：

（ⅰ）从 n 双手套中取出 k 双，取法有 C_n^k 种；

（ⅱ）从这 k 双手套的每双中取一只，共有取法 $\underbrace{C_2^1 \cdot C_2^1 \cdot \cdots \cdot C_2^1}_{k} = 2^k$ 种，

从而 $|\bar{B}| = 2^k C_n^k$. 故

$$P(B) = 1 - P(\bar{B}) = 1 - \frac{C_n^k 2^k}{C_{2n}^{2k}}.$$

例 8 将 15 名新生随机地平均分配到三个班级中去，这 15 名新生中有 3 名是优秀生. 求（1）每个班级各分配到一名优秀生的概率是多少？（2）3 名优秀生分配在同一班级的概率是多少？

解 15 名新生平均分配到三个班级中的分法总数为

$$C_{15}^5 C_{10}^5 C_5^5 = \frac{15!}{5!5!5!}.$$

每一种分配法为一基本事件，且由对称性可知每一事件发生的可能性相同.

（1）将 3 名优秀生分配到每个班级使每个班都有一名优秀生的分法共有 $3!$ 种. 对每一种分法，其余 12 名新生平均分配到三个班级中分法为 $\dfrac{12!}{4!4!4!}$ 种. 因此每个班各分到一名优秀生的分法共有 $\dfrac{3!12!}{4!4!4!}$ 种，于是所求概率为

$$p_1 = \frac{\dfrac{3! \times 12!}{4!4!4!}}{\dfrac{15!}{5!5!5!}} = \frac{25}{91}.$$

（2）将 3 名优秀生分配到同一班级的分法共有 3 种. 对于每一种分法，其余 12

名新生的分法(一个班 2 名,另两个班各 5 名)有 $\dfrac{12!}{2!5!5!}$ 种,因此 3 名优秀生分配在同一班级的分法共有 $\dfrac{3 \times 12!}{2!5!5!}$ 种,于是所求概率为

$$p_2 = \dfrac{\dfrac{3 \times 12!}{2!5!5!}}{\dfrac{15!}{5!5!5!}} = \dfrac{6}{91}.$$

1.4　条　件　概　率

一、条件概率

所谓条件概率,是指在一个事件 A 发生的条件下另一个事件 B 发生的概率,记为 $P(B \mid A)$,其概念是概率论中的一个重要而实用的概念.

例 1　某仓库中有产品 200 件,它是由甲、乙两厂共同生产的,其中甲厂的产品中有正品 100 件,次品 20 件;乙厂的产品有正品 65 件,次品 15 件. 现从这批产品中任取一件,用 A 表示事件"取得的是乙厂产品",B 表示事件"取得的是正品". 求 $P(A)$,$P(B)$,$P(B \mid A)$.

解　产品的情况如表 1.5 所示.

表 1.5　　　　　　　　　　　　　　产品情况

	正品	次品	合计
甲厂	100	20	120
乙厂	65	15	80
合计	165	35	200

易知 $P(A) = \dfrac{80}{200}$,$P(B) = \dfrac{165}{200}$,$P(AB) = \dfrac{65}{200}$,应注意当 A 发生时,样本点总数为 80,这时 B 再发生,则 $P(B \mid A) = \dfrac{65}{80}$.

显然,$P(B) \neq P(B \mid A)$,即事件 B 发生的概率与在事件 A 发生的条件下 B 再发生的条件概率不一致. 还可以看到

$$P(B \mid A) = \frac{65}{80} = \frac{\dfrac{65}{200}}{\dfrac{80}{200}} = \frac{P(AB)}{P(A)}.$$

一般地,若试验的基本事件总数为 n,A 包含的基本事件数 $m(m>0)$,AB 包含的基本事件数为 k,则

$$P(B \mid A) = \frac{k}{m} = \frac{\dfrac{k}{n}}{\dfrac{m}{n}} = \frac{P(AB)}{P(A)}.$$

定义 1　设有两个事件 A,B,且 $P(A)>0$,则称

$$P(B \mid A) = \frac{P(AB)}{P(A)} \qquad\qquad (1-11)$$

为在事件 A 发生的条件下事件 B 发生的**条件概率**.

不难验证 $P(\cdot \mid A)$ 满足概率定义的三个条件:

(1) **非负性**　对于任意事件 B,有 $P(B \mid A) \geqslant 0$;

(2) **规范性**　对于必然事件 S,有 $P(S \mid A) = 1$;

(3) **可列可加性**　设 B_1,B_2,… 是两两互不相容的事件,则 $P\left(\bigcup\limits_{i=1}^{\infty} B_i \mid A \right) = \sum\limits_{i=1}^{\infty} P(B_i \mid A)$. 概率的所有其他性质对条件概率也都成立.

例 2　一盒子装有产品 5 件,其中一等品 3 件,二等品 2 件. 从中取产品两次,每次取一件,做不放回抽样. 用 A 表示事件"第一次取到一等品",B 表示事件"第二次取到一等品",试求条件概率 $P(B \mid A)$.

解　将产品编号,一等品为 1 号、2 号、3 号,二等品为 4 号、5 号,(i, j) 表示第一次取出第 i 号产品,第二次取出第 j 号产品. 用 S 表示试验 E(取产品两次,记录其号码)的样本空间,则

$$S = \left\{ \begin{array}{lllll} (1, 2) & (1, 3) & (1, 4) & (1, 5) \\ (2, 1) & (2, 3) & (2, 4) & (2, 5) \\ (3, 1) & (3, 2) & (3, 4) & (3, 5) \\ (4, 1) & (4, 2) & (4, 3) & (4, 5) \\ (5, 1) & (5, 2) & (5, 3) & (5, 4) \end{array} \right\}$$

所以 $|S| = 20$.

事件 A 包含的基本事件为 S 的前 3 行，即 $|A| = 12$；事件 AB 包含的基本事件为 S 的左上角的 6 个，即 $|AB| = 6$. 于是，根据条件概率公式得

$$P(B \mid A) = \frac{P(AB)}{P(A)} \frac{\dfrac{6}{20}}{\dfrac{12}{20}} = \frac{1}{2}.$$

注意　若根据条件概率的直观意义来求 $P(B \mid A)$，则可以认为，当 A 发生后，试验 E 的所有可能结果集合就是 A，而 A 中有 6 个元素属于 B，故 $P(B \mid A) = \dfrac{6}{12} = \dfrac{1}{2}$.

对于本例，若利用第一次抽取的所有可能结果作成样本空间，即 $S = \{1, 2, 3, 4, 5\}$，则作法更为简洁. 事实上，在 S 中共有 5 个元素，已知 A 发生了，即 1 号、2 号、3 号产品中已取走了一件，于是第二次取出的所有可能结果集合中只有 4 件产品，其中只有两件一等品，所以 $P(B \mid A) = \dfrac{2}{4} = \dfrac{1}{2}$.

例 3　设某种动物活到 20 年以上的概率为 0.7，活到 25 年以上的概率为 0.4，试求现龄为 20 年的这种动物能活到 25 年以上的概率.

解　用 A 表示事件"动物活到 20 年以上"，B 表示事件"动物活到 25 年以上"，则 $P(A) = 0.7$，又 $B \subset A$，有 $AB = B$，得 $P(AB) = P(B) = 0.4$，故

$$P(B \mid A) = \frac{P(AB)}{P(A)} = \frac{0.4}{0.7} = \frac{4}{7}.$$

条件概率反映了两事件之间的关系，能利用一事件发生的信息来求未知事件发生的概率，常起到化难为易的作用.

二、乘法公式

由条件概率的定义，可得如下定理.

定理 1(乘法公式)　设 $P(A) > 0$，则

$$P(AB) = P(A)P(B \mid A). \tag{1-12}$$

定理 1 可推广到多个事件的情形.

设有三个事件 A，B，C，且 $P(AB) > 0$，则

$$P(ABC) = P(A)P(B \mid A)P(C \mid AB). \tag{1-13}$$

一般地，设有 n 个事件 A_1，A_2，$\cdots$，A_n，$n \geqslant 2$，且 $P(A_1 A_2 \cdots A_{n-1}) > 0$，有

$$P(A_1 A_2 \cdots A_n) = P(A_1)P(A_2 \mid A_1)P(A_3 \mid A_1 A_2) \cdots P(A_n \mid A_1 \cdots A_{n-1}).$$
$$\tag{1-14}$$

由 $P(A_1A_2\cdots A_{n-1}) > 0$,则

$$P(A_1) \geqslant P(A_1A_2) \geqslant \cdots \geqslant P(A_1A_2\cdots A_{n-1}) > 0,$$

根据条件概率的定义,有

$$P(A_1)P(A_2 \mid A_1)P(A_3 \mid A_1A_2) \cdot \cdots \cdot P(A_n \mid A_1A_2\cdots A_{n-1})$$
$$= P(A_1)\frac{P(A_1A_2)}{P(A_1)} \frac{P(A_1A_2A_3)}{P(A_1A_2)} \cdot \cdots \cdot \frac{P(A_1A_2\cdots A_{n-1}A_n)}{P(A_1A_2\cdots A_{n-1})}$$
$$= P(A_1A_2\cdots A_n).$$

例 4 袋中装有白球 a 个,黑球 b 个,每次从中任取一个球,观察其颜色,然后放回袋中,并再放入 c 个与所取出的那个球颜色相同的球. 若从袋中连续取三次,试求第一、二次取到白球而第三次取到黑球的概率.

解 用 A_i 表示事件"第 i 次取到白球"$(i = 1, 2, 3)$,则 $\bar{A}_3$ 表示事件"第三次取到黑球". 于是

$$P(A_1A_2\bar{A}_3) = P(A_1)P(A_2 \mid A_1)P(\bar{A}_3 \mid A_1A_2)$$
$$= \frac{a}{a+b} \cdot \frac{a+c}{a+b+c} \cdot \frac{b}{a+b+2c}.$$

例 5 设某光学仪器厂制造的透镜第一次落下时打破的概率为 $\dfrac{1}{2}$. 若第一次落下未打破,第二次落下打破的概率为 $\dfrac{7}{10}$;若前两次落下都未打破,第三次落下打破的概率为 $\dfrac{9}{10}$. 试求透镜落下三次而未打破的概率.

解 用 $A_i(i = 1, 2, 3)$ 表示事件"透镜第 i 次落下打破",B 表示事件"透镜落下三次都未打破",则

$$P(A_1) = \frac{1}{2}, \quad P(A_2 \mid \bar{A}_1) = \frac{7}{10}, \quad P(A_3 \mid \bar{A}_1\bar{A}_2) = \frac{9}{10},$$

且 $B = \bar{A}_1\bar{A}_2\bar{A}_3$,得

$$P(B) = P(\bar{A}_1\bar{A}_2\bar{A}_3) = P(\bar{A}_1)P(\bar{A}_2 \mid \bar{A}_1)P(A_3 \mid \bar{A}_1\bar{A}_2)$$
$$= \left(1 - \frac{1}{2}\right)\left(1 - \frac{7}{10}\right)\left(1 - \frac{9}{10}\right) = \frac{3}{200}.$$

另解,按题意有 $\bar{B} = A_1 \bigcup \bar{A}_1A_2 \bigcup \bar{A}_1\bar{A}_2A_3$,而 A_1,$\bar{A}_1A_2$,$\bar{A}_1\bar{A}_2A_3$ 是两两互不相容的事件,则

$$P(\bar{B}) = P(A_1) + P(\bar{A}_1 A_2) + P(\bar{A}_1 \bar{A}_2 A_3)$$

$$= P(A_1) + P(\bar{A}_1) P(A_2 \mid \bar{A}_1) + P(\bar{A}_1) P(\bar{A}_2 \mid \bar{A}_1) P(A_3 \mid \bar{A}_1 \bar{A}_2)$$

$$= \frac{1}{2} + \frac{1}{2} \frac{7}{10} + \frac{1}{2} \frac{3}{10} \frac{9}{10} = \frac{197}{200},$$

故

$$P(B) = 1 - P(\bar{B}) = \frac{3}{200}.$$

三、全概率公式和贝叶斯公式

下面建立两个用来计算概率的重要公式. 先介绍样本空间的划分定义.

定义 2 设 S 为试验 E 的样本空间，B_1，B_2，$\cdots$，B_n 为 E 的一组非空事件，若

(1) B_1，B_2，$\cdots$，B_n 两两互不相容，即 $B_i B_j = \varnothing (i \neq j; \ i, j = 1, 2, \cdots, n)$;

(2) $B_1 \bigcup B_2 \bigcup \cdots \bigcup B_n = S$,

则称 B_1，B_2，$\cdots$，B_n 为样本空间 S 的一个**划分**.

显然，若 B_1，B_2，$\cdots$，B_n 是样本空间的一个划分，则对于一次试验，事件组 B_1，B_2，$\cdots$，B_n 中必有且仅有一个发生.

例如，设试验 E 为"掷一颗骰子观察其点数"，则样本空间 $S = \{1, 2, 3, 4, 5, 6\}$，显然 $B_1 = \{1, 2, 3\}$，$B_2 = \{4, 5\}$，$B_3 = \{6\}$ 是 S 的一个划分；而 $C_1 = \{1, 2, 3\}$，$C_2 = \{3, 4, 5\}$，$C_3 = \{4, 5\}$ 就不是 S 的划分了.

定理 2(全概率公式) 设 S 是试验 E 的样本空间，$A \subset S$，B_1，B_2，$\cdots$，B_n 是 S 的一个划分，且 $P(B_i) > 0 (i = 1, 2, \cdots, n)$，则

$$P(A) = P(B_1)P(A \mid B_1) + P(B_2)P(A \mid B_2) + \cdots + P(B_n)P(A \mid B_n).$$

$$(1-15)$$

证 由 $A \subset S$，$S = B_1 \bigcup B_2 \bigcup \cdots \bigcup B_n$，有

$$A = AS = A(B_1 \bigcup B_2 \bigcup \cdots \bigcup B_n) = AB_1 \bigcup AB_2 \bigcup \cdots \bigcup AB_n.$$

又

$$AB_i \subset B_i (i = 1, 2, \cdots, n), \quad B_i B_j = \varnothing, \quad i \neq j,$$

于是

$$(AB_i)(AB_j) = \varnothing \quad (i \neq j; \ i, j = 1, 2, \cdots, n),$$

因而

$$P(A) = P(AB_1) + P(AB_2) + \cdots + P(AB_n)$$
$$= P(B_1)P(A \mid B_1) + P(B_2)P(A \mid B_2) + \cdots + P(B_n)P(A \mid B_n).$$

从上述证明过程可知,事件 A 的"全部"概率 $P(A)$ 可分解成许多部分 $P(AB_i)$ 之和.当概率 $P(B_i)$ 及 $P(A \mid B_i)$ 容易得出时,通过全概率公式可求得 $P(A)$.要注意,运用全概率公式的关键在于确定 S 的一个划分 B_1, B_2, $\cdots$, B_n.

定理3(贝叶斯公式) 设 S 为试验 E 的样本空间,$A \subset S$, B_1, B_2, $\cdots$, B_n 为 S 的一个划分,且 $P(A) > 0$, $P(B_i) > 0(i = 1, 2, \cdots, n)$,则

$$P(B_i \mid A) = \frac{P(B_i)P(A \mid B_i)}{\sum_{j=1}^{n} P(B_j)P(A \mid B_j)} \quad (i = 1, 2, \cdots, n). \tag{1-16}$$

证 根据条件概率的定义和全概率公式有

$$P(B_i \mid A) = \frac{P(B_i \mid A)}{P(A)} = \frac{P(B_i)P(A \mid B_i)}{\sum_{j=1}^{n} P(B_j)P(A \mid B_j)} \quad (i = 1, 2, \cdots, n).$$

特别地,取 $n = 2$ 时,公式是很常用的,记 B_1 为 B,B_2 就是 $\bar{B}$,则全概率公式和贝叶斯公式分别为

$$P(A) = P(B)P(A \mid B) + P(\bar{B})P(A \mid \bar{B}), \tag{1-17}$$

$$P(B \mid A) = \frac{P(AB)}{P(A)} = \frac{P(B)P(A \mid B)}{P(B)P(A \mid B) + P(\bar{B})P(A \mid \bar{B})}. \tag{1-18}$$

从形式上说,贝叶斯公式只不过是条件概率的定义、概率乘法公式和全概率公式的简单推论.然而,贝叶斯公式的哲理意义都是相当深刻的:$P(B_1)$, $P(B_2)$, $\cdots$ 是没有更多信息的情况下事件 B_1, B_2, $\cdots$ 发生的概率,可是一旦有了新的信息(如已知条件 A 发生了),B_1, B_2, $\cdots$ 发生概率的大小就会有新的估计,所以有时称 $P(B_i)$ 为**先验概率**,称 $P(B_i \mid A)$ 为**后验概率**.如果把事件 A 看作试验中观测到的某种结果,而把 B_1, B_2, $\cdots$ 看作产生这一结果的可能原因,那么全概率公式可形象地作"由因导果",而贝叶斯公式则是"由果索因".

例6 一家商店出售的小家电产品来自甲、乙、丙三家工厂,其产品的比例为 $1:2:1$,三家工厂的产品合格率分别为 90%, 85%, 80%.从这家商店出售的小家电产品中任取一件,试求恰为合格品的概率.

解 用 B_1 表示事件"取到的是甲厂的产品",B_2 表示事件"取到的是乙厂的产品",B_3 表示事件"取到的是丙厂的产品",显然 B_1, B_2, B_3 为其样本空间 S 的一个划分.用 A 表示事件"取出的产品是合格品",依题意有 $P(B_1) : P(B_2) : P(B_3) =$

$1:2:1$,故

$$P(B_1) = P(B_3) = \frac{1}{4}, \quad P(B_2) = \frac{1}{2}.$$

又

$$P(A \mid B_1) = 0.90, \quad P(A \mid B_2) = 0.85, \quad P(A \mid B_3) = 0.80,$$

因而

$$P(A) = P(B_1)P(A \mid B_1) + P(B_2)P(A \mid B_2) + P(B_3)P(A \mid B_3)$$
$$= \frac{1}{4} \times 0.90 + \frac{1}{2} \times 0.85 + \frac{1}{4} \times 0.80 = 0.85.$$

例 7　设 n 张彩票中有 m 张奖券($1 \leqslant m \leqslant n$),$n$ 个人每人摸取一张彩票,试求第二个人摸到奖券的概率.

解　用 A_i 表示事件"第 i 个人摸到奖券"($i = 1, 2$),直接求 $P(A_2)$ 有一定难度,考虑到事件 A_2 的发生与事件 A_1 是有关的. 若 A_1 已发生了,则 A_2 再发生的条件概率

$$P(A_2 \mid A_1) = \frac{m-1}{n-1};$$

若 A_1 没发生,即 $\bar{A}_1$ 发生,则 A_2 再发生的条件概率

$$P(A_2 \mid \bar{A}_1) = \frac{m}{n-1},$$

容易求出 A_1, $\bar{A}_1$ 是样本空间的一个划分,而第一个人摸到奖券的概率 $P(A_1) = \frac{m}{n}$,于是

$$P(A_2) = P(A_1)P(A_2 \mid A_1) + P(\bar{A}_1)P(A_2 \mid \bar{A}_1)$$
$$= \frac{m}{n} \cdot \frac{m-1}{n-1} + \left(1 - \frac{m}{n}\right) \cdot \frac{m}{n-1} = \frac{m}{n}.$$

用类似的方法可以得到第三个人、第四个人、$\cdots$、第 n 个人摸到奖券的概率为 $\frac{m}{n}$. 这一结果表明,摸彩票不论先后,中奖的机会是均等的.

例 8　在数字通信中经常受到随机因素的干扰. 当发出信号"0"时,收到信号"0""不清"和"1"的概率分别为 0.7,0.2 和 0.1;当发出信号"1"时,收到信号"1""不清"和"0"的概率分别为 0.9,0.1 和 0. 若在整个发报过程中"0"和"1"出现的频率分别是 0.6 和 0.4. 当收到信号"不清"时,试推测原发出信号是什么信号.

解 A 表示事件"收到信号不清"；B 表示事件"发出信号 0"，则 $\bar{B}$ 表示"发出信号'1'". 显然 B, $\bar{B}$ 为样本空间的一个划分. 因 A 发生，即收到信号为"不清"，有原发信号为"0"的概率

$$P(B \mid A) = \frac{P(B)P(A \mid B)}{P(B)P(A \mid B) + P(\bar{B})P(A \mid \bar{B})}.$$

而

$$P(B) = 0.6, \quad P(\bar{B}) = 0.4, \quad P(A \mid B) = 0.2, \quad P(A \mid \bar{B}) = 0.1,$$

故

$$P(B \mid A) = 0.75.$$

收到信号为"不清"，而原发信号为"1"的概率为

$$P(\bar{B} \mid A) = 1 - P(B \mid A) = 0.25.$$

由此可见，原发信号很可能（75% 可能性）是"0".

例 9 有朋自远方来访，他乘火车、船、汽车、飞机来的概率分别为 $\frac{3}{10}, \frac{1}{5}, \frac{1}{10}$, $\frac{2}{5}$. 若乘火车、船、汽车迟到的概率分别为 $\frac{1}{4}, \frac{1}{3}, \frac{1}{12}$；而乘飞机便不会迟到，即迟到的概率为 0，结果他迟到了. 求在这一条件下，他乘火车来的概率.

解 用 A 表示"他迟到了"，H_1, H_2, H_3, H_4 分别表示"乘火车""乘船""乘汽车""乘飞机". 显然 H_1, H_2, H_3, H_4 是样本空间的一个划分，则

$$P(H_1) = \frac{3}{10}, \quad P(H_2) = \frac{1}{5}, \quad P(H_3) = \frac{1}{10}, \quad P(H_4) = \frac{2}{5};$$

$$P(H_1 \mid A) = \frac{1}{4}, \quad P(H_2 \mid A) = \frac{1}{3}, \quad P(H_3 \mid A) = \frac{1}{12}, \quad P(H_4 \mid A) = 0,$$

由贝叶斯公式，得

$$P(H_1 \mid A) = \frac{P(H_1)P(A \mid H_1)}{P(H_1)P(A \mid H_1) + P(H_2)P(A \mid H_2) + P(H_3)P(A \mid H_3) + P(H_4)P(A \mid H_4)}$$

$$= \frac{\dfrac{3}{10} \times \dfrac{1}{4}}{\dfrac{3}{10} \times \dfrac{1}{4} + \dfrac{1}{5} \times \dfrac{1}{3} + \dfrac{1}{10} \times \dfrac{1}{12} + \dfrac{2}{5} \times 0}$$

$$= \frac{1}{2}.$$

例 10 电子设备制造厂所用元件是由三家元件制造厂提供的,如表 1.6 所示.

表 1.6 元件

元件制造厂	次品率	提供元件的分数
1	0.02	0.15
2	0.01	0.80
3	0.03	0.05

假设这三家工厂的产品在仓库中是均匀混合的,且无区别的标志.

(1) 在仓库中随机地取出一元件,求它是次品的概率;

(2) 在仓库中随机地取一元件,若已知取到的是次品,为分析此次品出自哪家厂,需求出此次品由三家工厂生产的概率分别是多少?

解 用 A 表示事件"取到的是一件次品", $B_i(i=1,2,3)$ 表示事件"所取到的产品是由第 i 家工厂提供的". 显然, B_1 , B_2 , B_3 是样本空间的一个划分,且 $P(B_1)=0.15$, $P(B_2)=0.80$, $P(B_3)=0.05$, $P(A\mid B_1)=0.02$, $P(A\mid B_2)=0.01$, $P(A\mid B_3)=0.03$.

(1) 由全概率分式得

$$P(A)=P(B_1)P(A\mid B_1)+P(B_2)P(A\mid B_2)+P(B_3)P(A\mid B_3)=0.012\,5.$$

(2) 由贝叶斯公式得

$$P(B_1\mid A)=\frac{P(B_1)P(A\mid B_1)}{\sum\limits_{j=1}^{3}P(B_j)P(A\mid B_j)}=0.24,$$

$$P(B_2\mid A)=0.64,\quad P(B_3\mid A)=0.12.$$

1.5 独 立 性

设 A , B 是试验 E 的两个随机事件,一般情况下,事件 A 的发生对事件 B 的发生是有影响的. 这时 $P(B\mid A)\neq P(B)$. 然而在特殊情况下,还有可能出现 $P(B\mid A)=P(B)$,它表示事件 A 是否发生对事件 B 发生概率没有影响. 这就是本节要研究的事件的独立性概念.

定义 1 若事件 A , B 满足

$$P(AB) = P(A)P(B), \tag{1-19}$$

则称事件 A 与 B **相互独立**,简称 A 与 B **独立**.

注意 若 $P(A)>0$,$P(B)>0$,则 A,B 相互独立与 A,B 互不相容不可能同时成立. 事实上,$P(A)P(B)>0$. 而 A,B 互不相容,即 $AB = \varnothing$,有 $P(AB) = 0$. 显然不能同时成立.

性质 1 必然事件 S 和不可能事件 $\varnothing$ 与任何事件 A 都是相互独立的.

性质 2 若 A 与 B 独立,则 A 与 $\bar{B}$,$\bar{A}$ 与 B,$\bar{A}$ 与 $\bar{B}$ 相互独立.

证 因 $A = AS = A(B \bigcup \bar{B}) = AB \bigcup A\bar{B}$,而 $AB \bigcap A\bar{B} = \varnothing$,所以

$$P(A) = P(AB) + P(A\bar{B}),$$

而

$$P(A\bar{B}) = P(A) - P(AB).$$

又 A 与 B 独立,即

$$P(AB) = P(A)P(B),$$

则

$$P(A\bar{B}) = P(A) - P(A)P(B) = P(A)(1 - P(B)) = P(A)P(\bar{B}),$$

即 A 与 $\bar{B}$ 相互独立.

其余可类似证明.

性质 3 若 $P(A)>0$,则 A 与 B 相互独立的充要条件是 $P(B \mid A) = P(B)$;若 $P(B)>0$,则 A 与 B 相互独立的充要条件是 $P(A \mid B) = P(A)$.

下面是独立性的概念推广到三个事件和三个以上事件的情形.

定义 2 若 A,B,C 是三个事件,满足等式

$$\left. \begin{array}{l} P(AB) = P(A)P(B), \\ P(BC) = P(B)P(C), \\ P(CA) = P(C)P(A), \\ P(ABC) = P(A)P(B)P(C), \end{array} \right\} \tag{1-20}$$

则称事件 A,B,C **相互独立**.

定义 3 设有 $n(n \geqslant 3)$ 个事件 A_1,A_2,$\cdots$,A_n,若对任意的 $k(2 \leqslant k \leqslant n)$ 和任意的 $1 \leqslant n_1 < n_2 < \cdots < n_k < n$,都有

$$P(A_{n_1} A_{n_2} \cdots A_{n_k}) = P(A_{n_1})P(A_{n_2})\cdots P(A_{n_k}), \tag{1-21}$$

则称事件 A_1，A_2，$\cdots$，A_n 相互独立.

式(1-21)中包含的等式总数为

$$C_n^2 + C_n^3 + \cdots + C_n^n = \sum_{k=0}^{n} C_n^k - C_n^1 - C_n^0 = 2^n - n - 1.$$

由定义可得出以下性质.

性质 4 若事件 A_1，A_2，$\cdots$，$A_n (n \geqslant 2)$ 相互独立,则其中任意 $k(2 \leqslant k \leqslant n)$ 个事件也是相互独立的.

性质 5 若事件 A_1，A_2，$\cdots$，$A_n (n \geqslant 2)$ 相互独立,则将 A_1，A_2，$\cdots$，A_n 中任意多个事件换成它们的对立事件,所得的新的 n 个事件仍是相互独立的.

定义 4 设有 $n(n \geqslant 2)$ 个事件 A_1，A_2，$\cdots$，A_n.若对任意的 $1 \leqslant i < j \leqslant n$,都有

$$P(A_i A_j) = P(A_i)P(A_j),$$

则称 A_1，A_2，$\cdots$，A_n 两两独立.

显然,n 个事件相互独立,则它们一定是两两独立的;反之,不一定成立.

注 "独立性"是概率统计中的重要概念之一,在实际问题中,两个事件间的相互独立性一般不是从定义出发进行判定,而是根据问题所处的实际背景及独立性的实际含义(即一个事件的发生并不影响另一个事件发生的概率)来判定的. 若 A，B 两事件之间没有关联或者关联很微弱,就可以认为它们是相互独立的. 例如,A，B 分别表示甲、乙两人患了感冒,若甲、乙两人的活动范围相距甚远,就可认为事件 A 与 B 独立;若甲、乙两人同住一室,那就不能认为 A，B 相互独立了.

例 1 设袋中有形状大小相同的球 4 个,一个为红色,一个为白色,一个为黑色,一个有红、白、黑三色. 现从中取一个球,用 A，B，C 分别表示取出的球的颜色为红色、白色、黑色. 讨论其事件 A，B，C 的独立性.

解 依题意有

$$P(A) = P(B) = P(C) = \frac{2}{4} = \frac{1}{2},$$

$$P(AB) = P(BC) = P(AC) = P(ABC) = \frac{1}{4},$$

则

$$P(A)P(B) = \frac{1}{4} = P(AB),$$

$$P(A)P(C) = \frac{1}{4} = P(AC),$$

$$P(B)P(C) = \frac{1}{4} = P(BC),$$

从而 A，B，C 两两独立.

可是

$$P(ABC) = \frac{1}{4} \neq P(A)P(B)P(C) = \frac{1}{8},$$

故 A，B，C 不是相互独立的.

例2 一个元件(或系统)能正常工作的概率为元件(或系统)的可靠性. 如图 1.1 所示, 设有 4 个独立工作的元件 1，2，3，4 按照先串联后并联的方式连接(称为串并系统). 设第 i 个元件的可靠性为 $p_i(i = 1,2，3，4)$, 试求系统的可靠性.

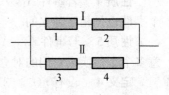

图 1.1

解 以 A_i 表示事件"第 i 个元件正常工作", 以 A 表示事件"系统正常工作".

系统有两条线路 I 和 II 组成(图 1.1). 当且仅当至少有一条线路中的两个元件正常工作时, 系统才正常工作. 故有

$$A = A_1 A_2 \bigcup A_3 A_4.$$

由事件的独立性, 得系统的可靠性为

$$
\begin{aligned}
p(A) &= p(A_1 A_2) + p(A_3 A_4) - p(A_1 A_2 A_3 A_4) \\
&= p(A_1)p(A_2) + p(A_3)p(A_4) - p(A_1)p(A_2)p(A_3)p(A_4) \\
&= p_1 p_2 + p_3 p_4 - p_1 p_2 p_3 p_4.
\end{aligned}
$$

例3 17 世纪末, 法国的 De Mere 爵士与人打赌, 在"连掷一颗骰子 4 次至少出现一次 6 点"的情况下他赢了钱, 可是"连掷两颗骰子 24 次至少出现一次双 6 点"的情况下却输了钱, 这是为什么?

解 (1) 用 E_1 表示试验"连掷一颗骰子 4 次记录每次出现的点数". A_i 表示事件"第 i 次出现 6 点", $\bar{A}_i$ 表示事件"第 i 次不出现 6 点". 易见 A_1，A_2，A_3，A_4 是相互独立的, 且

$$P(A_i) = \frac{1}{6}, \quad P(\bar{A}_i) = \frac{5}{6} \quad (i = 1, 2, 3, 4),$$

则

$$
\begin{aligned}
P(A_1 \bigcup A_2 \bigcup A_3 \bigcup A_4) &= 1 - P(\overline{A_1 \bigcup A_2 \bigcup A_3 \bigcup A_4}) \\
&= 1 - P(\bar{A}_1 \bar{A}_2 \bar{A}_3 \bar{A}_4) \\
&= 1 - P(\bar{A}_1)P(\bar{A}_2)P(\bar{A}_3)P(\bar{A}_4) \\
&= 1 - \left(\frac{5}{6}\right)^4 \approx 0.518,
\end{aligned}
$$

此概率大于 0.5,所以赢钱的可能性大.

（2）用 E_2 表示试验"连掷两颗骰子 24 次,记录每次两颗骰子出现的点数". B_i 表示事件"第 i 次出现双 6 号",则 $\bar{B}_i$ 表示事件"第 i 次不出现双 6 号"$(i=1,2,\cdots,24)$,且

$$P(B_i) = \frac{1}{36}, \quad P(\bar{B}_i) = \frac{35}{36} \quad (i=1,2,\cdots,24),$$

而"24 次中至少出现一次双点"为 $\bigcup\limits_{i=1}^{24} B_i$,则

$$P\left(\bigcup_{i=1}^{24} B_i\right) = 1 - P\left(\overline{\bigcup_{i=1}^{24} B_i}\right) = 1 - P\left(\bigcap_{i=1}^{24} \bar{B}_i\right)$$
$$= 1 - \prod_{i=1}^{24} P(\bar{B}_i) = 1 - \left(\frac{35}{36}\right)^{24} \approx 0.491,$$

此概率小于 0.5,因此赢钱的可能性小.

类似可得出,抛掷次数超过 25 次时概率大于 0.5,且抛掷越多越有利,就是因为 $\lim\limits_{n\to\infty}\left[1-\left(\frac{35}{36}\right)^n\right]=1$.

例 4　甲、乙、丙三人对一个游动目标进行射击.三人击中目标的概率分别为 0.4,0.5,0.7.现在让三人各自独立地射击一次.试求：

（1）至少有一人击中目标的概率；

（2）恰有一人击中目标的概率.

解　用 A_i 表示事件"第 i 人击中目标"$(i=1,2,3)$.依题意可知 A_1, A_2, A_3 是相互独立的.

（1）用 A 表示事件"至少有一人击中目标",则 $A = A_1 \bigcup A_2 \bigcup A_3$,于是

$$P(A) = P(A_1 \bigcup A_2 \bigcup A_3) = 1 - P(\bar{A}_1\bar{A}_2\bar{A}_3)$$
$$= 1 - P(\bar{A}_1)P(\bar{A}_2)P(\bar{A}_3)$$
$$= 1 - 0.6 \times 0.5 \times 0.3 = 0.91.$$

（2）用 B 表示事件"恰有一人击中目标",则 $B = A_1\bar{A}_2\bar{A}_3 \bigcup \bar{A}_1A_2\bar{A}_3 \bigcup \bar{A}_1\bar{A}_2A_3$. 因为 $A_1\bar{A}_2\bar{A}_3$, $\bar{A}_1A_2\bar{A}_3$, $\bar{A}_1\bar{A}_2A_3$ 两两互不相容,根据概率有限可加性及独立事件的性质,得

$$P(B) = P(A_1\bar{A}_2\bar{A}_3) + P(\bar{A}_1A_2\bar{A}_3) + P(\bar{A}_1\bar{A}_2A_3)$$
$$= P(A_1)P(\bar{A}_2)P(\bar{A}_3) + P(\bar{A}_1)P(A_2)P(\bar{A}_3) + P(\bar{A}_1)P(\bar{A}_2)P(A_3)$$
$$= 0.4 \times 0.5 \times 0.3 + 0.6 \times 0.5 \times 0.3 + 0.6 \times 0.5 \times 0.7 = 0.36.$$

例 5　在试验 E 中,事件 A 发生的概率为 $\varepsilon > 0$,试证无论 ε 如何小,只要试验

E 不断地独立地做下去，A 迟早会发生的概率为 1（A 总会发生）.

解 用 A_k 表示事件"第 k 次试验事件 A 发生"，则

$$P(A_k) = \varepsilon, \quad P(\bar{A}_k) = 1 - \varepsilon \quad (k = 1, 2, \cdots),$$

则在前 n 次试验中 A 至少发生一次的概率为

$$\begin{aligned}
P(A_1 \bigcup A_2 \bigcup \cdots \bigcup A_n) &= 1 - P(\overline{A_1 \bigcup A_2 \bigcup \cdots \bigcup A_n}) \\
&= 1 - P(\bar{A}_1) P(\bar{A}_2) \cdots P(\bar{A}_n) \\
&= 1 - (1 - \varepsilon)^n.
\end{aligned}$$

试验 E 不断地独立重复做下去，即 $n \to \infty$，有

$$P(A_1 \bigcup A_2 \bigcup \cdots \bigcup A_n) \to 1.$$

这个例子说明小概率事件在大量重复试验中迟早会发生的概率为 1. 这一结论提醒人们在实际工作中，不能忽视小概率事件.

习 题 1

1. 写出下列随机试验的样本空间 S.

(1) 掷一颗均匀的骰子两次，观察前后两次出现的点数之和；

(2) 生产产品直到有 10 件正品为止，记录生产产品的总件数；

(3) 观察某医院一天内前来就诊的人数；

(4) 在单位圆内任意取一点，记录它的坐标；

(5) 检查两件产品是否合格，用 0 表示合格，1 表示不合格.

2. 设有两个事件 A，B，且 $P(A) = 0.6$，$P(B) = 0.8$. 求

(1) 在什么条件下 $P(AB)$ 取为最大值，最大值是多少？

(2) 在什么条件下 $P(AB)$ 取为最小值，最小值是多少？

3. 已知 $P(A) = x$，$P(B) = 2x$，$P(C) = 3x$，$P(AB) = P(BC)$，求 x 的最大值.

4. 设有三个事件 A_1，A_2，A_3，已知事件 A_1，A_2 同时发生时，A_3 发生. 证明：$P(A_3) \geqslant P(A_1) + P(A_2) - 1$.

5. 已知三个事件 A_1，A_2，A_3，都满足 $A_i \subset A (i = 1, 2, 3)$，证明：

$$P(A) \geqslant P(A_1) + P(A_2) + P(A_3) - 2.$$

6. 已知 $P(A) = P(B) = P(C) = 1/4$，$P(AB) = P(AC) = P(BC) = 1/8$，$P(ABC) = 1/16$，求 A，B，C 中恰有一个发生的概率.

7. (1) 设 A，B，C 是三个事件，且 $P(A) = P(B) = P(C) = 1/4$，$P(AB) = P(BC) = 0$，$P(AC) = 1/8$，试求 A，B，C 至少有一个发生的概率.

(2) 已知 $P(A) = 1/2$，$P(B) = 1/3$，$P(C) = 1/5$，$P(AB) = 1/10$，$P(AC) = 1/15$，

$P(BC) = 1/20$，$P(ABC) = 1/30$，求 $A \cup B$，$\overline{A}B$，$A \cup B \cup C$，$\overline{A}\overline{B}\overline{C}$，$\overline{A}\overline{B}C$，$\overline{A}\overline{B} \cup C$ 的概率.

(3) 已知 $P(A) = 1/2$，① 若 A 与 B 互不相容，求 $P(A\overline{B})$；② 若 $P(AB) = 1/8$，求 $P(A\overline{B})$.

8. 已知 $P(A) = 0.7$，$P(A-B) = 0.3$，试求 $P(\overline{AB})$.

9. 设 $P(A) = 0.5$，$P(B) = 0.3$，$P(A \cup B) = 0.6$，求 $P(A\overline{B})$.

10. 甲袋中有 5 个白球、3 个红球，乙袋中有 4 个白球、6 个红球. 从两个口袋中各任取一球，求取到的两个球颜色相同的概率.

11. 在 1 到 2 000 中随机地取整数，求取到的整数不能被 6 或 8 整除的概率.

12. 从数字 1，2，…，9 中可重复地任取 n 次，求这 n 次所取到的数字的乘积能被 10 整除的概率.

13. 从 n 个数 1，2，…，n 中任取两个，问其中一个小于 $k(1 < k < n)$，另一个大于 k 的概率.

14. 将 3 个球随机地放入 4 个杯子中去，求杯子中球的最大个数分别为 1，2，3 的概率.

15. 一元二次方程 $x^2 + Bx + C = 0$ 中，系数 B，C 的取值是随机的，分别等于将一粒骰子掷两次先后出现的点数. 求以下事件的概率.

(1) 方程有两个不相等的实根；(2) 方程有两个相等的实根；(3) 方程无实根.

16. 向三个相邻的军火库投掷一枚炸弹，炸中第 个军火库的概率为 0.025，炸中其余的两个军火库的概率各为 0.1. 只要炸中一个另外两个必然爆炸，求军火库发生爆炸的概率.

17. 房间里有 10 人，分别佩带着从 1 号到 10 号的纪念章. 任选 3 人，记录其纪念章的号码. 求(1) 最小号码为 5 的概率；(2) 最大号码为 5 的概率.

18. 两封信随机地投入标号为 Ⅰ，Ⅱ，Ⅲ，Ⅳ 的四个邮筒，求第二个邮筒恰好投入 1 封信的概率.

19. 从一批由 45 件正品、5 件次品组成的产品中任取 3 件，求其中恰有 1 件次品的概率.

20. 10 片药品中有 5 片是安慰剂.

(1) 从中任意抽取 5 片，求其中至少有 2 片是安慰剂的概率；

(2) 从其中每次抽取 1 片，作不放回的抽样，求前 3 次都取到安慰剂的概率.

21. 从 5 双不同的鞋子中任取 4 只，求这 4 只鞋子中至少两只配成一双的概率.

22. 在 8 个晶体管中有次品 2 个，从中连续取三次，每次只取一个，取后不放回. 求

(1) 三个晶体管都是正品的概率；

(2) 两个晶体管是正品，一个是次品的概率；

(3) 第三次取出的是正品的概率.

23. 在 1 500 件产品中有 400 件次品，1 100 件正品，任取 200 件. 求

(1) 恰有 90 件次品的概率；(2) 至少有 2 件次品的概率.

24. 已知一个家庭有 3 个小孩，且其中一个为女孩，求至少有一个男孩的概率(小孩为男、女是等可能的).

25. 在空战中，甲机先向乙机开火，击落乙机的概率是 0.2；若乙机未被击落，就进行还击，击落甲机的概率是 0.3. 若甲机未被击落，则再进攻乙机，击落乙机的概率是 0.4，求在这几个回合中，甲、乙机被击落的概率分别是多少？

26. 将 n 个 0 与 n 个 1 随机地排列，求没有两个 1 连在一起的概率.

27. 10 件产品中有 4 件不合格产品，从中任取两件，已知其中一件是不合格品，求另一件也是不合格品的概率.

28. 已知 $P(A) = 1/4$, $P(B \mid A) = 1/3$, $P(A \mid B) = 1/2$,求 $P(A \bigcup B)$.

29. 一批产品有 10 个正品和 2 个次品,任意抽取两次,每次抽一个,抽出后不再放回,求第二次抽出的是次品的概率.

30. 两台车床加工同样的零件,第一台出现次品的概率是 0.03,第二台出现次品的概率是 0.06,加工出来的零件组在一起,并且已知第一台加工的零件数比第二台加工的零件数多一倍.

(1) 求任取一个零件是合格品的概率;

(2) 如果取出的零件是次品,求它是由第二台车床加工的概率.

31. 发报台以 0.6 和 0.4 的概率分别发出信号"."和"—",由于电波受到干扰,发出"."时收报台分别以 0.8 和 0.2 的概率收到"."和"—",而发出"—"时分别以 0.9 和 0.1 的概率收到"—"和".".求当收报台收到信号"."时发报台确实发出信号"."的概率.

32. 有两箱同种类的零件,第一箱装 50 只,其中 10 只一等品,第二箱装 30 只,其中 18 只一等品.今从两箱中任取一箱,然后从该箱中任取零件 2 次,作不放回抽样,每次一只.试求

(1) 第一次取得的零件是一等品的概率;

(2) 第一次取得一等品的条件下第二次取得的也是一等品的概率.

33. 一学生接连参加同一课程的两次考试.第一次及格的概率为 p,若第一次及格则第二次及格的概率也为 p;若第一次不及格则第二次及格的概率为 $p/2$.

(1) 若至少有一次及格则他能取得某种资格,求他取得该资格的概率;

(2) 若已知他第二次取得及格,求他第一次及格的概率.

34. 口袋中有一个球,不知其颜色是白还是红,现往口袋中再放入一个白球,然后从口袋中任意取出一球,发现取出的是白球,试问口袋中原来那个球是白球的可能性为多少?

35. 假设只考虑天气的两种情况:有雨或无雨.若已知今天的天气情况,明天天气保持不变的概率为 p,变的概率为 $1-p$.设第一天无雨,试求第 $n(n \geqslant 2)$ 天也无雨的概率.

36. 事件 A 与 B 相互独立,已知 $P(A) = 0.4$, $P(A \bigcup B) = 0.7$,求 $P(\bar{B} \mid A)$.

37. 证明:如果 $P(A \mid B) = P(A \mid \bar{B})$,则两事件 A 与 B 相互独立.

38. 已知 $P(A) = 0.4$, $P(A \bigcup B) = 0.7$,若 A 与 B 互不相容,试求 $P(B)$;若 A 与 B 相互独立,求 $P(B)$.

39. 一个工人看管三台机床,在一小时内机床不需要人照看的概率:第一台为 0.9,第二台为 0.8,第三台为 0.7.求在一小时内三台机床中最多有一台需要人照看的概率.

40. 甲、乙两人射击的命中率分别为 0.6 和 0.5,现同时独立对目标射击一次.若目标被击中了,则它是甲击中的概率为多少?

41. A, B, C 三人在同一办公室工作.房间里有一部电话,据统计知,打给 A, B, C 的电话的概率分别为 2/5, 2/5, 1/5,他们三人常因工作外出,A, B, C 三人外出的概率为 1/2, 1/4, 1/4.设三人的行动相互独立,试求

(1) 无人接电话的概率;(2) 被呼叫人在办公室的概率.

第 2 章　随机变量及其分布

2.1　随机变量

在第 1 章中我们看到了一些随机试验,发现很多随机试验的结果都与数值有着联系,例如,产品抽样检验中的废品数目、产品的寿命、测量物体长度时测量误差的大小、电话呼叫问题中交换台被呼叫的次数等都可以用数值表示. 即使有些随机试验初看起来与数值无关,但也能用数值来描述,建立这种数量化的关系就相当于引入了一个变量,这样的变量 X 随着试验结果的不同而取不同的值. 如果与试验的样本空间 S 联系起来,那么对应于样本空间中的不同元素,变量 X 就取不同的值. 这样随机试验的每一个结果与唯一的实数形成映射,构成了一个定义在 S 上的函数.

例 1　掷硬币的随机试验中,将一枚硬币抛掷三次,观察出现出现 H(正面)或 T(反面)的情况,样本空间是
$$S = \{HHH, HHT, HTH, THH, HTT, THT, TTH, TTT\}.$$
以 X 记三次抛掷得到正面的总数. 那么对于样本空间 $S = \{e\}$ 中的每一个样本点 e, X 都有一个数值与之对应, X 为定义在样本空间 S 上的一个单值实函数.

$$X = X(e) = \begin{cases} 3, & e = HHH, \\ 2, & e = HHT, HTH, THH, \\ 1, & e = TTH, THT, HTT, \\ 0, & e = TTT. \end{cases}$$

由上可知,试验的结果不管是哪种形式,我们总可以设法使其结果与唯一的实数对应起来,将试验的结果数量化. 这样,我们总可以在样本空间上定义一个函数,使试验的每一个结果都与唯一的实数对应起来,此数随试验的结果不同而变化(图 2.1). 我们把这种取值带有随机性的变量称为随机变量.

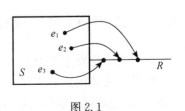

图 2.1

下面先引入随机变量的严格定义.

定义 设 E 是随机试验,$S = \{e \mid e$ 为 E 的可能结果$\}$ 为其样本空间,若对每一个 $e \in S$,都有一个实数 $X(e)$ 与之对应,则得到一个定义在集合 S 上,取值于实数集 R 上的单值实函数 $X = X(e)$,称其定义在 S 上的一个**随机变量**,一般用大写的英文字母 $X, Y, Z, \cdots$ 表示,用小写字母 $x, y, z, \cdots$ 表示随机变量的取值.

随机变量不同于普通的函数,它的定义域为样本空间,取某值具有一定的概率,即随机变量的取值随试验的结果而定,而试验的各个结果出现有一定的概率,在试验之前我们只知道其可能的取值范围,而不能预知其具体的取值.

设 E 是随机试验,$S = \{e\}$ 为其样本空间,$X = X(e)$ 为 S 上的随机变量,则对于任意的实数 $x, x_1, x_2(x_1 < x_2)$,

$$\{e \mid x_1 < X(e) \leqslant x_2\}, \quad \{e \mid x_1 \leqslant X(e) < x_2\},$$
$$\{e \mid x_1 \leqslant X(e) \leqslant x_2\}, \quad \{e \mid x_1 < X(e) < x_2\},$$
$$\{e \mid X(e) = x\}, \quad \{e \mid X(e) < x\},$$
$$\{e \mid X(e) \leqslant x\}, \quad \{e \mid X(e) > x\}, \{e \mid X(e) \geqslant x\}$$

都是随机事件.

一般地,若 L 是一个实数集合,引入随机变量后,事件 $\{e \mid X(e) \in L\}$ 简记为 $\{X \in L\}$,它发生的概率 $P\{e \mid X(e) \in L\}$ 就简记为 $P\{X \in L\}$.

例 2 将一枚均匀硬币抛掷三次,以 H 表示出现正面、T 表示出现反面. 若 X 表示三次投掷中出现 H 的次数,那么,随机变量 X 可由下表确定:

样本点	HHH	HHT	HTH	THH	HTT	THT	TTH	TTT
X 的值	3	2	2	2	1	1	1	0

$\{X = 2\}$ 对应样本点的集合 $A = \{HHT, HTH, THH\}$,所以

$$p\{X = 2\} = P\{HHT, HTH, THH\} = \frac{3}{8}.$$

类似地,

$$P\{X \leqslant 1\} = P\{HTT, THT, TTH, TTT\} = \frac{4}{8} = \frac{1}{2}.$$

随机变量概念的提出,在概率论发展史上具有重大意义,它使概率论的研究由事件扩大为随机变量的取值,有利于用更深刻的数学工具进行处理. 研究随机变量,不但要知道它取什么值,而且要知道它取这些值的概率(即要知道其概率分布如何).按随机变量的取值特征常把随机变量分为离散型随机变量和非离散型随机

变量. 非离散型随机变量中最主要的是连续型随机变量. 这里只讨论离散型和连续型两类随机变量.

2.2 离散型随机变量及其概率分布

有一些随机变量, 它全部可能取到值为有限多个或可列无限多个, 则称其为离散型随机变量. 例如, 掷一骰子, 观察其出现的点数, 则可定义一随机变量, 其可能的取值为 $\{1, 2, 3, 4, 5, 6\}$, 它是一个离散型随机变量. 又如对一目标进行射击, 命中目标所需子弹的数目也是一随机变量, 其可能的取值 $\{1, 2, 3, \cdots\}$ 也是一个离散型随机变量. 若以 T 记某电子元件的寿命, 它的取值可能充满一个区间, 是无法按照一定次序——列举出来的, 因此它不是一个离散型随机变量. 本节我们只讨论离散型随机变量.

易知, 要掌握一个离散型随机变量 X 的统计规律, 必须知道 X 的所有可能取值以及取每一个可能值的概率.

例 1 设一汽车在开往目的地的道路上需要经过四组信号灯, 每组信号灯以 $\frac{1}{2}$ 的概率允许或禁止通过, 以 X 表示汽车首次停下时, 它已通过的信号灯组数(假设各组信号灯的工作是相互独立的), 求 X 的分布律.

解 以 X 表示首次停下时通过的信号灯的组数, 显然它是一个离散型随机变量, 其可能的取值为 $\{0, 1, 2, 3, 4\}$, 记 $p_i = P\{X = i\}$ $(i = 0, 1, 2, 3, 4)$, 以 p 表示每组信号灯禁止通过的概率, 易知 X 的分布律为

X	0	1	2	3	4
p_k	p	$(1-p)p$	$(1-p)^2 p$	$(1-p)^3 p$	$(1-p)^4$

或者写成

$$P\{X = k\} = (1-p)^k p, \ k = 0, 1, 2, 3, \quad P\{X = 4\} = (1-p)^4.$$

以 $p = \frac{1}{2}$ 代入得

X	0	1	2	3	4
p_k	0.5	0.25	0.125	0.062 5	0.062 5

一般地, 设 $x_k (k = 1, 2, \cdots)$ 为离散型随机变量 X 的所有可能的取值, p_k 表示 X 取可能值 x_k 的概率, 即

$$p_k = P\{X = x_k\} \quad (k = 1, 2, 3, \cdots). \tag{2-1}$$

若 p_k 满足如下两个条件：

(1) **非负性** $\quad p_k \geqslant 0, k = 1, 2, 3, \cdots;$ $\tag{2-2}$

(2) **完备性** $\quad \sum\limits_{k=1}^{\infty} p_k = 1,$ $\tag{2-3}$

则称式(2-1)为离散型随机变量 X 的**概率分布律**，简称为**分布律**，也称之为**概率函数**.

式(2-1)常表示为如表 2.1 的形式.

表 2.1   **分布律的表现形式**

X	x_1	x_2	$\cdots$	x_n	$\cdots$
p_k	p_1	p_2	$\cdots$	p_n	$\cdots$

表 2.1 就是随机变量 X 的分布律. 由分布律可一目了然地看出离散型随机变量 X 的可能取值及取这些值的概率.

下面介绍几种重要的离散型随机变量.

1. 0—1 分布

如果随机变量 X 只可能取 0 与 1 两个值，其概率分布律为

$$P\{X = k\} = p^k(1-p)^{1-k}, \quad k = 0, 1, 0 < p < 1,$$

则称 X 服从参数为 p 的 **0—1 分布**，记为 $X \sim B(1, p)$.

0—1 分布的分布律也可写成

X	0	1
p_k	$1-p$	p

对于一个随机试验 E，如果它的样本空间只包含两个元素，即 $S = \{e_1, e_2\}$. 我们总能在 S 上定义一个服从 0—1 分布的随机变量

$$X = X(e) = \begin{cases} 0, & \text{当 } e = e_1, \\ 1, & \text{当 } e = e_2 \end{cases}$$

来描述这个随机试验的结果. 这种试验在实际中很普遍. 例如，对目标射击命中与否，抽检产品合格与否，观察系统运行正常与否等随机试验，描述它们的随机变量都是服从 0—1 分布.

0—1 分布也称为**伯努利分布**或**两点分布**. 这是一类最简单也是最常见的离散型随机变量的分布模式.

2. 伯努利试验、二项分布

设试验 E 只有两个可能结果：A 及 $\bar{A}$，则称 E 为**伯努利试验**. 设 $P(A) = p(0 < p < 1)$，则 $P(\bar{A}) = 1 - p$. 将 E 独立地重复进行 n 次，则称这一系列重复的独立试验为 **n 重伯努利试验**.

这里"重复"是指每次试验中 $P(A) = p$ 保持不变；"相互独立"是指每次试验结果出现的概率都不依赖于其他各次试验的结果. 例如，在相同条件下，将一枚硬币连掷 n 次、从同批次的产品中抽取 n 件产品进行抽查等都是 n 重伯努利试验.

伯努利试验是一种非常重要的概率模型，称为**伯努利概型**，伯努利概型是概率论中研究最早和最多的模型之一，在理论上具有重要意义，在实际中有着广泛的应用.

下面来研究在 n 重伯努利试验中事件 A 恰好发生 k 次的概率. 关于这个概率有如下定理.

定理 1　设 $P(A) = p(0 < p < 1)$，在 n 重伯努利试验中，若以 X 表示事件 A 发生的次数，则

$$P\{X = k\} = C_n^k p^k (1-p)^{n-k}, \quad k = 0, 1, 2, \cdots, n. \tag{2-4}$$

证　由事件的独立性知，事件 A 在指定的 k 次发生，在其余 $n-k$ 不发生的概率为 $p^k (1-p)^{n-k}$. 这种指定方式共有 C_n^k 种，并且是两两互不相容的. 因此，由概率的乘法公式得，在 n 重伯努利试验中事件 A 恰好发生 k 次的概率为

$$P\{X = k\} = C_n^k p^k (1-p)^{n-k}, \quad k = 0, 1, 2, \cdots, n.$$

注意到 $C_n^k p^k (1-p)^{n-k}$ 刚好是二项式 $(p+q)^n$ 的展开式中出现 p^k 的那一项，所以称随机变量 X 服从参数为 n，p 的**二项分布**，记为 $X \sim B(n, p)$.

特别的，当 $n = 1$ 时的二项分布化为

$$P\{X = k\} = p^k (1-p)^{n-k}, \quad k = 0, 1.$$

这就是 0—1 分布.

二项分布以 n 重伯努利试验为背景，具有很广泛的应用，是离散型随机变量概率分布中的一类重要的分布. 在现实生活中常见的随机试验，例如，在 n 次独立射击中研究击中目标的次数；连续抛掷 n 次硬币研究正面向上的次数；从一大批产品中任意抽取 n 件，研究次品的件数等，都可以定义随机变量，进而用二项分布来描述.

例 2　按规定，某种电子元件的使用寿命超过 1 500 h 为一级品，已知一大批该产品的一级品率为 0.2，现从中随机抽查 20 只，求这 20 只元件中一级品只数 X 的分布律.

解　这是不放回抽样. 但由于这批元件的总数很大，且抽查的元件的数量相

对于元件的总数来说又很小,因而可以当作放回抽样来处理,这样做会有一些误差,但误差不大.将"抽查一只元件是否为一级品"看作一次试验,则随机抽查20只相当于一个20重伯努利试验,即 $X \sim B(20, 0.2)$.故 X 的分布律为

$$P\{X = k\} = C_{20}^k (0.2)^k (0.8)^{20-k}, \quad k = 0, 1, 2, \cdots, 20.$$

将结果列成表格,则 X 的分布律还可表示为

X	0	1	2	3	4	5	6	7	8	9	10	$\geqslant 11$
p_k	0.012	0.058	0.137	0.205	0.218	0.175	0.109	0.055	0.022	0.007	0.002	<0.001

根据此数据还可作出概率分布图(图2.2).由图2.2可看到,$P\{X = k\}$ 先随 k 的增大而增大,达到最大值后再下降.

一般地,对固定的 n 和 p,二项分布 $B(n, p)$ 随着试验次数 n 的增大,二项分布的图形还趋于对称.且若 $[(n+1)p] = m$(这里 $[\ ]$ 为取整符号,$[x]$ 表示不大于 x 的最大整数),则图形在 $k = m$ 处取得最大值,若 $(n+1)p = m$ 为整数,则图形在 $k =$

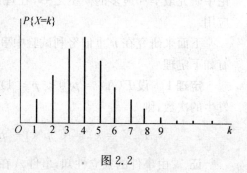

图 2.2

m 和 $k = m-1$ 处同时取得最大值.在概率论中,称 $[(n+1)p]$ 为服从二项分布 $B(n, p)$ 的随机变量 X 的最可能值或最可能出现的次数.

例3 设一袋中有100只球,其中只有一只是黑球,今从这袋取球4次,每次取一只球,观察其颜色后放回袋中再取,求4次中恰有一次取到、恰有两次取到黑球的概率.

解 由于是放回取球,各次取球互不影响,因而4次取球可看成4重伯努利试验.以 X 表示4次取球取得黑球的次数,则 $X \sim B\left(4, \dfrac{1}{100}\right)$.于是所求的概率为

$$P\{X = 1\} = C_4^1 \left(\frac{1}{100}\right)\left(1 - \frac{1}{100}\right)^{4-1} = 0.038\,8,$$

$$P\{X = 2\} = C_4^2 \left(\frac{1}{100}\right)^2 \left(1 - \frac{1}{100}\right)^{4-2} = 0.000\,588.$$

例4(药效试验) 设某种家禽感染某种疾病的概率为 20%.新发现了一种血清疫苗,可能对预防这种疾病有效.为此对25只健康鸡注射了这种血清疫苗.若注射后发现只有一只鸡受感染,试问这种血清是否有作用?

解 注射疫苗后,每只家禽要么受感染,要么不受感染.用 A 表示"家禽受感

染",则 $\bar{A}$ 表示"家禽不受感染". 用 X 表示 25 只家禽被注射疫苗后受感染鸡的数目. 若疫苗完全无效,则 $P(A) = 0.2$,于是 $X \sim B(25, 0.2)$. 这样 25 只家禽至多有一只受感染的概率为

$$P\{X \leqslant 1\} = P\{X = 0\} + P\{X = 1\} = (0.8)^{25} + 25 \times 0.2 \times (0.8)^{24} \approx 0.027\ 4.$$

这个概率很小. 若血清无效,则 25 只鸡中至多有一只受感染的事件是小概率事件,它在一次试验中几乎不可能发生. 然而现在居然发生了,因此,我们有理由认为该血清疫苗是有效的.

在实际中,把概率很小(一般要求在 0.05 以下)的事件称为**小概率事件**. 由于小概率事件在一次试验中发生的可能性很小,因此,在一次试验中,小概率事件几乎不可能发生. 我们称这条原则为**小概率事件原理**或**实际推断原理**.

需要注意的是,实际推断原理是指在一次试验中小概率事件几乎是不可能发生的,当试验次数充分大时,小概率事件至少发生一次却几乎是必然的.

下面再举两个例子说明它的应用.

例 5　某接待站在某一周曾接待过 12 次来访,已知所有这 12 次接待都是在周二和周四进行的. 问是否可以推断接待时间是有规定的?

解　假设接待站的接待时间没有规定,各来访者在一周的任一天中去接待站是等可能的. 那么,12 次接待来访者都在周二、周四的概率为

$$p = \frac{2^{12}}{7^{12}} = 0.000\ 000\ 3, \quad 即千万分之三.$$

若无时间规定,12 次来访发生在周一和周四是一个小概率事件,现在小概率事件在一次试验中发生了,因而可以断定接待时间是有规定的.

例 6　某人进行射击,设每次射击的命中率为 0.02,独立射击 400 次,试求至少击中一次的概率.

解　将一次射击看成是一次试验,设击中的次数为 X,则 $X \sim B(400, 0.02)$. X 的分布律为

$$P\{X = K\} = C_{400}^{k}(0.02)^{k}(0.98)^{400-k}, \quad k = 0, 1, 2, \cdots, 400.$$

于是所求概率为

$$P\{X \geqslant 1\} = 1 - P\{X = 0\} = 1 - (0.98)^{400} \approx 0.999\ 7.$$

这个概率很接近于 1. 我们从两方面来讨论这一结果的实际意义. 其一,虽然每次射击的命中率很小(为 0.02),但如果射击 400 次,则击中目标至少一次是几乎可以肯定的. 这一事实说明,一个事件尽管在一次试验中发生的概率很小,但只要

试验次数很多,而且试验是独立进行的,那么这一事件的发生几乎是肯定的.这也告诉人们决不能轻视小概率事件;其二,如果射手在 400 次射击中,竟然一次也没击中目标,由于概率 $P\{X < 1\} \approx 0.000\,3$ 很小,根据实际推断原理,我们将怀疑"每次射击的命中率为 0.02"这一假设,即认为该射手射击的命中率达不到 0.02.

在二项分布 $B(n, p)$ 中,当 n 很大时,直接计算概率显得比较麻烦.为此,我们给出一个当 n 很大而 p(或 $1-p$)很小时的近似计算公式.

定理 2(泊松定理) 设随机变量 X 服从二项分布 $B(n, p_n)$,且 $np_n = \lambda(\lambda > 0$ 是一个常数,n 是任意自然数),则对任意固定的非负整数 k,有

$$\lim_{n \to \infty} C_n^k p_n^k (1-p_n)^{n-k} = \frac{\lambda^k}{k!} \mathrm{e}^{-\lambda}, \quad k = 1, 2, \cdots. \tag{2-5}$$

证 因为 $np_n = \lambda$,所以

$$C_n^k p_n^k (1-p_n)^{n-k} = \frac{n(n-1)\cdots(n-k+1)}{k!} \left(\frac{\lambda}{n}\right)^k \left(1-\frac{\lambda}{n}\right)^n \left(1-\frac{\lambda}{n}\right)^{-k}$$

$$= \left(1-\frac{1}{n}\right)\left(1-\frac{2}{n}\right)\cdots\left(1-\frac{k-1}{n}\right)\frac{\lambda^k}{k!}\left(1-\frac{\lambda}{n}\right)^n\left(1-\frac{\lambda}{n}\right)^{-k}.$$

又对任意固定的 $k(0 \leqslant k \leqslant n)$,当 $n \to \infty$ 时,

$$\left(1-\frac{1}{n}\right)\left(1-\frac{2}{n}\right)\cdots\left(1-\frac{k-1}{n}\right) \to 1, \quad \left(1-\frac{\lambda}{n}\right)^{-k} \to 1,$$

于是

$$\lim_{n \to \infty}\left(1-\frac{\lambda}{n}\right)^n = \lim_{n \to \infty}\left(1-\frac{\lambda}{n}\right)^{-\frac{n}{\lambda}(-\lambda)} = \mathrm{e}^{-\lambda},$$

所以

$$\lim_{n \to \infty} C_n^k p_n^k (1-p_n)^{n-k} = \frac{\lambda^k}{k!}\mathrm{e}^{-\lambda}, \quad k = 1, 2, \cdots.$$

在实际应用时,当 n 很大,p 很小,np 是一个适当的数(通常 $0 < np \leqslant 8$)时,

$$C_n^k p^k (1-p)^{n-k} \approx \frac{\lambda^k}{k!}\mathrm{e}^{-\lambda}, \tag{2-6}$$

其中,$\lambda = np$.

例 7 计算机硬件公司制造某种特殊用途的芯片,次品率达到 0.1%,各芯片成为次品相互独立,求在 1 000 只产品中至少有 2 只的概率.以 X 记产品中的次品

率, $X \sim B(1\,000, 0.001)$.

解　所求概率为

$$P\{X \geqslant 2\} = 1 - P\{X = 0\} - P\{X = 1\}$$
$$= 1 - (0.999)^{1\,000} - C_{1\,000}^1 (0.999)^{999}(0.001)$$
$$\approx 1 - 0.367\,695\,4 - 0.368\,063\,5 \approx 0.264\,241\,1.$$

利用式(2-6)来计算, $\lambda = 1\,000 \times 0.001 = 1$.

$$P\{X \geqslant 2\} = 1 - P\{X = 0\} - P\{X = 1\}$$
$$\approx 1 - e^{-1} - e^{-1} \approx 0.264\,241\,1.$$

显然利用式(2-6)计算来得方便, 一般地, 当 $n \geqslant 20$, $p \leqslant 0.05$ 时, 用 $\dfrac{\lambda^k}{k!}e^{-\lambda}$ ($\lambda = np$). 作为 $C_n^k p^k (1-p)^{n-k}$ 的近似值效果颇佳.

3. 泊松分布

若随机变量 X 的所有可能取值为 $0, 1, 2, \cdots$, 且取各个值的概率为

$$P\{X = k\} = \frac{\lambda^k}{k!}e^{-\lambda}, \quad k = 0, 1, 2, \cdots. \tag{2-7}$$

其中 $\lambda > 0$ 是常数, 则称 X 服从参数为 λ 的**泊松分布**, 记为 $X \sim \pi(\lambda)$ 或 $X \sim p(\lambda)$.

易知, $P\{X = k\} \geqslant 0 (k = 0, 1, 2, \cdots)$, 且有

$$\sum_{k=0}^{\infty} P\{X = k\} = \sum_{k=0}^{\infty} \frac{\lambda^k}{k!}e^{-\lambda} = e^{-\lambda} \sum_{k=0}^{\infty} \frac{\lambda^k}{k!} = e^{-\lambda} e^{\lambda} = 1.$$

即 $P\{X = k\}$ 满足分布律的非负性和完备性.

泊松分布是概率分布中常见的一种重要分布, 它可以作为描述大量试验中稀有事件出现频数的概率分布的数学模型, 这种事件在每次试验中出现的概率很小, 但试验的次数往往又很大. 例如, 一本书一页中的印刷错误数、在给定时间间隔内电话交换台收到的呼叫次数、在公共汽车站候车的人数、在一个时间间隔内某种放射性物质发出的 α 粒子数等都服从泊松分布.

关于泊松分布的计算, 可对不同的参数 λ 及取值 k, 查附表 3.

例 8　由仓库的出库记录可知, 某产品每月的出库数可用参数 $\lambda = 5$ 的泊松分布来描述, 为了有 99% 以上的把握保证不短缺, 问此仓库在月底进货时至少应进该产品多少件?

解　设该仓库下月该产品的出库件数为 X, 本月无存货, 月底进货 N 件, 则当

$X \leqslant N$ 时就不会发生短缺.

由题意知,随机变量 $X \sim \pi(5)$,且要求 $P\{X \leqslant N\} \geqslant 0.99$,即应有

$$\sum_{k=0}^{N} \frac{5^k}{k!} e^{-5} \geqslant 0.99 \quad \text{或} \quad \sum_{k=N+1}^{\infty} \frac{5^k}{k!} e^{-5} < 0.01.$$

查附表 3,可得 $N+1 = 12$,故 $N = 11$. 即仓库在月底进货补充仓储时,至少应进 11 件该产品,才能有 99% 以上的把握保证该产品在下月不短缺.

2.3 随机变量的分布函数

研究非离散型随机变量 X,由于其可能取的值不能一一地列举出来,因此不能类似于离散型随机变量那样用分布律来表征它. 为此引进一个新的数学工具——分布函数用来刻画随机变量的统计规律性.

定义 设 X 是一个随机变量,x 是任意的实数,

$$F(X) = P\{X \leqslant x\}, \tag{2-8}$$

则称函数 $F(x)$ 为 X 的**分布函数**或**概率累积函数**.

由定义可知,$F(x)$ 定义在整个实数轴上,若将随机变量 X 看成是数轴上的随机点的坐标,则分布函数 $F(x)$ 在点 x 处的函数值就是随机变量 X 落在区间 $(-\infty, x]$ 内的概率.

于是对任意的实数 $x_1 < x_2$,有

$$\begin{aligned} P\{x_1 < X \leqslant x_2\} &= P\{X \leqslant x_2\} - P\{X \leqslant x_1\} \\ &= F(x_2) - F(x_1). \end{aligned} \tag{2-9}$$

因此,若已知随机变量 X 的分布函数,就可以计算出 X 在任何区间 $(a, b]$ 上取值的概率. 从这个意义上讲,分布函数完整地描述了随机变量的统计规律性.

分布函数 $F(x)$ 是一个普通的函数,通过它,我们将能用微积分的方法来研究随机现象的统计规律.

分布函数 $F(x)$ 具有下列基本性质:

(1) **单调不减性** 若 $x_1 < x_2$,则 $F(x_1) \leqslant F(x_2)$.

事实上,由式 (2-8) 可知 $F(x_2) - F(x_1) = P\{x_1 < X \leqslant x_2\} \geqslant 0$,即此性质成立.

(2) **有界性** $0 \leqslant F(x) \leqslant 1$,且

$$F(-\infty) = \lim_{x \to \infty} F(x) = 0, \quad F(+\infty) = \lim_{x \to \infty} F(x) = 1.$$

（3）**右连续性**　$F(x+0) = F(x)$，即 $\lim\limits_{u \to x+0} F(u) = F(x)$.

（4）**可导性**　若 x 是 $F(x)$ 的连续点，则 $F(x)$ 在点 x 处可导.

反过来，理论上还可以证明满足上述四条性质的函数 $F(x)$ 必是某个随机变量的分布函数. 分布函数作为实变量函数具有较好的分析性质，引进分布函数可使许多概率问题的讨论得以简化. 所以说分布函数是概率论中的一个非常重要的概念，是研究随机变量的重要工具.

例 1　设随机变量 X 的分布律为

X	-1	0	1	2	3
p_k	0.25	0.15	a	0.35	b

（1）问 a，b 应满足什么条件？

（2）当 $a = 0.2$ 时，求 b；

（3）求分布函数 $F(x)$ 及 $P\{X \leqslant 0\}$，$P\{1.5 < X \leqslant 3.5\}$，$P\{1 \leqslant X \leqslant 2\}$.

解　（1）由分布律的非负性知，$a \geqslant 0$，$b \geqslant 0$. 由分布律的完备性，即

$$0.25 + 0.15 + a + 0.35 + b = 1,$$

得 $a + b = 0.25$.

因此 a，b 应满足条件

$$a + b = 0.25, \quad a \geqslant 0, b \geqslant 0.$$

（2）当 $a = 0.2$ 时，由（1）可得 $b = 0.05$.

（3）X 可能的取值为 -1，0，1，2，3，且取各个值的概率分别为 0.25，0.15，0.2，0.35 和 0.05，而 $F(x)$ 的值是 $X \leqslant x$ 的概率累积值，由概率的有限可加性知，它为小于或等于 x 的那些 x_k 处的概率 p_k 之和. 故对任意的实数 x，当 $x < -1$ 时，

$$F(x) = P\{X \leqslant x\} = 0;$$

当 $-1 \leqslant x < 0$ 时，

$$F(x) = P\{X \leqslant x\} = P\{X = -1\} = 0.25;$$

当 $0 \leqslant x < 1$ 时，

$$F(x) = P\{X \leqslant x\} = P\{X = -1\} + P\{X = 0\} = 0.25 + 0.15 = 0.4;$$

当 $1 \leqslant x < 2$ 时，

$$F(x) = P\{X \leqslant x\} = P\{X = -1\} + P\{X = 0\} + P\{X = 1\}$$
$$= 0.25 + 0.15 + 0.2 = 0.6;$$

当 $2 \leqslant x < 3$ 时,

$$F(x) = P\{X \leqslant x\} = P\{X = -1\} + P\{X = 0\} + P\{X = 1\} + P\{X = 2\}$$
$$= 0.25 + 0.15 + 0.2 + 0.35 = 0.95;$$

当 $x \geqslant 3$ 时,

$$F(x) = P\{X \leqslant x\}$$
$$= P\{X = -1\} + P\{X = 0\} + P\{X = 1\} + P\{X = 2\} + P\{X = 3\}$$
$$= 0.25 + 0.15 + 0.2 + 0.35 + 0.05 = 1.$$

即

$$F(x) = \begin{cases} 0, & x < -1, \\ 0.25, & -1 \leqslant x < 0, \\ 0.4, & 0 \leqslant x < 1, \\ 0.6, & 1 \leqslant x < 2, \\ 0.95, & 2 \leqslant x < 3, \\ 1, & x \geqslant 3. \end{cases}$$

其图形为一条的阶梯形曲线,如图 2.3 所示.

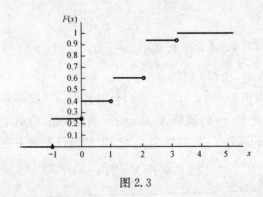

图 2.3

$x = -1, 0, 1, 2, 3$ 为 $F(x)$ 的跳跃间断点,跃度(右极限与左极限之差)分别为 $0.25, 0.15, 0.2, 0.35$ 和 0.05. 由定义可知,

$$P\{X \leqslant 0\} = F(0) = 0.4;$$
$$P\{1.5 < X \leqslant 3.5\} = F(3.5) - F(1.5) = 1 - 0.6 = 0.4;$$
$$P\{1 \leqslant X \leqslant 2\} = F(2) - F(1) + P\{X = 1\} = 0.95 - 0.6 + 0.2 = 0.55.$$

一般地,若离散型随机变量 X 的分布律为 $P\{X = x_k\} = p_k (k = 1, 2, 3, \cdots)$, 由概率的可列可加性得 X 的分布函数为

$$F(x) = P\{X \leqslant x\} = \sum_{x_k \leqslant x} P\{X = x_k\} = \sum_{x_k \leqslant x} p_k, \qquad (2\text{-}10)$$

即 $F(x)$ 的值等于所有满足 $x_k \leqslant x$ 的 x_k 对应的概率之和. 另一方面, 离散型随机变量 X 分布函数 $F(x)$ 在 $x = x_k (k = 1, 2, \cdots)$ 处有跳跃, 其跃度恰为 $p_k = P\{X = x_k\}$, 从而 X 的分布律为

$$p_k = P\{X = x_k\} = F(x_k) - F(x_k - 0), \quad k = 1, 2, \cdots.$$

这说明离散型随机变量既可以用分布律来描述, 又可以用分布函数来描述, 其分布函数是一个阶梯形函数. 若已知离散型随机变量的概率分布律, 就能唯一确定其分布函数; 反之, 由随机变量的分布函数亦可确定其分布律.

例 2　一个靶子是半径为 2 m 的圆盘, 设击中靶上任一同心圆盘上的点的概率与该圆盘的面积成正比, 并设射击都能中靶, 以 X 表示着弹点到圆心的距离. 求随机变量 X 分布函数.

解　显然, X 可能的取值 x 在区间 $[0, 2]$ 上. 对任意的实数 x, 当 $x < 0$, 由于 $\{X \leqslant x\}$ 是不可能事件, 故 $F(x) = P\{X \leqslant x\} = 0$;

当 $0 \leqslant x \leqslant 2$, 由题意, $P\{0 \leqslant X \leqslant x\} = k\pi x^2$, k 为常数. 为了确定 k 的值, 取 $x = 2$, 有 $P\{0 \leqslant X \leqslant 2\} = 2^2 k\pi$, 又已知 $P\{0 \leqslant X \leqslant 2\} = 1$, 故得 $k = \dfrac{1}{4\pi}$, 此时

$$F(x) = P\{X \leqslant x\} = P\{X < 0\} + P\{0 \leqslant X \leqslant x\} = \frac{x^2}{4}.$$

若 $x \geqslant 2$, 由题意知 $\{X \leqslant x\}$ 为一必然事件, 于是

$$F(x) = P\{X \leqslant x\} = 1.$$

综上所述, 随机变量 X 的分布函数为

$$F(x) = \begin{cases} 0, & x < 0, \\ \dfrac{x^2}{4}, & 0 \leqslant x < 2, \\ 1, & x \geqslant 2. \end{cases}$$

它的图形是一条连续曲线 (图 2.4).

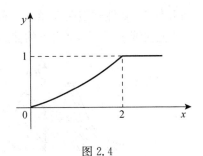

图 2.4

2.4　连续型随机变量及其概率密度

在非离散型随机变量中, 还有一类重要的随机变量 —— 连续型随机变量. 这

种随机变量 X 可取某个区间内的一切值,由于不可能将其所有可能的取值一一列出来,故它的概率分布不能像离散型随机变量一样用分布律给出. 我们要寻求一种与离散型随机变量的分布律相应的描述方法. 这就是连续型随机变量的概率密度函数.

定义 设随机变量 X 的分布函数为 $F(x)$,若存在非负函数 $f(x)$,使对于任意实数 x 有

$$F(x) = \int_{-\infty}^{x} f(t)\mathrm{d}t, \tag{2-11}$$

则称 X 为**连续型随机变量**,称 $f(x)$ 为 X 的**概率密度函数**,简称**概率密度**或**密度函数**.

由定义可知,概率密度函数 $f(x)$ 应满足以下的基本性质:

(1) **非负性** $f(x) \geqslant 0$;

(2) **完备性** $\int_{-\infty}^{+\infty} f(x)\mathrm{d}x = 1$.

完备性的几何意义是:由 Ox 轴及位于 x 轴上方的曲线 $y = f(x)$ 所围成的图形的面积为 1(图 2.5). 反过来,满足这两条性质的函数 $f(x)$ 必是某个连续型随机变量的概率密度函数.

另外,概率密度还具有如下性质:

(3) 对任意的实数 $x_1 \leqslant x_2$,有

$$P\{x_1 < X \leqslant x_2\} = F(x_2) - f(X_1) = \int_{x_1}^{x_2} f(t)\mathrm{d}t.$$

在几何上,此性质表明 X 落在区间 $(x_1, x_2]$ 的概率 $P\{x_1 < X \leqslant x_2\}$ 等于区间 $(x_1, x_2]$ 上曲线 $y = f(x)$ 之下的曲边梯形的面积(图 2.6).

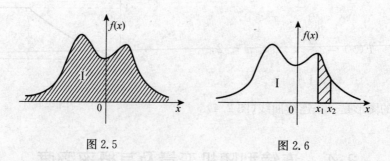

图 2.5　　　　　　　　图 2.6

(4) 连续型随机变量的分布函数 $F(x)$ 一定连续. 又若 $f(x)$ 为连续函数,则 $F(x)$ 必可导,且 $F'(x) = f(x)$.

注意到

$$F'(x) = \lim_{\Delta x \to 0+} \frac{F(x + \Delta x) - F(x)}{\Delta x} = \lim_{\Delta x \to 0+} \frac{P\{x < X \leqslant x + \Delta x\}}{\Delta x}.$$

可见概率密度的定义与物理学中线密度的定义类似,这就是称 $f(x)$ 为概率密度的原因.

若不计高阶无穷小,则有 $P\{x < X \leqslant x + \Delta x\} \approx f(x)\Delta x$. 这说明,概率密度函数 $f(x)$ 的数值大小反映了随机变量 X 取 x 邻近值的概率大小. 即用概率密度描述连续型随机变量的概率分布在某种意义上与用分布律来描述离散型随机变量类似,故连续型随机变量的统计规律性不但可以由其分布函数来描述,还可以由其概率密度来描述.

此外,由定义知,改变概率密度函数 $f(x)$ 在个别点的函数值并不影响分布函数 $F(x)$ 的取值. 因此,连续型随机变量的概率密度函数不是唯一的. 在 $F(x)$ 的个别不可导点处可以灵活定义相应 $f(x)$ 的值.

(5) 连续型随机变量 X 取任一指定实数值的概率均为零,即对任意常数 C, $P\{X = C\} = 0$.

事实上,设 X 对分布函数为 $F(x)$,$\Delta x > 0$,则由 $\{X = C\} \subset \{C - \Delta x < X \leqslant C\}$,得 $0 \leqslant P\{X = C\} \leqslant P\{C - \Delta x < X \leqslant C\} = F(C) - F(C - \Delta x)$,令 $\Delta x \to 0$,并注意到 X 为连续型随机变量,其分布函数 $F(x)$ 连续,即得 $P\{X = C\} = 0$. 这是与离散型随机变量不同的地方.

上述结果还表明:若事件 A 是不可能事件,则有 $P(A) = 0$;但反过来,若 $P(A) = 0$,并不意味着 A 是不可能事件. 同样地,一个事件的概率为 1,此事件也不一定就是必然事件. 并且在计算连续型随机变量落在某一区间上的概率时,可以不必区分区间是开区间、闭区间,还是半开半闭区间或闭区间,即对任意的实数 x_1, x_2 $(x_1 < x_2)$,有

$$P\{x_1 < X \leqslant x_2\} = P\{x_1 \leqslant X < x_2\} = P\{x_1 \leqslant X \leqslant x_2\}$$
$$= P\{x_1 < X < x_2\} = \int_{x_1}^{x_2} f(t)\,\mathrm{d}t.$$

只要给定了连续型随机变量的概率密度函数,就可以计算出该随机变量取值于任一区间的概率.

例 1　设随机变量 X 具有概率密度

$$f(x) = \begin{cases} kx, & 0 \leqslant x < 3, \\ 2 - \dfrac{x}{2}, & 3 \leqslant x \leqslant 4, \\ 0, & \text{其他.} \end{cases}$$

(1) 确定常数 k；(2) 求 X 的分布函数；(3) 求 $P\left\{1 < X \leqslant \dfrac{7}{2}\right\}$.

解　(1) 由 $\displaystyle\int_{-\infty}^{\infty} f(x)\mathrm{d}x = 1$，得

$$\int_0^3 kx\,\mathrm{d}x + \int_3^4 \left(2 - \frac{x}{2}\right)\mathrm{d}x = 1,$$

解得 $k = \dfrac{1}{6}$，于是 X 的概率密度为

$$f(x) = \begin{cases} \dfrac{x}{6}, & 0 \leqslant x < 3, \\[2mm] 2 - \dfrac{x}{2}, & 3 \leqslant x \leqslant 4, \\[2mm] 0, & \text{其他.} \end{cases}$$

(2) X 的分布函数为

$$F(x) = \begin{cases} 0, & x < 0, \\[2mm] \displaystyle\int_0^x \frac{x}{6}\mathrm{d}x, & 0 \leqslant x < 3, \\[2mm] \displaystyle\int_0^3 \frac{x}{6}\mathrm{d}x + \int_3^x \left(2 - \frac{x}{2}\right)\mathrm{d}x, & 3 \leqslant x < 4, \\[2mm] 1, & x \geqslant 4. \end{cases}$$

即

$$F(x) = \begin{cases} 0, & x < 0, \\[2mm] \dfrac{x^2}{12}, & 0 \leqslant x < 3, \\[2mm] -3 + 2x - \dfrac{x^2}{4}, & 3 \leqslant x < 4, \\[2mm] 1, & x \geqslant 4. \end{cases}$$

(3) $P\left\{1 < X \leqslant \dfrac{7}{2}\right\} = F\left(\dfrac{7}{2}\right) - F(1) = \dfrac{41}{48}$.

例 2　设连续型随机变量 X 的分布函数为

$$F(x) = \begin{cases} A + Be^{-2x}, & x > 0, \\ C, & x \leqslant 0. \end{cases}$$

求常数 A, B, C，并求 X 的概率密度 $f(x)$ 及 $P\{-2 < X < 1\}$.

解　由分布函数的有界性知

$$0 = F(-\infty) = C, \quad 1 = F(+\infty) = \lim_{x \to +\infty}(A + Be^{-2x}) = A.$$

而连续型随机变量的分布函数是连续的,得到 $\lim_{x \to 0} F(x) = F(0)$,故

$$A + B + C,$$

解之得

$$A = 1, \quad B = -1, \quad C = 0.$$

即

$$F(x) = \begin{cases} 1 - e^{-2x}, & x \geqslant 0, \\ 0, & x < 0. \end{cases}$$

由此易得,概率密度

$$f(x) = \begin{cases} 2e^{-2x}, & x > 0, \\ 0, & x \leqslant 0. \end{cases}$$

进而

$$P\{-2 < X < 1\} = \int_{-2}^{1} f(x)\mathrm{d}x = \int_{0}^{1} 2e^{-2x}\mathrm{d}x = 1 - e^{-2}.$$

下面介绍三种常见的连续性随机变量.

1. 均匀分布

若连续型随机变量 X 具有概率密度为

$$f(x) = \begin{cases} \dfrac{1}{b-a}, & a < x < b, \\ 0, & \text{其他}, \end{cases} \tag{2-12}$$

则称 X 在区间 (a, b) 上服从**均匀分布**,记为 $X \sim U(a, b)$.

其分布函数为

$$F(x) = \begin{cases} 0, & x < a, \\ \dfrac{x-a}{b-a}, & a \leqslant x < b, \\ 1, & x \geqslant b. \end{cases} \tag{2-13}$$

$f(x)$ 及 $F(x)$ 的图形分别如图 2.7 所示.

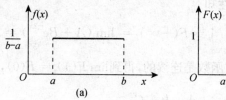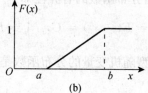

图 2.7

在区间 (a, b) 上服从均匀分布的随机变量 X 具有下述意义的等可能性,即在几何上,X 落在区间 (a, b) 中任意等长度的子区间内的可能性是相同的. 或者说它落在 (a, b) 内任意子区间的概率只依赖于子区间的长度,而与子区间的位置无关,这也是"均匀"二字的体现.

事实上,对于任一长度为 l 的子区间 $(c, c+1) \subseteq (a, b)$,有

$$P\{X \in (c, c+l)\} = P\{c < X < c+l\} = \int_c^{c+l} f(x)\mathrm{d}x$$

$$= \int_c^{c+l} \frac{1}{b-a}\mathrm{d}x = \frac{l}{b-a}.$$

一般来说,由四舍五入小数点后第一位小数所引起的误差 X,可认为 $X \sim U(-0.5, 0.5)$. 又如在公共汽车始发站,每间隔一定时间就有一辆车发出,则乘客在车站等车的时间也服从均匀分布.

例 3 某公共汽车站从早上 6 时起每隔 15 min 发一班车. 若一乘客到达此车站的时间是 8:00 至 9:00 之间,且为服从均匀分布的随机变量,求该乘客的候车时间不超过 5 min 的概率.

解 以 8:00 作为计时时刻,设 X 表示该乘客于 8 时过后到达车站的时刻(单位:min),则 $X \sim U(0, 60)$. X 的概率密度为

$$f(x) = \begin{cases} \dfrac{1}{60}, & 0 < x < 60, \\ 0, & \text{其他.} \end{cases}$$

现要使其候车时间不超过 5 min,则 X 必落在下列区间之一:$[10, 15]$,$[25, 30]$,$[40, 45]$,$[55, 60]$. 因此所求概率为

$$\begin{aligned} p &= P\{10 \leqslant X \leqslant 15\} + P\{25 \leqslant X \leqslant 30\} + \\ &\quad P\{40 \leqslant X \leqslant 45\} + P\{55 \leqslant X \leqslant 60\} \\ &= \int_{10}^{15} \frac{1}{60}\mathrm{d}x + \int_{25}^{30} \frac{1}{60}\mathrm{d}x + \int_{40}^{45} \frac{1}{60}\mathrm{d}x + \int_{55}^{60} \frac{1}{60}\mathrm{d}x = \frac{1}{3}. \end{aligned}$$

2. 指数分布

若连续型随机变量 X 具有概率密度为

$$f(x) = \begin{cases} \dfrac{1}{\theta} e^{-\frac{x}{\theta}}, & x > 0, \\ 0, & x \leqslant 0, \end{cases} \qquad (2\text{-}14)$$

其中 $\theta > 0$ 为常数，则称 X 服从参数为 θ 的**指数分布**，记为 $X \sim e(\theta)$.

易证 $f(x)$ 满足概率密度函数的两条基本性质，且不难求得其分布函数为

$$F(x) = \begin{cases} 1 - e^{-\frac{x}{\theta}}, & x \geqslant 0, \\ 0, & x < 0. \end{cases} \qquad (2\text{-}15)$$

指数分布的概率密度函数 $f(x)$ 和分布函数 $F(x)$ 的图形分别如图 2.8 所示.

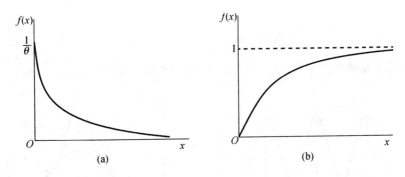

图 2.8

现实生活中，指数分布应用很广，例如，电子元件的使用寿命、电话的通话时间、排队的等待时间等都可以用指数分布描述. 因此，指数分布在生存分析、可靠性理论和排队论中得到广泛的应用.

服从指数分布的随机变量 X 具有一个有趣的性质就是"无记忆性"（亦称"永远年轻性"）. 设随机变量 $X \sim e(\theta)$，对于任意 $s, t > 0$，有

$$P\{X > s + t \mid X > s\} = P\{X > t\}.$$

事实上，

$$P\{X > s + t \mid X > s\} = \frac{P\{(X > s + t) \bigcap (X > s)\}}{P\{X > s\}} = \frac{P\{X > s + t\}}{P\{X > s\}}$$

$$= \frac{1 - F(s + t)}{1 - F(s)} = \frac{e^{-\frac{(s+t)}{\theta}}}{e^{-\frac{s}{\theta}}} = e^{-\frac{t}{\theta}} = P(X > t),$$

即若 X 表示为寿命,上式表明如果已知寿命 X 长于 s 年,则再活 t 年的概率与现在的年龄无关;若 X 表示某系统接连发生两次故障的时间间隔,则此性质说明,在时段 $(s, s+t)$ 内无故障的概率只与时段的长度 t 有关,而与系统过去无故障工作的时间 s 无关,故此性质也称为无后效性. 在连续型随机变量中,仅指数分布具有此性质. 所以指数分布常常作为各种"寿命"分布的近似.

3. 正态分布

若随机变量 X 的概率密度函数为

$$f(x) = \frac{1}{\sqrt{2\pi}\sigma} e^{-\frac{(x-\mu)^2}{2\sigma^2}}, \quad -\infty < x < +\infty, \tag{2-16}$$

其中 $\mu, \sigma(\sigma > 0)$ 为常数,则称 X 服从参数为 μ, σ 的**正态分布**(也称为**高斯分布**),记为 $X \sim N(\mu, \sigma^2)$. 其分布函数为

$$F(x) = \frac{1}{\sqrt{2\pi}\sigma} \int_{-\infty}^{x} e^{-\frac{(t-\mu)^2}{2\sigma^2}} \mathrm{d}t, \quad -\infty < x < +\infty.$$

正态分布的密度函数 $f(x)$(图 2.9(a))具有如下特点:

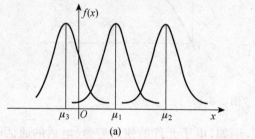
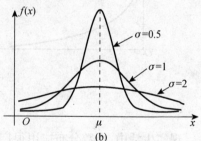

图 2.9

(1) 曲线均在 x 轴上方,关于直线 $x = \mu$ 对称,在 $x = \mu \pm \sigma$ 处有拐点,且以 Ox 轴为渐近线. 当 $x = \mu$ 时,$f(x)$ 达到最大值 $f_{\max}(x) = f(\mu) = \dfrac{1}{\sqrt{2\pi}\sigma}$. x 离 μ 越远,$f(x)$ 的值越小. 这表明对于同样长度的区间,当区间离 μ 越远,X 落在这个区间上的概率越小.

(2) 当 σ 固定,μ 变化时,$f(x)$ 的图形沿 Ox 轴左右平行移动,但不改变其形状. 可见正态分布的概率密度曲线 $y = f(x)$ 的位置完全由参数 μ 所确定. μ 称为位置参数.

(3) 当 μ 固定,σ 变化时,$f(x)$ 的图形随之变化. 由最大值 $f(\mu) = \dfrac{1}{\sqrt{2\pi}\sigma}$ 知,σ 越

小,图形越"陡峭",分布越集中在直线 $x = \mu$ 附近;σ 越大,图形越"平坦",分布越分散.σ 称为**形状参数**.

特别地,当 $\mu = 0$, $\sigma = 1$ 时,称随机变量 X 服从**标准正态分布**,记为 $X \sim N(0, 1)$.此时 X 的概率密度函数和分布函数分别用 $\varphi(x)$ 和 $\Phi(x)$ 表示,即

$$\varphi(x) = \frac{1}{\sqrt{2\pi}} e^{-\frac{x^2}{2}}, \quad x \in \mathbf{R}, \tag{2-17}$$

$$\Phi(x) = \frac{1}{\sqrt{2\pi}} \int_{-\infty}^{x} e^{-\frac{t^2}{2}} dt, \quad x \in \mathbf{R}. \tag{2-18}$$

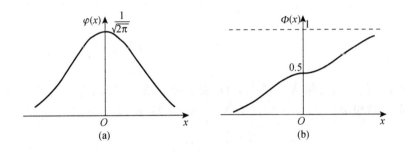

图 2.10

其图形如图 2.10 所示.易知,对任意实数 x,有

$$\varphi(-x) = \varphi(x), \quad \Phi(-x) = 1 - \Phi(x).$$

由于正态变量在概率计算中的重要性,人们已经编制了正态分布表.本书在附表 4 给出了标准正态分布表.一般正态分布 $N(\mu, \sigma^2)$ 只要通过一个线性变换就能将它化为标准正态分布.可验证如下定理.

定理　若 $X \sim N(\mu, \sigma^2)$,则

$$Y = \frac{X - \mu}{\sigma} \sim N(0, 1). \tag{2-19}$$

事实上,Y 的分布函数

$$P\{Y \leqslant x\} = P\left\{\frac{X - \mu}{\sigma} \leqslant x\right\} = P\{X \leqslant \mu + \sigma x\} = \frac{1}{\sqrt{2\pi}\sigma} \int_{-\infty}^{\mu + \sigma x} e^{-\frac{(t-\mu)^2}{2\sigma^2}} dt.$$

令 $\dfrac{t - \mu}{\sigma} = u$,得

$$P\{Y \leqslant x\} = \frac{1}{\sqrt{2\pi}\sigma} \int_{-\infty}^{x} e^{-\frac{u^2}{2}} du = \Phi(x).$$

由此知 $Y = \dfrac{X-\mu}{\sigma} \sim N(0, 1).$

于是,若 $X \sim N(\mu, \sigma^2)$,则其分布函数

$$F(x) = P\{X \leqslant x\} = P\left\{\frac{X-\mu}{\sigma} \leqslant \frac{x-\mu}{\sigma}\right\} = \Phi\left(\frac{x-\mu}{\sigma}\right). \qquad (2\text{-}20)$$

对于任意的 $x_1 < x_2$,有

$$P\{x_1 < X \leqslant x_2\} = P\left\{\frac{x_1-\mu}{\sigma} < \frac{X-\mu}{\sigma} \leqslant \frac{x_2-\mu}{\sigma}\right\}$$
$$= \Phi\left(\frac{x_2-\mu}{\sigma}\right) - \Phi\left(\frac{x_1-\mu}{\sigma}\right). \qquad (2\text{-}21)$$

例 4   设随机变量 $X \sim N(1, 4)$,求 $P\{0 < X \leqslant 1.6\}$.

解   这里 $\mu = 1$, $\sigma = 2$. 因为 $X \sim N(1, 4)$,所以

$$\frac{X-1}{2} \sim N(0, 1).$$

于是,查表得

$$P\{0 < X \leqslant 1.6\} = \Phi\left(\frac{1.6-1}{2}\right) - \Phi\left(\frac{0-1}{2}\right) = \Phi(0.3) - \Phi(-0.5)$$
$$= \Phi(0.3) - [1 - \Phi(0.5)]$$
$$= 0.617\,9 - 1 + 0.691\,5 = 0.309\,4.$$

特别地,若 $X \sim N(\mu, \sigma^2)$,则对任意正整数 k 有

$$P\{|X-\mu| < k\sigma\} = P\{\mu - k\sigma < X < \mu + k\sigma\}$$
$$= \Phi\left(\frac{\mu + k\sigma - \mu}{\sigma}\right) - \Phi\left(\frac{\mu - k\sigma - \mu}{\sigma}\right)$$
$$= \Phi(k) - \Phi(-k) = 2\Phi(k-1).$$

则

$$P\{|X-\mu| < \sigma\} = 2\Phi(1) - 1 = 0.682\,6,$$
$$P\{|X-\mu| < 2\sigma\} = 2\Phi(2) - 1 = 0954\,4,$$
$$P\{|X-\mu| < 3\sigma\} = 2\Phi(3) - 1 = 0.997\,4.$$

这说明,尽管正态变量的取值范围是 $(-\infty, +\infty)$,但它的值落在 $(\mu - 3\sigma, \mu +$

3σ）内几乎是肯定的（图 2.11）.这正是正态分布在经济管理应用中的"3σ 原则"的来源.

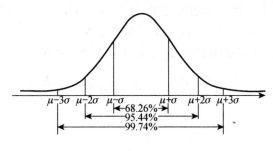

图 2.11

例 5　设从甲地到乙地有两条路线可供汽车行驶.第一条路程较短,但交通比较拥挤,经调查所需时间（单位:min）服从正态分布 $N(50,10^2)$.第二条路程较长,但意外阻塞较少,所需时间服从正态分布 $N(60,4^2)$.现有 70 min 可用,问应选择走哪一条路线?若仅有 65 min 可用,结果又如何?

解　依题意,显然应选择走在允许时间内有较大的概率能及时到达乙地的路线.若以 X 表示所需时间,则

（1）若有 70 min 可用,走第一条路线能及时赶到的概率为

$$p_{11} = P\{0 < X \leqslant 70\} = P\left\{\frac{0-50}{10} < \frac{X-50}{10} \leqslant \frac{70-50}{10}\right\}$$
$$= \Phi(2) - \Phi(-5) \approx \Phi(2) = 0.977\ 2.$$

走第二条路线能及时赶到的概率为

$$p_{12} = P\{0 < X \leqslant 70\} = P\left\{\frac{0-60}{4} < \frac{X-60}{4} \leqslant \frac{70-60}{4}\right\}$$
$$= \Phi(2.5) - \Phi(-15) \approx \Phi(2.5) = 0.993\ 8.$$

因此,应选择走第二条路线.

（2）若有 65 min 可用,走第一条路线能及时赶到的概率为

$$p_{21} = P\{0 < x \leqslant 65\} = P\left\{\frac{0-50}{10} < \frac{X-50}{10} \leqslant \frac{65-50}{10}\right\}$$
$$= \Phi(1.5) - \Phi(-5) \approx \Phi(1.5) = 0.933\ 2.$$

走第二条路线能及时赶到的概率为

$$p_{22} = P\{0 < X \leqslant 65\} = P\left\{\frac{0-60}{4} < \frac{X-60}{4} \leqslant \frac{65-60}{4}\right\}$$
$$= \Phi(1.25) - \Phi(-15) \approx \Phi(1.25) = 0.894\ 4.$$

因此,应选择走第一条路线.

例6 将一温度调节器放置在贮存着某种液体的容器内. 调节器定在 d ℃,液体的温度 X(以 ℃ 计)是一个随机变量,且 $X \sim N(d, 0.5^2)$. 若要求保持液体的温度至少为 80 的概率不低于 0.99,问 d 至少为多少?

解 按题意,要使 d 满足 $P\{X \geqslant 80\} \geqslant 0.99$. 由 $X \sim N(d, 0.5^2)$,有

$$P\{X \geqslant 80\} = P\left\{\frac{X-d}{0.5} \geqslant \frac{80-d}{0.5}\right\} = 1 - P\left\{\frac{X-d}{0.5} < \frac{80-d}{0.5}\right\}$$
$$= 1 - \Phi\left(\frac{80-d}{0.5}\right).$$

即要求 $\Phi\left(\dfrac{80-d}{0.5}\right) \leqslant 1 - 099 = 0.01$. 由分布函数的单调性,查表得

$$\frac{80-d}{0.5} \leqslant -2.327,$$

所以 $d \geqslant 81.1635$.

为了便于今后在数理统计中的应用,对于标准正态分布,我们引入上 α 分位点的定义.

设 $X \sim N(0, 1)$,若 z_α 满足条件

$$P\{X > z_\alpha\} = \alpha, \quad 0 < \alpha < 1, \quad (2\text{-}22)$$

则称点 z_α 为标准正态分布的上 α 分位点(图2.12).

z_α 的值可通过标准正态分布表(见附表4)来求得. 下面列出了几个常用的 z_α 的值.

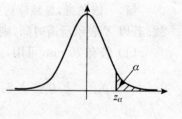

图 2.12

α	0.001	0.005	0.01	0.025	0.05	0.10
z_α	3.090	2.576	2.327	1.960	1.645	1.282

另外,由 $\varphi(x)$ 图形的对称性,可得 $z_{1-\alpha} = -z_\alpha$.

正态分布是概率论中最重要的一种分布. 这主要是因为在自然现象和社会现象中,大量随机变量都服从或近似服从正态分布. 例如,一个地区的男性成年人的身高、测量某零件的长度的误差、海洋波浪的高度、学生的考试成绩、农作物的收获量、电子器件中热噪声电流和电压等都可以认为服从正态分布.

一般地,若影响某一数量指标的独立随机因素很多,而每个随机因素所起的作用又不大,则可以认为这个指标是服从或近似服从正态分布的. 此外,正态分布还具有良好的分析性质,有许多分布可用正态分布来近似,还有一些分布可通过正态分布来导出. 故在概率论与数理统计的理论研究和实际应用中,服从正态分布的随

机变量起着特别重要的作用. 习惯上, 把服从正态分布的随机变量称为正态变量.

2.5 随机变量函数的分布

在实际中, 我们常对某些随机变量的函数更感兴趣. 例如, 在某些实验中, 所关心的随机变量往往不能直接测量得到, 但它是某个能直接测量的随机变量的函数, 比如我们能测量圆轴截面的直径 d, 而关心的却是截面面积 $A = \frac{1}{4}\pi d^2$. 这里随机变量 A 是随机变量 d 的函数. 设 X 为一维随机变量, $g(x)$ 为一连续函数. 当 X 的取值为 x 时, Y 的取值为 $y = g(x)$, 则 Y 也是随机变量, 并称之为**随机变量 X 的函数**, 记为 $Y = g(X)$. 故本节主要讨论如何从一个已知的随机变量的概率分布去求它的函数 $Y = g(X)$($g(\cdot)$ 是已知的连续函数) 的概率分布.

当已知随机变量 X 的概率分布时, 可依 X 的类型求出 Y 的概率分布.

定理 1 设 X 是离散型随机变量, 且其分布律为 $P\{X = x_k\} = p_k(k = 1, 2, \cdots)$, $y = g(x)$ 为连续函数, 则 $Y = g(X)$ 也是离散型随机变量. 设 $y_k = g(x_k)$, 则

(1) 当诸 y_k 的值互不相等时, Y 的分布律为

$$P\{Y = y_k\} = P\{X = x_k\} = p_k, \quad k = 1, 2, \cdots.$$

(2) 当诸 y_k 的值有相等的情形时, 应把那些相等的值合并, 并依照事件运算法则和概率的加法公式, 把相应的概率相加而得 Y 的分布律. 例如, 若 $y_k = g(x_{k_1}) = g(x_{k_2}) = \cdots = g(x_{k_l})$, 则事件 $\{Y = y_k\}$ 等价于事件 $\{X = x_{k_1}\} \bigcup \{X = x_{k_2}\} \bigcup \cdots \bigcup \{X = x_{k_l}\}$, 故

$$P\{Y = y_k\} = P\{X = x_{k_1}\} + P\{X = x_{k_2}\} + \cdots + P\{X = x_{k_l}\}$$
$$= p_{k_1} + p_{k_2} + \cdots + p_{k_l}.$$

例 1 已知随机变量 X 的分布律为

X	-1	0	1	2
$P\{X = x_k\}$	0.2	0.3	0.1	0.4

求 (1) $Y = 2X + 1$; (2) $Y = (X-1)^2$ 的分布律.

解 (1) 随机变量 $Y = 2X + 1$ 的分布律为

Y	-1	1	3	5
$P\{Y = y_k\}$	0.2	0.3	0.1	0.4

(2) 随机变量 $Y = (X-1)^2$ 的所有可能取值为 0，1，4，且由

$$P\{Y=0\} = P\{(X-1)^2 \ 1 = 0\} = P\{X=1\} = 0.1,$$
$$P\{Y=1\} = P\{(X-1)^2 = 1\} = P\{X=0\} + P\{X=2\} = 0.7,$$
$$P\{Y=4\} = P\{(X-1)^2 = 4\} = P\{X=-1\} = 0.2.$$

即随机变量 Y 的分布律为

Y	0	1	4
$P\{Y = y_k\}$	0.1	0.7	0.2

对连续型随机变量函数的分布，则有如下的结论.

定理 2 设 X 为连续型随机变量，其概率密度为 $f_X(x)(-\infty < x < +\infty)$，若函数 $g(x)$ 处处可导，且对任意的 x 有 $g'(x) > 0$（或 $g'(x) < 0$），则 $Y = g(X)$ 是一个连续型随机变量，其概率密度为

$$f_Y(y) = \begin{cases} f_X[h(y)] \mid h'(y) \mid, & \alpha < y < \beta, \\ 0, & \text{其他.} \end{cases} \tag{2-23}$$

其中 $h(y)$ 是 $g(x)$ 的反函数，$\alpha = \min\{g(-\infty), g(+\infty)\}$，$\beta = \max\{g(-\infty), g(+\infty)\}$.

证 不妨设对于任意 x，$g'(x) > 0$，则 $g(x)$ 在 $(-\infty, +\infty)$ 严格单调增加，它的反函数 $h(y)$ 存在，且在 (α, β) 内严格单调增加，可导. 记 Y 的分布函数为 $F_Y(y)$.

因为 $Y = g(X)$ 在 (α, β) 取值，故当 $y \leqslant \alpha$ 时，$F_Y(y) = P\{Y \leqslant y\} = 0$；

当 $y \geqslant \beta$ 时，$F_Y(y) = P\{Y \leqslant y\} = 1$；

当 $\alpha < y < \beta$ 时，

$$F_Y(y) = P\{Y \leqslant y\} = P\{g(X) \leqslant y\} = P\{X \leqslant h(y)\} = \int_{-\infty}^{h(y)} f_X(x) \mathrm{d}x.$$

将 $F_Y(y)$ 关于 y 求导，即得 Y 的概率密度函数

$$f_Y(y) = \begin{cases} f_X[h(y)]h'(y), & \alpha < y < \beta, \\ 0, & \text{其他.} \end{cases} \tag{2-24}$$

同理可证，$g'(x) < 0$ 的情形. 故式 (2-23) 得证.

若 $f_X(x)$ 在有限区间 $[a, b]$ 以外等于零，则只需假设在 $[a, b]$ 上恒有 $g'(x) > 0$（或 $g'(x) < 0$），此时 $\alpha = \min\{g(a), g(b)\}$，$\beta = \max\{g(a), g(b)\}$.

例 2 设随机变量 X 的概率密度为 $f_X(x)$，求线性函数 $Y = aX + b(a, b$ 为常数且 $a \neq 0)$ 的概率密度 $f_Y(y)$.

解　设 $y = g(x) = ax + b$,其反函数 $x = h(y) = \dfrac{y-b}{a}$, $h'(y) = \dfrac{1}{a}$,由式 (2-23) 知 $Y = aX + b$ 的概率密度为

$$f_Y(y) = \frac{1}{|a|} f_X\left(\frac{y-b}{a}\right), \quad -\infty < y < +\infty.$$

特别地,若 $X \sim N(\mu, \sigma^2)$,即

$$f_X(x) = \frac{1}{\sqrt{2\pi}\sigma} e^{-\frac{(x-\mu)^2}{2\sigma^2}}, \quad -\infty < x < +\infty.$$

则 $Y = aX + b$ 的概率密度为

$$f_Y(y) = \frac{1}{|a|} \frac{1}{\sqrt{2\pi}\sigma} e^{-\frac{\left(\frac{y-b}{a}-\mu\right)^2}{2\sigma^2}} = \frac{1}{|a|\sigma\sqrt{2\pi}} e^{-\frac{[y-(a+a\mu)]^2}{2(a\sigma)^2}}, \quad -\infty < y < +\infty.$$

即 $Y = aX + b \sim N(a\mu + b, (a\sigma)^2)$. 这说明正态变量 X 的线性函数仍服从正态分布. 进一步取 $a = \dfrac{1}{\sigma}$, $b = -\dfrac{\mu}{\sigma}$,得 $Y = \dfrac{X-\mu}{\sigma} \sim N(0, 1)$. 这就是上一节的结果.

例 3　设随机变量 X 的概率密度为 $f_X(x)$,求 $Y = X^3$ 的概率密度 $f_Y(y)$.

解　设 $y = g(x) = x^3$,则除 $x = 0$ 外恒有 $g'(x) = 3x^2 > 0$,且其反函数存在并可导: $x = h(y) = \sqrt[3]{y}$, $h'(y) = \dfrac{1}{3} y^{-\frac{2}{3}}$ $(y \neq 0)$,则 $Y = X^3$ 的概率密度为

$$f_Y(y) = f_X\left(y^{\frac{1}{3}}\right) \frac{1}{3} y^{-\frac{2}{3}} = \frac{1}{3} y^{-\frac{2}{3}} f_X\left(y^{\frac{1}{3}}\right), \quad y \neq 0.$$

对一些具体问题,若定理的条件(单调性条件)不满足,则可仿照上述定理证明的方法,由分布函数的定义并根据问题的实际意义导出连续型随机变量函数的分布函数或概率密度.

例 4　设随机变量 X 的概率密度为 $f_X(x)$($-\infty < x < +\infty$),求 $Y = X^2$ 的概率密度 $f_Y(y)$.

解　由于 $y = g(x) = x^2$ 不是单调函数,故不能由式(2-23)求得 $Y = X^2$ 的概率密度.

设 Y 的分布函数为 $F_Y(y)$,由于 $Y = X^2 \geqslant 0$,所以当 $y \leqslant 0$ 时,其分布函数

$$F_Y(y) = P\{Y \leqslant y\} = 0;$$

而当 $y > 0$ 时,有

$$F_Y(y) = P\{Y \leqslant y\} = P\{X^2 \leqslant y\} = P\{-\sqrt{y} < X < \sqrt{y}\}$$
$$= \int_{-\sqrt{y}}^{\sqrt{y}} f_X(x)\mathrm{d}x.$$

$F_Y(y)$ 关于 y 求导, 得 $Y = X^2$ 的概率密度为

$$f_Y(y) = F_Y'(y) = \begin{cases} \dfrac{1}{2\sqrt{y}}\left[f_X(\sqrt{y}) + f_X(-\sqrt{y})\right], & y > 0, \\ 0, & y \leqslant 0. \end{cases}$$

例如, 设 $X \sim N(0, 1)$, 其概率密度为

$$\varphi(x) = \frac{1}{\sqrt{2\pi}}\mathrm{e}^{-\frac{x^2}{2}}, -\infty < x < +\infty.$$

由上式可得 $Y = X^2$ 的概率密度为

$$f_Y(y) = \begin{cases} \dfrac{1}{\sqrt{2\pi}} y^{-\frac{1}{2}} \mathrm{e}^{-\frac{y}{2}}, & y > 0, \\ 0, & y \leqslant 0. \end{cases}$$

此时称 Y 服从自由度为 1 的 χ^2 分布.

习　题　2

1. (1) 设随机变量 X 的分布律为

$$P\{X = k\} = a\frac{\lambda^k}{k!},$$

其中 $k = 0, 1, 2, 3, \cdots, \lambda > 0$ 为常数, 试确定常数 a.

(2) 随机变量 X 的分布律为

$$P\{X = k\} = \frac{a}{N}, \quad k = 1, 2, \cdots, N,$$

试确定常数 a.

2. 若离散型随机变量 X 只取 $-1, 0, 1, 2$ 四个值, 相应的概率依次为 $\dfrac{1}{2C}, \dfrac{3}{4C}, \dfrac{5}{8C}, \dfrac{7}{16C}$, 试求 (1) 常数 C; (2) $P(X < 1 \mid X \neq 0)$.

3. 一袋中有 5 只乒乓球, 编号为 $1, 2, 3, 4, 5$, 在其中同时取 3 只, 以 X 表示取出的 3 只球中最大号码, 写出随机变量 X 的分布律.

4. 设在 15 只同类型的零件中有 2 只是次品, 在其中取 3 次, 每次任取 1 只, 作不放回抽样,

以 X 表示取出的次品个数,求

(1) 随机变量 X 的分布律;

(2) 随机变量 X 的分布函数,并作图;

(3) $P\left\{X \leqslant \frac{1}{2}\right\}$, $P\left\{1 < X \leqslant \frac{3}{2}\right\}$, $P\left\{1 \leqslant X \leqslant \frac{3}{2}\right\}$, $P\{1 < X < 2\}$.

5. 已知 5 重伯努利试验中成功的次数 X 满足: $P\{X=1\} = P\{X=2\}$,求概率 $P\{X=4\}$.

6. 设
$$P\{X=k\} = C_2^k p^k (1-p)^{2-k}, \quad k = 0, 1, 2,$$
$$P\{Y=m\} = C_4^m p^m (1-p)^{4-m}, \quad m = 0, 1, 2, 3, 4,$$

分别求随机变量 X, Y 的分布函数,如果已知 $P\{x \geqslant 1\} = \dfrac{5}{9}$,试求 $P\{Y \geqslant 1\}$.

7. (1) 某射手进行射击每次击中目标的概率为 0.8,现连续向目标射击直到击中为止. 则射击次数 X 服从几何分布,求其分布律.

(2) 某射手进行射击每次击中目标的概率为 0.8,现连续向目标射击 200 次.判断击中目标的次数 X 服从什么分布并求其分布律.

(3) 设 $X \sim b(20, 1/3)$,则当 k 取何值时 $P(X=k)$ 最大?

(4) 设 $X \sim \pi(\lambda)$,且 $P(X=1) = P(X=2)$,求 $P(X=4)$.

8. 某人进行射击,设每次射击的命中率为 0.02,独立射击 400 次,试求至少击中两次的概率.

9. 设某飞机场每天有 200 架飞机在此降落,任一飞机在某一时刻降落的概率为 0.02,且各飞机降落是相互独立的.试问该机场需配备多少条跑道,才能保证某一时刻飞机需立即降落而没有空闲跑道的概率小于 0.01(每条跑道只能允许一架飞机降落)?

10. 设事件 A 在一次试验中发生的概率为 0.3,当 A 发生不少于 3 次时,指示灯发出信号.

(1) 进行了 5 次独立试验,试求指示灯发出信号的概率;

(2) 进行了 7 次独立试验,试求指示灯发出信号的概率.

11. 甲、乙两人投篮,投中的概率分别为 0.6, 0.7,今各投 3 次,试求

(1) 两人投中次数相等的概率;(2) 甲比乙投中次数多的概率.

12. 有甲、乙两种味道和颜色都极为相似的名酒各 4 杯,如果从中挑选 4 杯能将甲种酒全部挑选出来,算是成功一次.

(1) 某人随机地去猜,问他成功一次的概率是多少?

(2) 某人声称他通过品尝能区分两种酒,他连续试验 10 次成功了 3 次,试问他是否确有区分能力?(假设各次试验是相互独立的)

13. 电话交换台每小时接到的呼叫次数 X 服从参数为 $\lambda = 3$ 的泊松分布,试求

(1) 每小时恰有 5 次呼叫的概率;(2) 每小时呼叫次数不超过 5 次的概率.

14. 某教科书印刷了 2 000 册,因装订等原因造成错误的概率为 0.001,试求在这 2 000 册中恰有 5 册错误的概率.

15. 某公安局在长度为 t 的时间间隔内收到紧急呼救的次数 X 服从参数为 $\dfrac{1}{2}t$ 的泊松分布,而与时间间隔起点无关(时间以 h 计).求

(1) 某一天 12:00—15:00 没收到呼救的概率;

(2) 某一天 12:00—17:00 至少收到一次呼救的概率.

16. 有一繁忙的汽车站,每天有大量汽车通过,设每辆车在一天的某时段出事故的概率为 0.000 1,在某天的该时段内有 1 000 辆汽车通过,问出事故的次数小于 2 的概率是多少?

17. 有 2 500 名同一年龄同一社会阶层的人参加保险公司的人寿保险,在一年中每个人死亡的概率为 0.002,每个参加保险的人在 1 月 1 日需交 12 元的保险费,而在死亡时家属可以从保险公司领取 2 000 元的赔偿金. 求

(1) 保险公司亏本的概率;

(2) 保险公司获利不少于 10 000 元,20 000 元的概率.

18. (1) 设 X 是连续型随机变量,其分布函数定义如下:

$$F(x) = \begin{cases} a, & x < 1, \\ bx\ln x + cx + d, & 1 \leqslant x < e, \\ d, & x \geqslant e. \end{cases}$$

求 a, b, c, d.

(2) 设随机变量 X 的分布函数为 $F(x) = A/(1 + e^{-x})$,$-\infty < x < +\infty$,求 A 以及 X 的密度函数 $f(x)$.

19. 离散型随机变量 X 的分布为

$$F(x) = \begin{cases} 0, & x < -1, \\ 0.2, & -1 \leqslant x < 0, \\ 0.8, & 0 \leqslant x < 1, \\ 1, & x \geqslant 1. \end{cases}$$

求(1) $P(0 \leqslant X \leqslant 1)$;(2) X 的分布律.

20. 设随机变量 X 分布函数为

$$F(x) = \begin{cases} A + Be^{-\lambda x}, & x \geqslant 0, \\ 0, & x < 0, \end{cases} \quad \lambda > 0,$$

求(1) 常数 A, B;(2) $P\{X \leqslant 2\}$,$P\{X > 3\}$;(3) 概率密度 $f(x)$.

21. 随机变量 X 的概率密度为

$$f(x) = \begin{cases} x, & 0 \leqslant x < 1, \\ 2 - x, & 1 \leqslant x < 2, \\ 0, & \text{其他}. \end{cases}$$

求 X 的分布函数 $F(X)$.

22. 设随机变量 X 的概率密度为

(1) $f(x) = ae^{-\lambda|x|}$,$\lambda > 0$;

(2) $f(x) = \begin{cases} bx, & 0 < x < 1, \\ \dfrac{1}{x^2}, & 1 \leqslant x < 2, \\ 0, & \text{其他}. \end{cases}$

试确定常数 a, b, 并求分布函数 $F(x)$.

23. 已知随机变量 X 的密度函数为

$$f(x) = A\mathrm{e}^{-|x|}, \quad -\infty < x < \infty,$$

求 (1) A 的值; (2) $P\{0 < X < 1\}$; (3) $F(x)$.

24. 已知 X 的密度函数为

$$f(x) = \begin{cases} Ax^2, & 1 \leqslant x < 2, \\ Ax, & 2 \leqslant x < 3, \\ 0, & \text{其他}. \end{cases}$$

试求 (1) 确定 A 的值; (2) X 的分布函数 $F(x)$; (3) $P\{|x| \leqslant 2\}$.

25. 设某仪器内装有 3 只同样的电子管, 电子管使用寿命 X 的密度函数为

$$f(x) = \begin{cases} \dfrac{100}{x^2}, & x \geqslant 100, \\ 0, & x < 100. \end{cases}$$

求 (1) 在开始 150 h 内没有电子管损坏的概率;

(2) 在开始 150 h 内有 1 只电子管损坏的概率;

(3) 分布函数 $F(x)$.

26. 设 $Y \sim U(0, 5)$, 求方程 $4x^2 + 4Yx + Y + 2 = 0$ 有实根的概率.

27. 在区间 $[0, a]$ 上任意投掷一个质点, 以 X 表示这质点的坐标, 这质点落在 $[0, a]$ 中任意小的区间内的概率与这个小区间长度成正比, 试求 X 的分布函数.

28. 设随机变量 X 在 $[2, 5]$ 上服从均匀分布, 现对 X 进行 3 次独立观测, 试求至少有两次观测值大于 3 的概率.

29. 一批产品分一、二、三级, 其中一级品是二级品的两倍, 三级品是二级品的一半. 从这批产品中随机地抽取一件检验, 用随机变量描述检验的可能结果. 求其分布律及分布函数并作出图形.

30. 设顾客在某银行窗口等待服务的时间 X (以 min 计) 服从指数分布, 其概率密度为

$$f_X(x) = \begin{cases} \dfrac{1}{5}\mathrm{e}^{-\frac{x}{5}}, & x > 0, \\ 0, & x \leqslant 0. \end{cases}$$

某顾客在窗口等待服务, 若超过 10 min 就离开. 假设他每月去银行 5 次, 用 Y 表示一个月内他未等到服务而离开的次数, 求 Y 的分布律及 $P(Y \geqslant 1)$.

31. 某人乘汽车去火车站乘火车, 有两条路可以走, 第一条路程较短但交通拥堵, 所需时间

X 服从 $N(40,10^2)$,第二条路程较长,但堵塞少,所需时间服从 $N(50,4^2)$.

(1) 若动身时离火车开车只有 1 h,问应走哪条路线能乘上火车的把握大些?

(2) 若离火车开车只有 45 min,问应走哪条路能乘上火车的把握大些?

32. 设 $X \sim N(3,2^2)$.

(1) 求 $P\{2 < X \leqslant 5\}$,$P\{-4 < X \leqslant 10\}$,$P\{|X| > 2\}$,$P\{X > 3\}$;

(2) 试确定 c,使 $P\{X > c\} = P\{X \leqslant c\}$.

33. 某机械生产的螺栓长度(cm)$X \sim N(10.05,0.06^2)$,规定长度在 10.05 ± 0.12 内为合格品,求一螺栓为不合格品的概率.

34. 一工厂生产电子管的寿命 X(h) 服从正态分布 $N(160,\sigma^2)$,若要求 $P\{120 < X \leqslant 200\} \geqslant 0.8$,允许 σ 最大不超过多少?

35. 某电池的寿命 $X \sim N(a,\sigma^2)$,其中 $a = 300$ h,$\sigma = 35$ h. 试求

(1) 电池寿命在 250 h 以上的概率;

(2) 求 x,使寿命在 $a-x$ 与 $a+x$ 之间的概率不小于 0.9.

36. 求标准正态分布的上 α 分位点.

(1) $\alpha = 0.01$,求 z_α;(2) $\alpha = 0.003$,求 z_α,$z_{\alpha/2}$.

37. 设随机变量 X 的分布律如表所示,求 $Y = X^2$ 的分布律.

X	-2	-1	0	1	3
p_k	$\dfrac{1}{5}$	$\dfrac{1}{6}$	$\dfrac{1}{5}$	$\dfrac{1}{15}$	$\dfrac{11}{30}$

38. 设 $P\{X = k\} = \left(\dfrac{1}{2}\right)^k$,$k = 1,2,3,\cdots$,令 $Y = \begin{cases} 1, & \text{当 } X \text{ 取偶数时,} \\ -1, & \text{当 } X \text{ 取奇数时,} \end{cases}$ 试求随机变量 X 的函数 Y 的分布律.

39. 设 X 的分布律为

X	-2	0	2	3
p_k	0.2	0.2	0.3	0.3

试求(1) $Y = -2X + 1$ 的分布律;(2) $Y = |X|$ 的分布律.

40. 设 $X \sim N(0,1)$,求

(1) $Y = e^X$ 的概率密度;(2) $Y = 2X^2 + 1$ 的概率密度;(3) $Y = |X|$ 的概率密度.

41. 设随机变量 $X \sim U(0,1)$,试求

(1) $Y = e^X$ 的分布函数及密度函数;(2) $Z = -2\ln X$ 的分布函数及密度函数.

42. 设随机变量 X 的密度函数为

$$f(x) = \begin{cases} \dfrac{2x}{\pi^2}, & 0 < x < \pi, \\ 0, & \text{其他.} \end{cases}$$

试求 $Y = \sin X$ 的密度函数.

第3章 多维随机变量及其分布

在实际问题中,除用到一个随机变量的情况外,还常用到多个随机变量的情形. 例如,观察炮弹在地面的弹着点 e 的位置,需要用横坐标 $X(e)$ 和纵坐标 $Y(e)$ 来确定,而横坐标和纵坐标是定义在同一样本空间 $\Omega = \{e\} = \{$所有可能的弹着点$\}$ 上的两个随机变量. 又如,研究某地区 3 岁儿童的发育情况,需要观察每个儿童的身高 H 和体重 W,这必须用两个随机变量 $H(e)$, $W(e)$ 来描述;对某地气象的描述,常常需要气温、气压、温度、雨量和风向、风速等多个随机变量来描述. 本章以二个维随机变量的情形为代表,讲述多个随机变量的情形.

3.1 二维随机变量

一、二维随机变量及其分布函数

定义 1 设随机试验 E 的样本空间为 $S = \{e\}$, $X = X(e)$, $Y = Y(e)$ 是定义在 S 上的两个随机变量,则称 (X, Y) 为**二维随机向量**或**二维随机变量**.

类似地,设随机试验 E 的样本空间为 $S = \{e\}$,设随机变量 $X_1(e)$, $X_2(e)$, $\cdots$, $X_n(e)$ 是定义在同一样本空间 $S = \{e\}$ 上的 n 个随机变量,则称 $(X_1(e)$, $X_2(e)$, $\cdots$, $X_n(e))$ 为 n 维随机向量或 n 维随机变量,简记为 $(X_1, X_2, \cdots, X_n)$.

二维随机变量 (X, Y) 是在平面上的一个点集 $D \subset R^2$ 上取值的,随机变量 X, Y 的每一个取值都是由 E 的试验结果 e 来确定的,集合 $\{e \mid (X, Y) \in D\} = \{(X, Y) \in D\}$ 就是 $S = \{e\}$ 的一个子集,即随机事件. 二维随机变量 (X, Y) 的性质不仅与 X, Y 有关,而且还依赖于这两个随机变量的相互关系,因此,不仅要研究 X 或 Y 的性质,还要研究整体 (X, Y) 的性质. 为此,我们仿照一维随机变量,借助"分布函数"等来研究二维随机变量.

定义 2 设 (X, Y) 是定义在样本空间 $S = \{e\}$ 上的二维随机变量,对任意实数 x, y,定义二元函数

$$F(x, y) = P\{(X \leqslant x) \bigcap (Y \leqslant y)\} = P\{X \leqslant x, Y \leqslant y\}, \quad (3\text{-}1)$$

则称 $F(x, y)$ 为二维随机变量 (X, Y) 的**分布函数**,或称为随机变量 X 和 Y 的**联合分布函数**.

类似地,设 $(X_1, X_2, \cdots, X_n)$ 为 n 维随机变量,对于任意实数 $x_1, x_2, \cdots, x_n$,称 n 元函数

$$F(x_1, x_2, \cdots, x_n) = P\{X_1 \leqslant x_1, X_2 \leqslant x_2, \cdots, X_n \leqslant x_n\}$$

为 n 维随机变量 $(X_1, X_2, \cdots, X_n)$ 的分布函数.

将 (X, Y) 看成平面上随机点的坐标,则分布函数 $F(x, y)$ 表示随机点 (X, Y) 落在点 (x, y) 左下方的无穷矩形域内的概率(图 3.1).

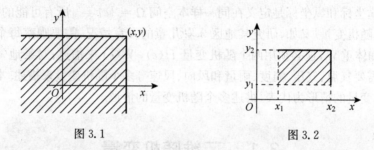

图 3.1　　　　　　　　图 3.2

由图 3.2 及分布函数的定义知,随机点 (X, Y) 落在矩形域 $[x_1 < x \leqslant x_2, y_1 < y \leqslant y_2]$ 内的概率为

$$P(x_1 < x \leqslant x_2, y_1 < y \leqslant y_2) = F(x_2, y_2) - F(x_2, y_1) - $$
$$F(x_1, y_2) + F(x_1, y_1). \tag{3-2}$$

分布函数 $F(x, y)$ 具有下列基本性质.

性质 1　$F(x, y)$ 是关于变量 x(或 y)的单调不减函数,即固定 y,当 $x_1 < x_2$ 时,有 $F(x_1, y) \leqslant F(x_2, y)$;固定 x,当 $y_1 < y_2$ 时,有 $F(x, y_1) \leqslant F(x, y_2)$.

证　固定 y,当 $x_1 < x_2$ 时,由式(3-2)得

$$F(x_2, y) - F(x_1, y) = F(x_1 < X \leqslant x_2, Y \leqslant y) \geqslant 0,$$

即 $F(x_1, y) \leqslant F(x_2, y)$,故 $F(x, y)$ 是关于 x 的不减函数.

同理可证关于 y 的情形.

性质 2　$0 \leqslant F(x, y) \leqslant 1$,且对于任意固定的 y,$F(-\infty, y) = 0$;对于任意固定的 x,$F(x, -\infty) = 0$;$F(-\infty, -\infty) = 0$;$F(+\infty, +\infty) = 1$.

图 3.1 从几何上直观地说明性质 2,即若将无穷矩形的右边边界向左无限移动(即 $x \to -\infty$),则事件"随机点 (X, Y) 落在这个矩形内"趋向于不可能事件,其概率趋向于 0,即 $f(-\infty, y) = 0$;同理可说明 $F(x, -\infty) = 0$;$F(-\infty, -\infty) = 0$;

令 $x \to +\infty$，$y \to +\infty$，图 3.2 中的无穷矩形扩展到全平面，故事件"随机点 (X, Y) 落在其中"趋向于必然事件，其概率趋向于 1，即 $F(+\infty, +\infty) = 1$.

性质 3　$F(x, y)$ 关于变量 x（或 y）右连续，即 $F(x, y) = F(x+0, y)$（或 $F(x, y) = F(x, y+0)$）.

性质 4　对于任意的 (x_1, y_1)，(x_2, y_2)，其中 $x_1 < x_2$，$y_1 < y_2$，有

$$F(x_2, y_2) - F(x_2, y_1) - F(x_1, y_2) + F(x_1, y_1) \geqslant 0.$$

这一性质可由式 (3-2) 及概率的非负性得出.

注意　对一维随机变量来说，从其性质 1、性质 2、性质 3 可推导出 $F(x_2) - F(x_1) \geqslant 0$，$x_1 < x_2$，然而对二维随机变量来说，从其性质 1、性质 2、性质 3 不能推出性质 4.

二、边缘分布函数

二维随机变量 (X, Y) 作为一个整体，具有分布函数 $F(x, y)$，而 X, Y 也是随机变量，也有分布函数，分别记为 $F_X(x)$ 和 $F_Y(y)$，分别称之为二维随机变量 (X, Y) 关于 X 和 Y 的**边缘分布函数**.

边缘分布函数 $F_X(x)$，$F_Y(y)$ 可由 (X, Y) 的分布函数 $F(x, y)$ 确定.

事实上，

$$F_X(x) = P(X \leqslant x) = P(X \leqslant x, Y < +\infty) = F(x, +\infty). \tag{3-3}$$

也就是说，只要在函数 $F(x, y)$ 中令 $y \to +\infty$，就能得到 $F_X(x)$.

同理

$$F_Y(y) = F(+\infty, y) \tag{3-4}$$

三、离散型二维随机变量

定义 3　如果二维随机变量 (X, Y) 全部可能不同取值是有限对或者可列无限多对，则称 (X, Y) 为**离散型二维随机变量**.

定义 4　设离散型二维随机变量 (X, Y) 全部可以取值为 (x_i, y_j)（$i, j = 1, 2, \cdots$），若关系式

$$P(X = x_i, Y = y_j) = p_{ij} \quad (i, j = 1, 2, \cdots) \tag{3-5}$$

满足条件：

$$p_{ij} \geqslant 0, \quad \sum_{i, j=1}^{\infty} p_{ij} = \sum_{i=1}^{\infty} \sum_{j=1}^{\infty} p_{ij} = 1,$$

则称关系式(3-5)为离散型二维随机变量(X, Y)的**分布律**,或称为随机变量X和Y的**联合分布律**.

联合分布律常用表格直观表示,如表3.1所示.

表 3.1　　　　　　　　　离散型二维随机变量(X, Y)的联合分布律

X＼Y	y_1	y_2	$\cdots$	y_j	$\cdots$
x_1	p_{11}	p_{12}	$\cdots$	p_{1j}	$\cdots$
x_2	p_{21}	p_{22}	$\cdots$	p_{2j}	$\cdots$
$\vdots$	$\vdots$	$\vdots$	$\vdots$	$\vdots$	$\vdots$
x_i	p_{i1}	p_{i2}	$\cdots$	p_{ij}	$\cdots$
$\vdots$	$\vdots$	$\vdots$	$\vdots$	$\vdots$	$\vdots$

根据二维随机变量(X, Y)的分布函数的定义,离散型二维随机变量(X, Y)的分布函数为

$$F(x, y) = P(X \leqslant x, Y \leqslant y) = \sum_{x_i \leqslant x} \sum_{y_j \leqslant y} P(X = x_i, Y = y_j) = \sum_{x_i \leqslant x} \sum_{y_j \leqslant y} p_{ij}.$$

$$(3\text{-}6)$$

其中和式表示对一切满足$x_i \leqslant x$, $y_j \leqslant j$的i, j求和.

根据二维随机变量(X, Y)关于X的边缘分布函数的概念,离散型二维随机变量(X, Y)关于X的边缘分布函数为

$$F_X(x) = F(x, +\infty) = \sum_{x_i \leqslant x} \sum_{j=1}^{\infty} p_{ij} = \sum_{x_i \leqslant x} \left(\sum_{j=1}^{\infty} p_{ij} \right). \qquad (3\text{-}7)$$

同理,关于Y的边缘分布函数为

$$F_Y(y) = F(+\infty, y) = \sum_{y_j \leqslant y} \sum_{i=1}^{\infty} p_{ij} = \sum_{y_j \leqslant y} \left(\sum_{i=1}^{\infty} p_{ij} \right). \qquad (3\text{-}8)$$

由一维随机变量分布函数的定义知,X的分布律为

$$P(X = x_i) = \sum_{j=1}^{\infty} p_{ij} = p_{i\cdot}. \quad (i = 1, 2, \cdots). \qquad (3\text{-}9)$$

Y的分布律为

$$P(Y = y_j) = \sum_{i=1}^{\infty} p_{ij} = p_{\cdot j} \quad (j = 1, 2, \cdots). \qquad (3\text{-}10)$$

即两个随机变量的分布律可以从 X 和 Y 的联合分布表中,分别按各行和各列求和得到,并可在联合分布表的边缘上列出,如表 3.2 的右边和底边所列,故称这两个分布律为离散型二维随机变量 (X, Y) 关于 X 和 Y 的**边缘分布律**或**边缘概率分布**,分别记为 $p_i.$ 和 $p_{.j}(i, j = 1, 2, \cdots)$.

表 3.2

X ＼ Y	y_1	y_2	$\cdots$	y_j	$\cdots$	$P(X = i)$
x_1	p_{11}	p_{12}	$\cdots$	p_{1j}	$\cdots$	$p_1.$
x_2	p_{21}	p_{22}	$\cdots$	p_{2j}	$\cdots$	$p_2.$
$\vdots$	$\vdots$	$\vdots$	$\vdots$	$\vdots$	$\vdots$	$\vdots$
x_i	p_{i1}	p_{i2}	$\cdots$	p_{ij}	$\cdots$	$p_i.$
$\vdots$	$\vdots$	$\vdots$	$\vdots$	$\vdots$	$\vdots$	$\vdots$
$P(Y = j)$	$p_{.1}$	$p_{.2}$	$\cdots$	$p_{.j}$	$\cdots$	1

例 1　设随机变量 X 在 $1, 2, 3, 4$ 这四个整数中等可能的取一个数,另一个随机变量 Y 在 $1 \sim X$ 中等可能地取一整数,求 (X, Y) 的分布律和 (X, Y) 关于 X, Y 的边缘分布律.

解　因为在 $1, 2, 3, 4$ 中等可能地取值的概率为 $\dfrac{1}{4}$;Y 在 $1 \sim X$ 中等可能的取值的概率为

$$P(Y = j \mid X = i) = \frac{1}{i} \quad (i = 1, 2, 3, 4, j \leqslant i).$$

于是,由概率乘法公式得 (X, Y) 的分布律为

$$P(X = i, Y = j) = P(X = i)P(Y = j \mid X = i) = \begin{cases} \dfrac{1}{4} \times \dfrac{1}{i}, & i = 1, 2, 3, 4, j \leqslant i, \\ 0, & i = 1, 2, 3, 4, j > i. \end{cases}$$

因此,关于 X 的边缘分布律为

X	1	2	3	4
$P(X = i)$	$\dfrac{1}{4}$	$\dfrac{1}{4}$	$\dfrac{1}{4}$	$\dfrac{1}{4}$

关于 Y 的边缘分布律为

Y	1	2	3	4
$P(Y=j)$	$\dfrac{25}{48}$	$\dfrac{13}{48}$	$\dfrac{7}{48}$	$\dfrac{3}{48}$

综合有

X \ Y	1	2	3	4	$P(X=i)$
1	$\dfrac{1}{4}$	0	0	0	$\dfrac{1}{4}$
2	$\dfrac{1}{8}$	$\dfrac{1}{8}$	0	0	$\dfrac{1}{4}$
3	$\dfrac{1}{12}$	$\dfrac{1}{12}$	$\dfrac{1}{12}$	0	$\dfrac{1}{4}$
4	$\dfrac{1}{16}$	$\dfrac{1}{16}$	$\dfrac{1}{16}$	$\dfrac{1}{16}$	$\dfrac{1}{4}$
$P(Y=j)$	$\dfrac{25}{48}$	$\dfrac{13}{48}$	$\dfrac{7}{48}$	$\dfrac{3}{48}$	1

例 2　设袋中装有白球 2 个,黑球 3 个,从袋中随机取球两次,每次取一个球,定义随机变量

$$X=\begin{cases}1, & \text{第 1 次摸出白球,}\\ 0, & \text{第 1 次摸出黑球;}\end{cases} \qquad Y=\begin{cases}1, & \text{第 2 次摸出白球,}\\ 0, & \text{第 2 次摸出黑球.}\end{cases}$$

(1) 若进行有放回摸球,求 (X,Y) 的分布律和 (X,Y) 关于 X,Y 的边缘分布;

(2) 若采用不放回摸球,求 (X,Y) 的分布律和 (X,Y) 关于 X,Y 的边缘分布.

解　(1) 容易得出

$$P(X=0,Y=0)=\frac{C_3^1}{C_5^1}\cdot\frac{C_3^1}{C_5^1}=\frac{9}{25}, \quad P(X=0,Y=1)=\frac{C_3^1}{C_5^1}\cdot\frac{C_2^1}{C_5^1}=\frac{6}{25},$$

$$P(X=1,Y=0)=\frac{C_2^1}{C_5^1}\cdot\frac{C_3^1}{C_5^1}=\frac{6}{25}, \quad P(X=1,Y=1)=\frac{C_2^1}{C_5^1}\cdot\frac{C_2^1}{C_5^1}=\frac{4}{25},$$

故 (X,Y) 的分布律及关于 X,Y 的边缘分布律为

X \ Y	0	1	$P(X=i)$
0	$\dfrac{9}{25}$	$\dfrac{6}{25}$	$\dfrac{3}{5}$
1	$\dfrac{6}{25}$	$\dfrac{4}{25}$	$\dfrac{2}{5}$
$p(Y=j)$	$\dfrac{3}{5}$	$\dfrac{2}{5}$	1

（2）因为

$$P(X=0, Y=0) = \frac{C_3^1}{C_5^1} \cdot \frac{C_2^1}{C_4^1} = \frac{3}{10}, \quad P(X=0, Y=1) = \frac{C_3^1}{C_5^1} \cdot \frac{C_2^1}{C_4^1} = \frac{3}{10},$$

$$P(X=1, Y=0) = \frac{C_2^1}{C_5^1} \cdot \frac{C_3^1}{C_4^1} = \frac{3}{10}, \quad P(X=1, Y=1) = \frac{C_2^1}{C_5^1} \cdot \frac{C_1^1}{C_4^1} = \frac{1}{10},$$

所以 (X, Y) 的分布律及关于 X, Y 的边缘分布律为

X ＼ Y	0	1	$P(X=i)$
0	$\frac{3}{10}$	$\frac{3}{10}$	$\frac{3}{5}$
1	$\frac{3}{10}$	$\frac{1}{10}$	$\frac{2}{5}$
$P(Y=j)$	$\frac{3}{5}$	$\frac{2}{5}$	1

有趣的是，这两个分布的边缘分布是一样的.

四、连续型二维随机变量及其概率密度

定义 5　设二维随机变量 (X, Y) 的分布函数为 $F(x, y)$，若存在一个非负可积的二元函数 $f(x, y)$，使得对于任意的 x, y，都有

$$F(x, y) = \int_{-\infty}^{x} \int_{-\infty}^{y} f(u, v) \mathrm{d}u \mathrm{d}v, \tag{3-11}$$

则称 (X, Y) 为**连续型二维随机变量**. 二元函数 $f(x, y)$ 称为**连续型二维随机变量** (X, Y) **的概率密度**，或称之为随机变量 X 与 Y 的**联合概率密度**.

由定义知，概率密度 $f(x, y)$ 具有下列性质：

（1）$f(x, y) \geqslant 0$；

（2）$\int_{-\infty}^{+\infty} \int_{-\infty}^{+\infty} f(x, y) \mathrm{d}x \mathrm{d}y = 1$；

（3）设 D 是平面 xOy 上的区域，则点 (X, Y) 落在 D 内的概率为

$$P\{(X, Y) \in D\} = \iint\limits_{D} f(x, y) \mathrm{d}x \mathrm{d}y; \tag{3-12}$$

（4）在 $f(x, y)$ 的连续点 (x, y) 处，有

$$\frac{\partial^2 F(x, y)}{\partial x \partial y} = f(x, y). \tag{3-13}$$

性质(1)、(2) 是概率密度的基本性质. 不加证明地指出：任何一个满足性质 (1)、(2) 二元实函数 $f(x, y)$ 都可作为某一个二维随机变量的概率密度.

根据性质(4) 和式(3-2)，在 $f(x, y)$ 的连续点 (x, y) 处，有

$$\lim_{\substack{\Delta x \to 0^+ \\ \Delta y \to 0^+}} \frac{P(x < X \leqslant x + \Delta x, \ y < Y \leqslant y + \Delta y)}{\Delta x \Delta y}$$

$$= \lim_{\substack{\Delta x \to 0^+ \\ \Delta y \to 0^+}} \frac{F(x + \Delta x, \ y + \Delta y) - F(x + \Delta x, \ y) - F(x, \ y + \Delta y) + F(x, \ y)}{\Delta x \Delta y}$$

$$= \frac{\partial^2 F(x, \ y)}{\partial x \partial y} = f(x, \ y). \tag{3-14}$$

式(3-14) 表明，当 Δx，Δy 很小时，$P(x < X \leqslant x + \Delta x, \ y < Y \leqslant y + \Delta y) \approx f(x, \ y) \Delta x \Delta y$，即随机点 (X, Y) 落在小长方形 $(x < X \leqslant x + \Delta x, \ y < Y \leqslant y + \Delta y]$ 内的概率近似等于 $f(x, \ y) \Delta x \Delta y$.

在几何上，性质(2) 表示介于曲面 $z = f(x, y)$ 与 xOy 平面之间的空间区域的体积为 1. 由性质(3) 知，$P\{(X, Y) \in D\}$ 的值等于以 D 为底、以曲面 $z = f(x, y)$ 为顶的曲顶柱体的体积.

由概率密度的定义易得，连续型二维随机变量 (X, Y) 关于 X 的边缘分布函数和 X 的边缘概率密度为

$$F_X(x) = F(x, \infty) = \int_{-\infty}^{x} \int_{-\infty}^{+\infty} f(x, y) \mathrm{d}x \mathrm{d}y = \int_{-\infty}^{x} \left[\int_{-\infty}^{+\infty} f(x, y) \mathrm{d}y \right] \mathrm{d}x,$$

$$f_X(x) = \int_{-\infty}^{+\infty} f(x, y) \mathrm{d}y; \tag{3-15}$$

关于 Y 的边缘分布函数和 Y 的边缘概率密度为

$$F_Y(y) = F(+\infty, y) = \int_{-\infty}^{+\infty} \int_{-\infty}^{y} f(x, y) \mathrm{d}x \mathrm{d}y = \int_{-\infty}^{y} \left[\int_{-\infty}^{+\infty} f(x, y) \mathrm{d}x \right] \mathrm{d}y,$$

$$f_Y(y) = \int_{-\infty}^{+\infty} f(x, y) \mathrm{d}x. \tag{3-16}$$

例3 设二维连续型随机变量 (X, Y) 的概率密度函数为

$$f(x, y) = \begin{cases} 1, & 0 < x, \ y < 1, \\ 0, & \text{其他}, \end{cases}$$

求(1) X 与 Y 的联合分布函数 $F(x, y)$；

(2) 关于 X, Y 的边缘分布函数 $F_X(x)$, $F_Y(y)$; 边缘概率密度 $f_X(x)$, $f_Y(y)$.

解 (1) 按 (X, Y) 的取值, 边界 $x = 0$, $x = 1$、$y = 0$, $y = 1$ 把 xOy 平面划成 5 个区域, 如图 3.3 所示.

根据定义 $F(x, y) = \int_{-\infty}^{x} \int_{-\infty}^{y} f(u, v) \mathrm{d}u \mathrm{d}v$, 有

当 $x \leqslant 0$ 或 $y < 1$ 时,

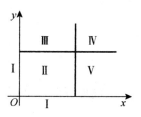

图 3.3

$$F(x, y) = \int_{-\infty}^{x} \int_{-\infty}^{y} f(u, v) \mathrm{d}u \mathrm{d}v = \int_{-\infty}^{x} \int_{-\infty}^{y} 0 \mathrm{d}u \mathrm{d}v = 0;$$

当 $0 < x < 1$, $0 < y < 1$ 时,

$$F(x, y) = \int_{-\infty}^{x} \int_{-\infty}^{y} f(u, v) \mathrm{d}u \mathrm{d}v = \int_{-\infty}^{x} \int_{-\infty}^{y} 1 \mathrm{d}v \mathrm{d}v = xy;$$

当 $0 < x < 1$, $y \geqslant 1$ 时,

$$F(x, y) = \int_{-\infty}^{x} \int_{-\infty}^{y} f(u, v) \mathrm{d}u \mathrm{d}v = \int_{0}^{x} \int_{-\infty}^{1} 1 \mathrm{d}u \mathrm{d}v = x;$$

当 $x \geqslant 1$, $0 < y < 1$ 时,

$$F(x, y) = \int_{-\infty}^{x} \int_{-\infty}^{y} f(u, v) \mathrm{d}u \mathrm{d}v = \int_{0}^{1} \int_{0}^{y} 1 \mathrm{d}u \mathrm{d}v = y;$$

当 $x \geqslant 1$, $y \geqslant 1$ 时,

$$F(x, y) = \int_{-\infty}^{x} \int_{-\infty}^{y} f(u, v) \mathrm{d}u \mathrm{d}v = \int_{0}^{1} \int_{0}^{1} 1 \mathrm{d}u \mathrm{d}v = 1.$$

综合得

$$F(x, y) = \begin{cases} 0, & x < 0 \text{ 或 } y > 0, \\ xy, & 0 < x < 1, 0 < y < 1, \\ x, & 0 < x < 1, y \geqslant 1, \\ y, & x \geqslant 1, y \geqslant 1, \\ 1, & x \geqslant 1, y \geqslant 1. \end{cases}$$

(2) 根据 $f_X(x) = \int_{-\infty}^{+\infty} f(x, y) \mathrm{d}y$ 得

当 $x \leqslant 0$ 或 $x \geqslant 1$ 时, $f(x, y) = 0$, 故 $f_X(x) = 0$;

当 $0 < x < 1$ 时, $f_X(x) = \int_{-\infty}^{+\infty} f(x, y) \mathrm{d}y = \int_{0}^{1} 1 \mathrm{d}y = 1.$

于是, X 的边缘概率密度

$$f_X(x) = \begin{cases} 1, & 0 < x < 1, \\ 0, & \text{其他.} \end{cases}$$

因而，X 的边缘分布函数

$$F_X(x) = \begin{cases} 0, & x \leqslant 0, \\ x, & 0 < x < 1, \\ 1, & x \geqslant 1. \end{cases}$$

同理可得，Y 的边缘概率密度

$$f_Y(y) = \begin{cases} 1, & 0 < y < 1, \\ 0, & \text{其他,} \end{cases}$$

Y 的边缘分布函数

$$F_Y(y) = \begin{cases} 0, & y \leqslant 0, \\ y, & 0 < y < 1, \\ 1, & y \geqslant 1. \end{cases}$$

例4 设二维连续型随机变量 (X, Y) 的概率密度为

$$f(x, y) = \begin{cases} 2e^{-(2x+y)}, & x > 0, y > 0, \\ 0, & \text{其他.} \end{cases}$$

求 (1) 分布函数；(2) $P(Y \leqslant X)$；(3) $f_X(x)$, $f_Y(y)$.

解 (1) $F(x, y) = \displaystyle\int_{-\infty}^{x} \int_{-\infty}^{y} f(u, v) \mathrm{d}u \mathrm{d}v$

$$= \begin{cases} \displaystyle\int_{0}^{x} \int_{0}^{y} 2e^{-(2x+y)} \mathrm{d}x \mathrm{d}y, & x > 0, y > 0, \\ 0, & \text{其他} \end{cases}$$

$$= \begin{cases} (1 - e^{-2x})(1 - e^{-y}), & x > 0, y > 0, \\ 0, & \text{其他.} \end{cases}$$

(2) 如图 3.4 所示，把 (X, Y) 看作是平面上随机点的坐标，即 $\{Y \leqslant X\} = \{(X, Y) \in D\}$，其中

$D = \{(x, y) \mid -\infty < y \leqslant x, -\infty < x < +\infty\}$
$\quad = \{(x, y) \mid y \leqslant x < +\infty, -\infty < y < +\infty\}$,

则

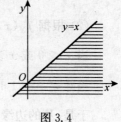

图 3.4

$$P(Y \leqslant X) = P\{(X, Y) \in D\} = \iint\limits_{D} f(x, y)\mathrm{d}x\mathrm{d}y$$

$$= \int_{0}^{+\infty} \int_{y}^{+\infty} 2e^{-(2x+y)} \mathrm{d}x\mathrm{d}y = \frac{1}{3}.$$

(3) $f_X(x) = \int_{-\infty}^{+\infty} f(x, y)\mathrm{d}y = \begin{cases} \int_{0}^{+\infty} 2e^{-(2x+y)} \mathrm{d}y = 2e^{-2x}, & x > 0, \\ 0, & x \leqslant 0, \end{cases}$

$f_Y(y) = \int_{-\infty}^{+\infty} f(x, y)\mathrm{d}x = \begin{cases} \int_{0}^{+\infty} 2e^{-(2x+y)} \mathrm{d}x = e^{-y}, & y > 0, \\ 0, & y \leqslant 0. \end{cases}$

例5 设二维随机变量(X, Y)的概率密度为

$$f(x, y) = \frac{1}{2\pi\sigma_1\sigma_2\sqrt{1-\rho^2}} \cdot$$
$$\exp\left\{-\frac{1}{2(1-\rho^2)}\left[\frac{(x-\mu_1)^2}{\sigma_1^2} - 2\rho\frac{(x-\mu_1)(y-\mu_2)}{\sigma_1\sigma_2} + \frac{(y-\mu_2)^2}{\sigma_2^2}\right]\right\}$$
$$(-\infty < x, y < +\infty).$$

其中μ_1, μ_2, σ_1, σ_2, ρ是常数,且$\sigma_1 > 0$, $\sigma > 0$, $-1 < \rho < 1$,称(X, Y)服从参数为μ_1, μ_2, σ_1, σ_2, ρ的二维正态分布,记$(X, Y) \sim N(\mu_1, \mu_2, \sigma_1^2, \sigma_2^2, \rho)$,求二维正态随机变量的边缘概率密度.

解 由于

$$\frac{(y-\mu_2)^2}{\sigma_2^2} - 2\rho\frac{(x-\mu_1)(y-\mu_2)}{\sigma_1\sigma_2} = \left(\frac{y-\mu_2}{\sigma_2} - \rho\frac{x-\mu_1}{\sigma_1}\right)^2 - \rho^2\frac{(x-\mu_1)^2}{\sigma_1^2},$$

于是

$$f_X(x) = \int_{-\infty}^{+\infty} f(x, y)\mathrm{d}y$$
$$= \frac{1}{2\pi\sigma_1\sigma_2\sqrt{1-\rho^2}} e^{-\frac{(x-\mu_1)^2}{2\sigma_1^2}} \cdot \int_{-\infty}^{+\infty} e^{-\frac{1}{2(1-\rho^2)}\left(\frac{y-\mu_2}{\sigma_2} - \rho\frac{x-\mu_1}{\sigma_1}\right)^2} \mathrm{d}y.$$

令

$$t = \frac{1}{\sqrt{1-\rho^2}}\left(\frac{y-\mu_2}{\sigma_2} - \rho\frac{x-\mu_1}{\sigma_1}\right),$$

得

$$f_X(x) = \frac{1}{2\pi\sigma_1} e^{-\frac{(x-\mu_1)^2}{2\sigma_1^2}} \cdot \int_{-\infty}^{+\infty} e^{-\frac{t^2}{2}} \mathrm{d}t$$

$$= \frac{1}{\sqrt{2\pi}\sigma} e^{-\frac{(x-\mu_1)^2}{2\sigma_1^2}} \quad (-\infty < x < \infty).$$

同理

$$f_Y(y) = \frac{1}{\sqrt{2\pi}\sigma_2} e^{-\frac{(y-\mu_2)^2}{2\sigma_2^2}} \quad (-\infty < y < \infty).$$

由此可见,二维正态分布的两个边缘分布都是一维正态分布,且不依赖于参数 ρ,即对于二维正态分布 $N(\mu_1, \mu_2, \sigma_1^2, \sigma_2^2, \rho)$,其边缘分布为 $N(\mu_1, \sigma_1^2)$ 和 $N(\mu_2, \sigma_2^2)$.这一事实表明,由 X 与 Y 的联合分布可以确定的 X,Y 的边缘分布.反过来,由 X 和 Y 的边缘分布一般不能确定 X 与 Y 的联合分布.

以上关于二维随机变量的讨论不难推广到 $n(n > 2)$ 维随机变量的情况.它具有类似于二维随机变量的分布函数的性质.

3.2 条件分布

由条件概率的定义自然会引出条件分布的概念.下面分别讨论离散型和连续型二维随机变量的条件分布.

一、离散型二维随机变量的条件分布律

定义 1 设离散型二维随机变量 (X, Y) 的可能取值为 $(x_i, y_j)(i, j = 1, 2, \cdots)$,其分布律 $P(X = x_i, Y = y_j) = p_{ij}(i, j = 1, 2, \cdots)$.$(X, Y)$ 关于 X 和 Y 关于的边缘分布律分别为 $P(X = x_i) = p_{i\cdot} = \sum_{j=1}^{\infty} p_{ij}(i = 1, 2, \cdots)$,

$P(Y = y_j) = p_{\cdot j} = \sum_{i=1}^{\infty} p_{ij}(j = 1, 2, \cdots)$.

若对于固定的 j,$P(Y = y_j) = p_{\cdot j} > 0$,有

$$P(X = x_i \mid Y = y_j) = \frac{P(X = x_i, Y = y_j)}{P(Y = y_j)} = \frac{p_{ij}}{p_{\cdot j}} \quad (i = 1, 2, \cdots),$$

(3-17)

则称之为**在条件** $Y = y_j$ **下随机变量** X **的条件分布律**;

若对于固定的 i，$P(X=x_i)=p_{i.}>0$，有

$$P(Y=y_j \mid X=x_i) = \frac{P(X=x_i, Y=y_j)}{P(X=x_i)} = \frac{P_{ij}}{P_{i.}} \quad (j=1, 2, \cdots),$$

$$(3\text{-}18)$$

则称之为**在条件 $X=x_i$ 下随机变量 Y 的条件分布律**.

根据条件概率的性质，条件分布律有两条基本性质：

(1) $P(Y=y_j \mid X=x_i) \geqslant 0$，$P(X=x_i \mid Y=y_j) \geqslant 0$；

(2) $\displaystyle\sum_{j=1}^{\infty} P(Y=y_j \mid X=x_i) = 1$，$\displaystyle\sum_{i=1}^{\infty} P(X=x_i \mid Y=y_j) = 1$.

例1　在某汽车工厂中，一辆汽车有两道工序是由机器人完成的，其一是紧固螺栓，其二是焊接焊点.以 X 表示机器人紧固螺栓不良的数目，以 Y 表示焊接的不良焊点的数目.据积累的资料 (X, Y) 具有分布律：

Y ＼ X	0	1	2	3	$P(Y=j)$
0	0.840	0.030	0.020	0.010	0.900
1	0.060	0.010	0.008	0.002	0.080
2	0.010	0.005	0.004	0.001	0.020
$P(Y=i)$	0.910	0.045	0.032	0.013	1.000

求 (1) 在条件 $X=1$ 下，Y 的条件分布律；

(2) 在条件 $Y=0$ 下，X 的条件分布律.

解　边缘分布律已经求出列在上表中.在 $X=1$ 下，Y 的条件分布律为

$$P(Y=0 \mid X=1) = \frac{P(X=1, Y=0)}{P(X=1)} = \frac{0.030}{0.045},$$

$$P(Y=1 \mid X=1) = \frac{P(X=1, Y=1)}{P(X=1)} = \frac{0.010}{0.045},$$

$$P(Y=2 \mid X=1) = \frac{P(X=1, Y=2)}{P(X=1)} = \frac{0.005}{0.045},$$

或写成

Y	0	1	2
$P(Y=y_j \mid X=1)$	$\dfrac{6}{9}$	$\dfrac{2}{9}$	$\dfrac{1}{9}$

同样可得在 $Y=0$ 的条件下 X 的条件分布律为

X	0	1	2	3
$P(X = x_i \mid Y = 0)$	$\dfrac{84}{90}$	$\dfrac{3}{90}$	$\dfrac{2}{90}$	$\dfrac{1}{90}$

例 2 一射手进行射击训练,单发击中目标的概率为 $p(0 < p < 1)$,射击进行到击中目标二次终止. 以 X 表示到第一次击中目标所需的射击次数,以 Y 表示总共进行的射击次数,求 X,Y 的联合分布律和条件分布律.

解 显然各次射击是相互独立进行的,X 的可能取值为 $1,2,3,\cdots,Y$ 的可能取值为 $2,3,4,\cdots$. 用 $\{X = m, Y = n\}$ 表示事件"第 m 次射击时第一次击中目标,第 n 次射击时第二次击中目标". 依题意,不论 $m(m < n)$ 取何值,

$$P(X = m, Y = n) = \underbrace{q \cdots q}_{n-2} \cdot p \cdot p = p^2 q^{n-2}$$
$$(q = 1 - p;\ m = 1, 2, \cdots;\ n = m+1, m+2, \cdots).$$

当 $m \geqslant n$ 时,$\{X = m, Y = n\}$ 是不可能事件,所以 $P\{X = m, Y = n\} = 0$,于是,X 与 Y 的联合分布律为

$$P(X = m, Y = n) = p^2 q^{n-2} \quad (n = 2, 3, \cdots;\ m = 1, 2, \cdots, n-1),$$

故关于 X 的边缘分布律为

$$P(X = m) = \sum_{n=m+1}^{\infty} P(X = m, Y = n) = \sum_{n=m+1}^{\infty} p^2 q^{n-2}$$
$$= pq^{m-1} \quad (m = 1, 2, 3, \cdots),$$

关于 Y 的边缘分布律为

$$P(Y = n) = \sum_{m=1}^{n-1} P(X = m, Y = n) = \sum_{m=1}^{n-1} p^2 (1-p)^{n-2}$$
$$= (n-1) p^2 q^{n-2} \quad (n = 2, 3, \cdots).$$

于是,由式(3-17)、式(3-18)可得,所求的条件分布律为

当 $n = 2, 3, \cdots$ 时,

$$P(X = m \mid Y = n) = \frac{p^2 q^{n-2}}{(n-1) p^2 q^{n-2}} = \frac{1}{n-1} \quad (m = 1, 2, \cdots, n-1),$$

当 $m = 1, 2, 3, \cdots$ 时,

$$P(Y = n \mid X = m) = \frac{p^2 q^{n-2}}{pq^{m-1}} = pq^{n-m-1} \quad (n = m+1, m+2, \cdots).$$

二、连续型二维随机变量的条件分布函数和条件概率密度

设 (X, Y) 是连续型二维随机变量, 由于 X, Y 取固定值 x, y 时, $P\{X = x\} = 0, P\{Y = y\} = 0$, 作分母就无意义, 因此, 不能直接用条件概率公式引入"条件分布函数". 然而, 可以在 x 的邻域内去考虑用极限的方法来研究条件分布函数和条件概率密度的问题.

定义 2　设 (X, Y) 是连续型二维随机变量, 给定 y, 对于任意固定的 $\varepsilon > 0$, $P(y - \varepsilon < Y \leqslant y + \varepsilon) > 0$. 若对任意实数 x, 极限

$$\lim_{\varepsilon \to 0^+} P(X \leqslant x \mid y - \varepsilon < Y \leqslant y + \varepsilon) = \lim_{\varepsilon \to 0^+} \frac{P(X \leqslant x, y - \varepsilon < Y \leqslant y + \varepsilon)}{P(y - \varepsilon < Y \leqslant y + \varepsilon)}$$

存在, 则称此极限为在条件 $Y = y$ 下 X 的**条件分布函数**, 记为 $P(X \leqslant x \mid Y = y)$ 或 $F_{X|Y}(x \mid y)$.

设 (X, Y) 的分布函数为 $F(x, y)$, 概率密度为 $f(x, y)$. 若 $f(x, y)$ 在 (x, y) 处连续, 边缘概率密度 $f_Y(y)$ 连续, 且 $f_Y(y) > 0$, 则

$$
\begin{aligned}
F_{X|Y}(x \mid y) &= \lim_{\varepsilon \to 0^+} \frac{P(X \leqslant x, y - \varepsilon < Y \leqslant y + \varepsilon)}{P(y - \varepsilon < Y \leqslant y + \varepsilon)} \\
&= \lim_{\varepsilon \to 0^+} \frac{F(x, y + \varepsilon) - F(x, y - \varepsilon)}{F_Y(y + \varepsilon) - F_Y(y - \varepsilon)} = \frac{\displaystyle\lim_{\varepsilon \to 0^+} \frac{F(x, y + \varepsilon) - F(x, y - \varepsilon)}{2\varepsilon}}{\displaystyle\lim_{\varepsilon \to 0^+} \frac{F_Y(y + \varepsilon) - F_y(y - \varepsilon)}{2\varepsilon}} \\
&= \frac{\dfrac{\partial F(x, y)}{\partial y}}{\dfrac{\mathrm{d}F_Y(y)}{\mathrm{d}y}} = \frac{\displaystyle\int_{-\infty}^{x} f(u, y)\mathrm{d}u}{f_Y(y)} = \int_{-\infty}^{x} \frac{f(u, y)}{f_Y(y)}\mathrm{d}u.
\end{aligned} \tag{3-19}
$$

与一维随机变量概率密度的定义比较, 可给出条件概率密度的定义.

定义 3　设二维随机变量 (X, Y) 的概率密度为 $f(x, y)$, (X, Y) 关于 Y 的边缘概率密度为 $f_Y(y)$. 若固定 y, $f_Y(y) > 0$, 则称 $\dfrac{f(x, y)}{f_Y(y)}$ 为在 $Y = y$ 条件下 X 的**条件概率密度**, 记为 $f_{X|Y}(x \mid y)$, 即

$$f_{X|Y}(x \mid y) = \frac{f(x, y)}{f_Y(y)}. \tag{3-20}$$

显然条件概率密度具有如下性质:

(1) $f_{X|Y}(x \mid y) = \dfrac{f(x, y)}{f_Y(y)} \geqslant 0$;

(2) $\int_{-\infty}^{+\infty} f_{X|Y}(x \mid y)\mathrm{d}x = 1.$

类似地,在条件 $X = x$ 下 Y 的条件分布函数和条件概率密度为

$$F_{Y|X}(x \mid y) = \int_{-\infty}^{y} \frac{f(x, v)}{f_X(x)}\mathrm{d}v, \tag{3-21}$$

$$f_{X|Y}(x \mid y) = \frac{f(x, y)}{f_Y(y)}. \tag{3-22}$$

例3 设平面上的有界区域 D 的面积为 A,若二维随机变量 (X, Y) 具有概率密度

$$f(x, y) = \begin{cases} \dfrac{1}{A}, & (x, y) \in D, \\ 0, & \text{其他}. \end{cases} \tag{3-23}$$

则称 (X, Y) 在 D 上服从均匀分布.设 (X, Y) 在单位圆 $x^2 + y^2 \leqslant 1$ 内服从均匀分布,求条件概率密度 $f_{X|Y}(x \mid y)$.

解 由假设得随机变量 (X, Y) 具有概率密度

$$f(x, y) = \begin{cases} \dfrac{1}{\pi}, & x^2 + y^2 \leqslant 1, \\ 0, & \text{其他}, \end{cases}$$

且有边缘概率密度

$$f_Y(y) = \int_{-\infty}^{+\infty} f(x, y)\mathrm{d}x = \begin{cases} \int_{-\sqrt{1-y^2}}^{\sqrt{1-y^2}} \dfrac{1}{\pi}\mathrm{d}x = \dfrac{2}{\pi}\sqrt{1-y^2}, & -1 \leqslant y \leqslant 1, \\ 0, & \text{其他}. \end{cases}$$

故当 $-1 < y < 1$ 时,

$$f_{X|Y}(x \mid y) = \begin{cases} \dfrac{1}{2\sqrt{1-y^2}}, & -\sqrt{1-y^2} \leqslant x \leqslant \sqrt{1-y^2}, \\ 0, & \text{其他}. \end{cases}$$

特别地,当 $y = 0$ 时,

$$f_{X|Y}(x \mid y) = \begin{cases} \dfrac{1}{2}, & -1 < x < 1, \\ 0, & \text{其他}, \end{cases}$$

即

$$\{X \mid Y = 0\} \sim U(-1, 1).$$

当 $y = \dfrac{1}{2}$ 时，

$$f_{X|Y}(x \mid y) = \begin{cases} \dfrac{1}{\sqrt{3}}, & -\dfrac{\sqrt{3}}{2} < x < \dfrac{\sqrt{3}}{2}, \\ 0, & \text{其他,} \end{cases}$$

即

$$\left\{ X \mid Y = \dfrac{1}{2} \right\} \sim U\left(-\dfrac{\sqrt{3}}{2}, \dfrac{\sqrt{3}}{2} \right).$$

例 4　设数 X 在区间 $(0, 1)$ 内任意取值，当观察到 $X = x(0 < x < 1)$ 后，数 Y 在区间 $(x, 1)$ 内任意取值，求 Y 的概率密度 $f_Y(y)$.

解　因数 X 是在 $(0, 1)$ 内任意取值，则 $X \sim U(0, 1)$，即其概率密度为

$$f_X(x) = \begin{cases} 1, & 0 < x < 1, \\ 0, & \text{其他.} \end{cases}$$

当数 X 取定值 $x(0 < x < 1)$ 后，在 $X = x$ 的条件下，Y 的条件概率密度为

$$f_{Y|X}(y \mid x) = \begin{cases} \dfrac{1}{1-x}, & x < y < 1, \\ 0, & \text{其他.} \end{cases}$$

根据 X 与 Y 的联合概率密度的定义，有

$$f(x, y) = f_{Y|X}(y \mid x) f_X(x) = \begin{cases} \dfrac{1}{1-x}, & 0 < x < y < 1, \\ 0, & \text{其他.} \end{cases}$$

于是，关于 Y 的边缘概率密度

$$f_Y(y) = \int_{-\infty}^{+\infty} f(x, y) \mathrm{d}x = \begin{cases} \displaystyle\int_0^y \dfrac{1}{1-x} \mathrm{d}x, & 0 < y < 1, \\ 0, & \text{其他} \end{cases}$$

$$= \begin{cases} -\ln(1-y), & 0 < y < 1, \\ 0, & \text{其他.} \end{cases}$$

3.3 相互独立的随机变量

一、随机变量的独立性

我们将利用两个事件相互独立的概念引出两个随机变量独立性的概念,随机变量的独立性是概率论中一个非常重要的概念.

定义 1 设二维随机变量(X, Y)的分布函数及边缘分布函数分别为$F(X, Y)$及$F_X(x)$,$F_Y(y)$.若对于任意的x, y,都有

$$P\{X \leqslant x, Y \leqslant y\} = P(X \leqslant x)P(Y \leqslant y), \tag{3-24}$$

即

$$F(X, Y) = F_X(x)F_Y(y), \tag{3-25}$$

则称随机变量X和Y是**相互独立**的.

类似地,可以定义n维随机变量的独立性.

定义 2 设n维随机变量$(X_1, X_2, \cdots, X_n)$的分布函数为$F(x_1, x_2, \cdots, x_n)$,关于X_i的边缘分布函数为$F_{X_i}(x_i) = F(\infty, \cdots, \infty, \underset{\text{第}i\text{个}}{x_i}, \infty, \cdots, \infty)$.若对任意的$x_1, x_2, \cdots, x_n$,有

$$F(x_1, x_2, \cdots, x_n) = F_{X_1}(x_1)F_{X_2}(x_2)\cdots F_{X_n}(x_n),$$

则称$X_1, X_2, \cdots, X_n$是**相互独立**的.

二、离散型随机变量

定理 1 设离散型二维随机变量(X, Y)的可能取值为(x_i, y_j) $(i, j = 1, 2, \cdots)$,则离散型随机变量X与Y相互独立的充要条件是其联合分布律等于边缘分布律的乘积,即

$$P(X = x_i, Y = y_j) = P(X = x_i)P(Y = y_j),$$

即

$$p_{ij} = p_{i\cdot} p_{\cdot j} \quad (i, j = 1, 2, \cdots). \tag{3-26}$$

显然,当随机变量X与Y相互独立时,它们的条件分布律等于它们的边缘分布律.反之亦然,即当$P(Y = y_j) = p_{\cdot j} > 0$,$P(X = x_i) = P_{i\cdot} > 0$时,有

$$P(X = x_i \mid Y = y_j) = P(X = x_i) = P_i. \quad (i = 1, 2, \cdots),$$
$$P(X = y_j \mid X = x_i) = P(Y = y_j) = P_{\cdot j} \quad (j = 1, 2, \cdots).$$

例 1　设离散型二维随机变量 X 与 Y 的联合分布律为

Y X	1	2
0	$\dfrac{1}{6}$	$\dfrac{1}{6}$
1	$\dfrac{2}{6}$	$\dfrac{2}{6}$

试问 X 与 Y 是否相互独立?

解　X 与 Y 的边缘分布律分别为

X	0	1
$P(X = i)$	$\dfrac{1}{3}$	$\dfrac{2}{3}$

Y	1	2
$P(Y = j)$	$\dfrac{1}{2}$	$\dfrac{1}{2}$

因为

$$P(X = 0, Y = 1) = \frac{1}{6} = P(X = 0)P(Y = 1),$$

$$P(X = 0, Y = 2) = \frac{1}{6} = P(X = 0)P(Y = 2),$$

$$P(X = 1, Y = 1) = \frac{2}{6} = P(X = 1)P(Y = 1),$$

$$P(X = 1, Y = 2) = \frac{2}{6} = P(X = 1)P(Y = 2).$$

所以 X, Y 是相互独立的.

例 2　设离散型二维随机变量 X 与 Y 的联合分布律为

Y X	0	1
0	$1 - p$	0
1	0	p

试问 X 与 Y 是否相互独立?

解　由 (X, Y) 的分布律得 X 与 Y 的边缘分布律分别为

X	0	1
$P(X=i)$	$1-p$	p

Y	0	1
$P(Y=j)$	$1-p$	p

于是

$$P(X=0,Y=0)=(1-P)\neq P(X=0)P(Y=0)=(1-p)^2.$$

根据独立性的定义,X 与 Y 不是相互独立的.

从上述两例可知,要判断两离散型随机变量是相互独立的,则必须验证所有

$$P(X=x_i,Y=y_j)=P(X=x_i)P(Y=y_j) \quad (i,j=1,2,\cdots).$$

而判断不是相互独立的,只要找出一对 i,j,使得

$$P(X=x_i,Y=y_j)\neq P(X=x_i)P(Y=y_j)$$

即可.

例 3 设 (X,Y) 的分布律为

X \ Y	1	2	3
1	$\dfrac{1}{6}$	$\dfrac{1}{9}$	$\dfrac{1}{18}$
2	$\dfrac{1}{3}$	α	β

试问当 α,β 为什么数值时,X 与 Y 是相互独立的?

解 关于 X,Y 的边缘分布律为

X	1	2
$P(X=x_i)$	$\dfrac{1}{3}$	$\dfrac{1}{3}+\alpha+\beta$

Y	1	2	3
$P(Y=y_j)$	$\dfrac{1}{2}$	$\dfrac{1}{9}+\alpha$	$\dfrac{1}{18}+\beta$

由离散型二维随机变量的联合分布律的性质,有

$$\frac{1}{6}+\frac{1}{9}+\frac{1}{18}+\frac{1}{3}+\alpha+\beta=1,$$

即

$$\alpha+\beta=\frac{1}{3}.$$

要 X 与 Y 是相互独立的,则

$$P(X = 1, Y = 2) = P(X = 1)P(Y = 2),$$

即

$$\frac{1}{9} = \frac{1}{3}\left(\frac{1}{9} + \alpha\right),$$

所以 $\alpha = \dfrac{2}{9}$,则 $\beta = \dfrac{1}{9}$.

容易验证,当 $\alpha = \dfrac{2}{9}$, $\beta = \dfrac{1}{9}$ 时,等式

$$P(X = x_i, Y = y_j) = P(X = x_i)P(Y = y_j) \quad (i = 1, 2; j = 1, 2, 3)$$

都成立.因此,当 $\alpha = \dfrac{2}{9}$, $\beta = \dfrac{1}{9}$ 时,X 与 Y 是相互独立的.

三、连续型二维随机变量

定理 2　设连续型二维随机变量 (X, Y) 的联合概率密度和边缘概率密度分别为 $f(x, y)$, $f_X(x)$, $f_Y(y)$,则 X 与 Y 相互独立的充要条件是

$$f(x, y) = f_X(x)f_Y(y). \tag{3-27}$$

事实上,由 $F(x, y) = F_X(x)F_Y(y)$,有

$$\int_{-\infty}^{x} \int_{-\infty}^{y} f(u, v)\,\mathrm{d}u\mathrm{d}v = \int_{-\infty}^{x} f_X(u)\,\mathrm{d}u \int_{-\infty}^{y} f_Y(v)\,\mathrm{d}v.$$

由微积学的有关知识,得 $f(x, y) = f_X(x)f_Y(y)$.

例 4　设二维随机变量 (X, Y) 的概率密度为

$$f(x, y) = \begin{cases} \exp[-(x + y)], & x > 0, y > 0, \\ 0, & \text{其他}. \end{cases}$$

试研究 X 与 Y 的独立性.

解　因为

$$f_X(x) = \int_{-\infty}^{+\infty} f(x, y)\,\mathrm{d}y = \begin{cases} \displaystyle\int_{0}^{+\infty} \exp[-(x + y)]\,\mathrm{d}y, & x > 0, y > 0, \\ 0, & \text{其他} \end{cases}$$

$$= \begin{cases} \mathrm{e}^{-x}, & x > 0, \\ 0, & \text{其他}. \end{cases}$$

同理可得

$$f_Y(y) = \begin{cases} \mathrm{e}^{-y}, & y > 0, \\ 0, & \text{其他.} \end{cases}$$

于是 $f(x, y) = f_X(x)f_Y(y)$，所以 X 与 Y 是相互独立的.

例 5 设 (X, Y) 的概率密度函数为

$$f(x, y) = \begin{cases} \dfrac{15}{2}x^2, & x^2 < y < 1, \, 0 < x < 1, \\ 0, & \text{其他.} \end{cases}$$

试研究 X 与 Y 的独立性.

解 因为

$$f_X(x) = \int_{-\infty}^{+\infty} f(x, y)\mathrm{d}y = \begin{cases} \displaystyle\int_{x^2}^{1} \dfrac{15}{2}x^2 \mathrm{d}y, & 0 < x < 1, \\ 0, & \text{其他} \end{cases}$$

$$= \begin{cases} \dfrac{15}{2}x^2(1-x^2), & 0 < x < 1, \\ 0, & \text{其他.} \end{cases}$$

$$f_Y(y) = \int_{-\infty}^{+\infty} f(x, y)\mathrm{d}x = \begin{cases} \displaystyle\int_{0}^{\sqrt{y}} \dfrac{5}{2}x^2 \mathrm{d}x, & 0 < y < 1, \\ 0, & \text{其他} \end{cases}$$

$$= \begin{cases} \dfrac{5}{2}y^{\frac{3}{2}}, & 0 < y < 1, \\ 0, & \text{其他.} \end{cases}$$

而 $f(x, y) \neq f_X(x)f_Y(y)$，所以 X 与 Y 不是相互独立的.

例 6 设 (X, Y) 服从参数为 μ_1，μ_2，σ_1，σ_2，ρ 的二维正态分布，则 X 与 Y 相互独立的充要条件是 $\rho = 0$.

证 (X, Y) 的概率密度和关于 X，Y 的边缘概率密度分别为

$$f(x, y) = \frac{1}{2\pi\sigma_1\sigma_2\sqrt{1-\rho^2}} \cdot$$

$$\exp\left\{-\frac{1}{2(1-\rho^2)}\left[\frac{(x-\mu_1)^2}{\sigma_1^2} - 2\rho\frac{(x-\mu_1)(y-\mu_2)}{\sigma_1\sigma_2} + \frac{(y-\mu_2)^2}{\sigma_2^2}\right]\right\}$$

$$(-\infty < x, y < +\infty),$$

$$f_X(x) = \frac{1}{\sqrt{2\pi}\sigma_1} \exp\left[-\frac{(x-\mu_1)^2}{2\sigma_1^2}\right], \quad f_Y(y) = \frac{1}{\sqrt{2\pi}\sigma_2} \exp\left[-\frac{(y-\mu_2)^2}{2\sigma_2^2}\right].$$

充分性. 因为当 $\rho = 0$ 时, $f(x, y) = f_X(x)f_Y(y)$, 所以 X 与 Y 是相互独立的.

必要性. 因为 X 与 Y 相互独立, 则

$$f(x, y) = f_X(x)f_Y(y), \quad \forall x, y.$$

令 $x = \mu_1$, $y = \mu_2$, 有

$$\frac{1}{2\pi\sigma_1\sigma_2\sqrt{1-\rho^2}} = \frac{1}{2\pi\sigma_1\sigma_2},$$

得 $\rho = 0$.

以上关于二维随机变量的一些概念, 可推广到 n 维随机变量的情况.

3.4　两个随机变量的函数的分布

在第 2 章, 我们讨论了一维随机变量的函数的分布问题. 在此, 我们将讨论两个随机变量的函数的分布问题, 并且只讨论下面几个具体的函数.

一、$Z = X + Y$ 的分布

先假设 (X, Y) 是连续型的二维随机变量. 设二维随机变量 (X, Y) 的概率密度为 $f(x, y)$, 则 $Z = X + Y$ 的分布函数为

$$F_Z(z) = P\{Z \leqslant z\} = \iint\limits_D f(x, y)\mathrm{d}x\mathrm{d}y.$$

其中积分区域 $D = \{(x, y) \mid x + y \leqslant z\}$ (图 3.5). 化二重积分为累次积分, 得

$$F_Z(z) = \int_{-\infty}^{+\infty}\left[\int_{-\infty}^{z-y} f(x, y)\mathrm{d}x\right]\mathrm{d}y.$$

固定 z 和 y, 对于 $\int_{-\infty}^{z-y} f(x, y)\mathrm{d}x$ 作变量替换.

令 $x = u - y$, 则

$$\int_{-\infty}^{z-y} f(x, y)\mathrm{d}x = \int_{-\infty}^{z}(u-y, y)\mathrm{d}u,$$

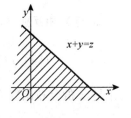

图 3.5

于是

$$F_Z(z) = \int_{-\infty}^{+\infty} \left[\int_{-\infty}^{z-y} f(x, y) \mathrm{d}x \right] \mathrm{d}y = \int_{-\infty}^{+\infty} \left[\int_{-\infty}^{z} f(u-y, y) \mathrm{d}u \right] \mathrm{d}y$$

$$= \int_{-\infty}^{z} \left[\int_{-\infty}^{+\infty} f(u-y, y) \mathrm{d}y \right] \mathrm{d}u.$$

由概率密度函数的定义,得 z 的概率密度函数为

$$f_Z(x) = \int_{-\infty}^{+\infty} f(z-y, y) \mathrm{d}y. \tag{3-28}$$

由于 X 与 Y 是对称的,所以 $f_Z(z)$ 又可写成

$$f_Z(z) = \int_{-\infty}^{+\infty} f(x, z-x) \mathrm{d}x. \tag{3-29}$$

特别地,当 X 与 Y 相互独立时,若记 (X, Y) 关于 X, Y 的边缘概率密度分别为 $f_X(x)$, $f_Y(y)$,有 $f(x, y) = f_X(x)f_Y(y)$,则式(3-28)、式(3-29) 分别化为

$$f_Z(z) = \int_{-\infty}^{+\infty} f_X(z-y)f_Y(y) \mathrm{d}y, \tag{3-30}$$

$$f_Z(z) = \int_{-\infty}^{+\infty} f_X(x)f_Y(z-x) \mathrm{d}x. \tag{3-31}$$

这两个公式称为**卷积公式**,记为 $f_X * f_Y$,即

$$f_X * f_Y = \int_{-\infty}^{+\infty} f_X(z-y)f_Y(y) \mathrm{d}y = \int_{-\infty}^{+\infty} f_X(x)f_Y(z-x) \mathrm{d}x. \tag{3-32}$$

例1 设随机变量 X 与 Y 相互独立,且 $X, Y \sim U(0, 1)$,试求 $Z = X + Y$ 的概率密度.

解 由于 $X, Y \sim U(0, 1)$,所以其概率密度分别为

$$f_X(x) = \begin{cases} 1, & 0 < x < 1, \\ 0, & \text{其他}; \end{cases} \qquad f_Y(y) = \begin{cases} 1, & 0 < y < 1, \\ 0, & \text{其他}. \end{cases}$$

又 X 与 Y 相互独立,所以

$$f(x, y) = f_X(x)f_Y(y) = \begin{cases} 1, & 0 < x < 1, 0 < y < 1, \\ 0, & \text{其他}. \end{cases}$$

于是,z 的分布函数为

$$F_Z(z) = \iint\limits_{x+y \leqslant z} f(x, y) \mathrm{d}x\mathrm{d}y.$$

(1) 当 $z < 0$ 时, $F_Z(z) = 0$;

(2) 当 $z \geqslant 2$ 时, $F_Z(z) = 1$;

(3) 当 $0 \leqslant z < 1$ 时(图 3.6),

$$F_Z(z) = \int_0^z \mathrm{d}x \int_0^{z-x} \mathrm{d}y = \frac{z^2}{2};$$

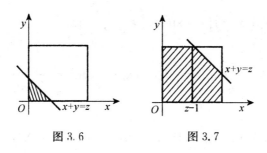

图 3.6　　　　　　　图 3.7

(4) 当 $1 \leqslant z < 2$ 时(图 3.7),

$$F_Z(z) = z - 1 + \int_{z-1}^1 \mathrm{d}x \int_0^{z-x} \mathrm{d}y = -\frac{z^2}{2} + 2z - 1,$$

故

$$F_Z(z) = \begin{cases} 0, & z < 0, \\ \dfrac{z^2}{2}, & 0 \leqslant z < 1, \\ -\dfrac{z^2}{2} + 2z - 1, & 1 \leqslant z < 2, \\ 1, & z \geqslant 2. \end{cases}$$

因此

$$f_Z(z) = F'(z) = \begin{cases} z, & 0 < z \leqslant 1, \\ 2 - z, & 1 < z \leqslant 2, \\ 0, & 其他. \end{cases}$$

例 2　设随机变量 X 与 Y 是相互独立的, 且 $X, Y \sim N(0, 1)$, 求 $Z = X + Y$ 的概率密度.

解　由于 $X, Y \sim N(0, 1)$, 所以 X, Y 的概率密度分别为

$$f_X(x) = \frac{1}{\sqrt{2\pi}} \exp\left(-\frac{x^2}{2}\right) \quad (-\infty < x < +\infty),$$

$$f_Y(y) = \frac{1}{\sqrt{2\pi}} \exp\left(-\frac{y^2}{2}\right) \quad (-\infty < y < +\infty).$$

又 X 与 Y 是相互独立的,所以由卷积公式,得

$$f_Z(z) = \int_{-\infty}^{+\infty} f(x) f(z-x) \mathrm{d}x = \frac{1}{2\pi} \int_{-\infty}^{+\infty} \exp\left(-\frac{x^2}{2}\right) \exp\left[-\frac{(z-x)^2}{2}\right] \mathrm{d}x$$

$$= \frac{1}{2\pi} \exp\left(-\frac{z^2}{4}\right) \int_{-\infty}^{+\infty} \exp\left[-\left(x - \frac{z}{2}\right)^2\right] \mathrm{d}x$$

$$\xlongequal{t = x - \frac{z}{2}} \frac{1}{2\pi} \exp\left(-\frac{z^2}{4}\right) \int_{-\infty}^{+\infty} \exp(-t^2) \mathrm{d}t = \frac{1}{\sqrt{2\pi}\sqrt{2}} \exp\left(-\frac{z^2}{2 \times 2}\right),$$

即 $Z \sim N(0, 2)$.

一般的,若 X, Y 相互独立,且 $X \sim N(\mu_1, \sigma_1^2)$,$Y \sim N(\mu_2, \sigma_2^2)$,则

$$Z = X_1 + X_2 \sim N(\mu_1 + \mu_2, \sigma_1^2 + \sigma_2^2).$$

进一步地,用数学归纳法可把它推广到 n 个的情形,即若 $X_1, X_2, \cdots, X_n$ 相互独立,$X_i \sim N(\mu_i, \sigma_i^2)$ $(i = 1, 2, 3, \cdots, n)$,$C_1, C_2, \cdots, C_n$ 为常数,则

$$\sum_{i=1}^{n} C_i X_i \sim N\left(\sum_{i=1}^{n} C_i \mu_i, \sum_{i=1}^{n} C_i^2 \sigma_i^2\right).$$

例3 设离散型二维随机变量 (X, Y) 的分布律为

X \ Y	0	1	2
0	p_{00}	p_{01}	p_{02}
1	p_{10}	p_{11}	p_{12}

求 $Z = X + Y$ 的分布律.

解 $Z = X + Y$ 的可能取值为 $0, 1, 2, 3$,因

$$(Z = 0) = (X = 0, Y = 0),$$

则

$$P(Z = 0) = P(X = 0, Y = 0) = p_{00}.$$

又

$$(Z = 1) = (X = 0, Y = 1) \bigcup (X = 1, Y = 0),$$

故

$$P(Z = 1) = P(X = 0, Y = 1) + P(X = 0, Y = 0) = p_{01} + p_{10}.$$

类似地

$$P(Z = 2) = P(X = 1, Y = 1) + P(X = 0, Y = 2) = p_{11} + p_{02},$$
$$P(Z = 3) = P(X = 1, Y = 2) = p_{12}.$$

故 Z 的分布律为

$Z = X + Y$	0	1	2	3
p	p_{00}	$p_{01} + p_{10}$	$p_{11} + p_{02}$	p_{12}

例 4　设 X, Y 是相互独立的随机变量,且分别服从参数为 λ_1, λ_2 的泊松分布,证明 $Z = X + Y$ 服从参数为 $\lambda_1 + \lambda_2$ 的泊松分布.

证　因为 $X \sim \pi(\lambda_1)$, $Y \sim \pi(\lambda_2)$,即

$$P(x = i) = \mathrm{e}^{-\lambda} \frac{\lambda_1^i}{i!} \quad (i = 0, 1, 2, 3, 4, \cdots),$$

$$P(Y = j) = \mathrm{e}^{-\lambda_2} \frac{\lambda_2^j}{j!} \quad (j = 0, 1, 2, 3, 4\cdots),$$

$$P(Z = n) = \sum_{i=0}^{n} P(X = i) P(Y = n - i)$$

$$= \sum_{i=0}^{n} \mathrm{e}^{-\lambda_1} \frac{\lambda_1^i}{i!} \mathrm{e}^{-\lambda_2} \frac{\lambda_2^{n-i}}{(n-i)!} = \frac{\mathrm{e}^{-(\lambda_1 + \lambda_2)}}{n!} \sum_{i=0}^{n} C_n^i \lambda_1^i \lambda_2^{n-i}$$

$$= \mathrm{e}^{-(\lambda_1 + \lambda_2)} \frac{(\lambda_1 + \lambda_2)^n}{n!},$$

即 $Z \sim \pi(\lambda_1 + \lambda_2)$.

二、$Z = \dfrac{Y}{X}$ 的分布、$Z = XY$ 的分布

设 (X, Y) 是二维连续性随机变量,它具有概率密度 $f(x, y)$,则 $z = \dfrac{Y}{X}$, $z = XY$ 仍为连续性随机变量,其概率密度分别为

$$f_{Y|X}(z) = \int_{-\infty}^{\infty} |x| f(x, xz) \mathrm{d}x, \tag{3-33}$$

$$f_{XY}(z) = \int_{-\infty}^{\infty} \frac{1}{|x|} f\left(x, \frac{z}{x}\right) \mathrm{d}x. \tag{3-34}$$

若 X 和 Y 相互独立,设 (X, Y) 关于 X, Y 的边缘密度分别为 $f_X(x)$, $f_Y(y)$,

则

$$f_{Y|X}(z) = \int_{-\infty}^{\infty} |x| f_X(x) f_Y(xz) dx,$$

$$f_{XY}(z) = \int_{-\infty}^{\infty} \frac{1}{|x|} f_X(x) f_Y\left(\frac{z}{x}\right) dx.$$

证 $Z = \dfrac{Y}{X}$ 的分布函数,如图 3.8 和图 3.9 所示.

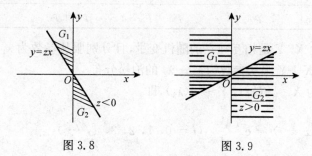

图 3.8   图 3.9

$$f_{Y|X}(z) = P\{Y \mid X \leqslant z\} = \iint\limits_{G_1 \cup G_2} f(x, y) dxdy$$

$$= \iint\limits_{y|x \leqslant z,\, x<0} f(x, y) dxdy + \iint\limits_{y|x \leqslant z,\, x>0} f(x, y) dxdy$$

$$= \int_{-\infty}^{0} \left[\int_{zx}^{+\infty} f(x, y) dy \right] dx + \int_{0}^{+\infty} \left[\int_{-\infty}^{zx} f(x, y) dy \right] dx$$

$$\xlongequal{\,\diamondsuit\, y = xu\,} \int_{-\infty}^{0} \left[\int_{z}^{\infty} xf(x, xu) du \right] dx + \int_{0}^{+\infty} \left[\int_{-\infty}^{z} xf(x, xu) du \right] dx$$

$$= \int_{-\infty}^{0} \left[\int_{-\infty}^{z} (-x) f(x, xu) du \right] dx + \int_{0}^{+\infty} \left[\int_{-\infty}^{z} xf(x, xu) du \right] dx$$

$$= \int_{-\infty}^{+\infty} \left[\int_{-\infty}^{z} |x| f(x, xu) du \right] dx$$

$$= \int_{-\infty}^{z} \left[\int_{-\infty}^{+\infty} |x| f(x, xu) dx \right] du.$$

由概率密度的定义得

$$f_{Y|X}(z) = \int_{-\infty}^{+\infty} |x| f(x, xz) dx.$$

类似地,可得

$$f_{XY}(z) = \int_{-\infty}^{+\infty} \frac{1}{|x|} f\left(x, \frac{z}{x}\right) dx.$$

例 5　某公司提供一种地震保险, 保险费 Y 的密度函数为

$$f(y) = \begin{cases} \dfrac{y}{25} \mathrm{e}^{-\frac{y}{5}}, & y > 0, \\ 0, & \text{其他}. \end{cases}$$

保险赔付 X 的概率密度为

$$g(x) = \begin{cases} \dfrac{1}{5} \mathrm{e}^{-\frac{x}{5}}, & x > 0, \\ 0, & \text{其他}. \end{cases}$$

设 X, Y 相互独立, 求 $Z = Y/X$ 的概率密度.

解　由 $f_{Y|X}(z) = \displaystyle\int_{-\infty}^{\infty} |x| f(x, xz) \mathrm{d}x$ 知, 当 $z < 0$ 时, $f_Z(z) = 0$; 当 $z > 0$ 时, z 的概率密度为

$$f_Z(z) = \int_0^{\infty} x \cdot \frac{1}{5} \mathrm{e}^{-\frac{x}{5}} \cdot \frac{xz}{25} \mathrm{e}^{-\frac{xz}{5}} \mathrm{d}x = \frac{z}{125} \int_0^{\infty} x^2 \mathrm{e}^{-x\left(\frac{1+z}{5}\right)} \mathrm{d}x$$

$$= \frac{z}{125} \frac{\Gamma(3)}{[(1+z)/5]^3} = \frac{2z}{(1+z)^3}.$$

三、$\max\{X, Y\}$ 及 $\min\{X, Y\}$ 的分布

设 X, Y 是两个相互独立的随机变量, 其分布函数分别为 $F_X(x), F_Y(y)$.

1. $Z = \max\{X, Y\}$ 的分布

对任意的 z, 有

$$(\max\{X, Y\} \leqslant z) == \{e \mid X(e) \leqslant Z, Y(e) \leqslant Z\} = (X \leqslant Z, Y \leqslant Z),$$

又 X 与 Y 相互独立, 则

$$\begin{aligned} F_Z(z) &= P(\max\{X, Y\} \leqslant z) = P(X > z, Y > z) \\ &= P(X \leqslant z)P(Y \leqslant z) = F_X(z)F_Y(z). \end{aligned} \tag{3-35}$$

2. $Z = \min\{X, Y\}$ 的分布

由于 $(\min\{X, Y\} > z) = (X > z, Y > z)$, 又 X 与 Y 相互独立, 于是

$$\begin{aligned} F_Z(z) &= P(\min\{X, Y\} \leqslant z) = 1 - P(X > z, Y > z) \\ &= 1 - P(X > z)P(Y > z) = 1 - [1 - F_X(z)][1 - F_Y(z)]. \end{aligned} \tag{3-36}$$

一般地,若相互独立随机变量 $X_i(i = 1, 2, \cdots, n)$ 的分布函为 $F_{X_i}(x_i)$ $(i = 1, 2, \cdots, n)$,则 $\max\{X_1, X_2, \cdots, X_n\}$,$\min\{X_1, X_2, \cdots, X_n\}$ 的分布函数分别为

$$F_{\max}(z) = \prod_{i=1}^{n} F_{X_i}(z), \tag{3-37}$$

$$F_{\min}(z) = 1 - \prod_{i=1}^{n} \left[1 - F_{X_i}(z)\right]. \tag{3-38}$$

特别地,若 $X_i(i = 1, 2, \cdots, n)$ 同分布函数 $F(x)$,则

$$F_{\max}(z) = \left[F(z)\right]^n, \tag{3-39}$$

$$F_{\min}(z) = 1 - \left[1 - F(z)\right]^n. \tag{3-40}$$

例 6 设离散型二维随机变量 (X, Y) 的分布律为

X \ Y	0	1	2
0	$\frac{1}{4}$	$\frac{1}{6}$	$\frac{1}{8}$
1	$\frac{1}{4}$	$\frac{1}{8}$	$\frac{1}{12}$

求 $Z = \max\{X, Y\}$,$Z = \min\{X, Y\}$ 的分布律.

解 $Z = \max\{X, Y\}$ 的可能取值为 $0, 1, 2$.

$$P(Z = 0) = P(X = 0, Y = 0) = \frac{1}{4};$$

$$P(Z = 1) = P(X = 0, Y = 1) + P(X = 0, Y = 1) + P(X = 1, Y = 1)$$
$$= \frac{1}{4} + \frac{1}{6} + \frac{1}{8} = \frac{13}{24};$$

$$P(Z = 2) = P(X = 0, Y = 2) + P(X = 1, Y = 2) = \frac{1}{8} + \frac{1}{12} = \frac{5}{24},$$

所以 $Z = \max\{X, Y\}$ 的分布律为

Z	0	1	2
p	$\frac{1}{4}$	$\frac{13}{24}$	$\frac{5}{24}$

同理可得,$Z = \min\{X, Y\}$ 的分布律为

Z	0	1
p	$\dfrac{19}{24}$	$\dfrac{5}{24}$

例 7　从区间 $[0,1]$ 中随机抽取 n 个点 $X_1,X_2,\cdots X_n$,求出它们的最大值和最小值的概率密度.

解　依题意,$X_1,X_2,\cdots,X_n$ 都是 $[0,1]$ 上独立分布的随机变量,$X_i(i=1,2,\cdots,n)$ 的概率密度为

$$f_{X_i}(X)=\begin{cases}1,&0<x<1,\\0,&\text{其他}.\end{cases}$$

其分布函数为

$$F_{X_i}(X)=\begin{cases}0,&x<0,\\x,&0\leqslant x<1,\\1,&x\geqslant 1.\end{cases}$$

则 $\max\{X_1,X_2,\cdots,X_n\}$ 及 $\min\{X_1,X_2,\cdots,X_n\}$ 的分布函数为

$$F_{\max}(z)=[F_{X_i}(z)]^n=\begin{cases}0,&z<0,\\z^n,&0\leqslant z<1,\\1,&z\geqslant 1;\end{cases}$$

$$F_{\min}(z)=1-[1-F_{X_i}(z)]^n=\begin{cases}0,&z<0,\\1-(1-z)^n,&0\leqslant z<1,\\1,&z\geqslant 1.\end{cases}$$

故所求的概率密度分别为

$$f_{\max}(z)=\begin{cases}nz^{n-1},&0<z<1,\\0,&\text{其他};\end{cases}$$

$$f_{\min}(z)=\begin{cases}n(1-z)^{n-1},&0<z<1,\\0,&\text{其他}.\end{cases}$$

习　题　3

1. 将一硬币投掷三次,以 X 表示三次中出现正面的次数,以 Y 表示出现正面次数与出现反面次数之差的绝对值,试写出 X 和 Y 的联合分布律.

2. 盒子里装有 3 只黑球、2 只红球、2 只白球,在其中任取 4 球,以 X 表示取到黑球的只数,

以 Y 表示取到红球的只数,求 X 和 Y 的联合分布律.

3. 设二维随机变量(X, Y)的联合分布函数的部分表达式为

$$F(x, y) = \sin x \sin y, \quad 0 \leqslant x \leqslant \frac{\pi}{2}, 0 \leqslant y \leqslant \frac{\pi}{2},$$

求二维随机变量(X, Y)在长方形域$\left\{0 < x \leqslant \frac{\pi}{4}, \frac{\pi}{6} < y \leqslant \frac{\pi}{3}\right\}$内的概率.

4. 设随机变量(X, Y)的概率密度为

$$f(x, y) = \begin{cases} k(6-x-y), & 0 < x < 2, 2 < y < 4, \\ 0, & \text{其他}. \end{cases}$$

求(1) 常数k;(2) $P(X < 1, Y < 3)$;(3) $P(X < 1.5)$;(4) $P(X+Y \leqslant 4)$.

5. 设随机变量(X, Y)的概率密度为

$$f(x, y) = \begin{cases} A e^{-(3x+4y)}, & 0 > 0, y > 0, \\ 0, & \text{其他}. \end{cases}$$

求(1) 常数A;(2) 随机变量(X, Y)的分布函数;(3) $P\{0 \leqslant X < 1, 0 \leqslant Y < 2\}$.

6. 设二维随机变量(X, Y)的联合分布函数为

$$F(x, y) = \begin{cases} (1 - e^{-4x})(1 - e^{-2y}), & x > 0, y > 0, \\ 0, & \text{其他}. \end{cases}$$

求(X, Y)的概率密度.

7. 设X和Y是相互独立的随机变量,下表列出了二维随机变量(X, Y)的联合分布律及关于X和Y的边缘分布律中的部分数值,试将其余数值填入表中的空白处.

X \ Y	y_1	y_2	y_3	$P\{X = x_i\} = p_i$
x_1		$\frac{1}{8}$		
x_2	$\frac{1}{8}$			
$P\{Y = y_j\} = p_j$	$\frac{1}{6}$			1

8. 盒子里装有 3 只黑球,2 只红球,2 只白球,在其中任取 4 只球,以 X 表示取到黑球的只数,以 Y 表示取到白球的只数,求随机变量(X, Y)的边缘分布律.

9. 设二维随机变量(X, Y)的概率密度为

$$f(x, y) = \begin{cases} 4.8y(2-x), & 0 \leqslant x \leqslant 1, 0 \leqslant y \leqslant x, \\ 0, & \text{其他}. \end{cases}$$

求边缘概率密度 $f_X(x)$, $f_Y(y)$.

10. 设二维随机变量 (X, Y) 的概率密度为

$$f(x, y) = \begin{cases} e^{-y}, & 0 < x < y, \\ 0, & \text{其他}. \end{cases}$$

求边缘概率密度 $f_X(x)$, $f_Y(y)$.

11. 设二维随机变量 (X, Y) 的概率密度为

$$f(x, y) = \begin{cases} cx^2 y, & x^2 \leqslant y \leqslant 1, \\ 0, & \text{其他}. \end{cases}$$

求(1) 常数 c；(2) 边缘概率密度 $f_X(x)$, $f_Y(y)$.

12. 袋中有 1 个红球, 2 个黑球, 3 个白球, 现有放回的从袋中取两次, 每次取 1 球, 以 X, Y, Z 分别表示两次取球所得的红球、黑球与白球的个数. 求

(1) $P\{X = 1 \mid Z = 0\}$；(2) 二维随机变量 (X, Y) 的概率分布.

13. 设某班车起点站上客人数 X 服从参数为 $\lambda(\lambda > 0)$ 的泊松分布, 每位乘客在中途下车的概率为 $p(0 < p < 1)$, 且中途下车与否相互独立. 以 Y 表示中途下车的人数, 求

(1) 在发车时有 n 个乘客的条件下, 中途有 m 人下车的概率；

(2) 二维随机变量 (X, Y) 的分布律.

14. 设随机变量 (X, Y) 的概率密度为

$$f(x, y) = \begin{cases} 1, & |y| < x, 0 < x < 1, \\ 0, & \text{其他}. \end{cases}$$

求条件概率密度 $f_{Y|X}(y \mid x)$, $f_{X|Y}(x \mid y)$.

15. 设二维随机变量 (X, Y) 的概率密度为

$$f(x, y) = A e^{-2x^2 + 2xy - y^2}, \quad -\infty < x, y < +\infty,$$

求常数 A 及条件概率 $f_{Y|X}(y \mid x)$.

16. 袋中有 5 个号码 $1, 2, 3, 4, 5$, 从其中任取 3 个, 记这 3 个号码中最小号码为 X, 最大号码为 Y, 求

(1) X 与 Y 的联合分布律；(2) X 与 Y 是否相互独立?

17. 设一加油站有两套用来加油的设备, 设备 A 是加油站的工作人员操作的, 设备 B 是有顾客自己操作的. A, B 均有两个加油管. 随机取一时刻, A, B 正在使用的软管根数分别记为 X, Y, 它们的联合分布为

X＼Y	0	1	2
0	0.10	0.08	0.06
1	0.04	0.20	0.14
2	0.02	0.06	0.30

求(1) 至少有一根软管在使用的概率;

(2) 在 $X = 0$ 的条件下 Y 的条件分布律;在 $Y = 1$ 的条件下 X 的条件分布律;

(3) 问随机变量 X 和 Y 是否相互独立?

18. 设二维随机变量(X, Y)的分布律如下表:

Y \ X	2	5	8
0.4	0.15	0.30	0.35
0.8	0.05	0.12	0.03

(1) 求关于 X 和关于 Y 的边缘分布律;(2) X 与 Y 是否相互独立?

19. 设随机变量(X, Y)在由曲线 $y = x^2$, $y = \sqrt{x}$ 所围成的区域 G 服从均匀分布.

(1) 问随机变量 X 和 Y 是否相互独立?(2) 求条件概率密度 $f_{Y|X}(y \mid x)$.

20. 设 X 和 Y 是两个相互独立的随机变量,X 在$(0, 0.2)$上服从均匀分布,Y 的密度函数为

$$f_Y(x) = \begin{cases} 5e^{-5y}, & 0 > 0, \\ 0, & \text{其他.} \end{cases}$$

求 (1) X 与 Y 的联合分布密度;(2) $P\{Y \leqslant X\}$.

21. 设 X 和 Y 是两个相互独立的随机变量,X 在$(0, 1)$上服从均匀分布,Y 的概率密度为

$$f_Y(y) = \begin{cases} \dfrac{1}{2}e^{-y/2}, & y > 0, \\ 0, & \text{其他.} \end{cases}$$

试求(1) X 和 Y 的联合概率密度;

(2) 设含有 a 的二次方程 $a^2 + 2Xa + Y = 0$,试求方程有实根的概率.

22. 设 X 与 Y 为独立同分布的离散型随机变量,其分布律为

$$P(X = n) = P(Y = n) = \left(\frac{1}{2}\right)^n, \quad n = 1, 2, \cdots,$$

求 $X + Y$ 的分布律.

23. 设 X 和 Y 分别表示两个不同电子器件的寿命(以 h 计),并设 X 和 Y 相互独立,且服从同一分布,其概率密度为

$$f(x) = \begin{cases} \dfrac{1\,000}{x^2}, & x > 1\,000, \\ 0, & \text{其他.} \end{cases}$$

求 $Z = X/Y$ 的概率密度.

24. 设某种型号的电子管寿命(以 h 计) 近似服从 $N(160, 20^2)$ 分布,随机选取 4 只,求其中没有一只寿命小于 180 h 的概率.

25. 设 X 和 Y 是相互独立的随机变量,其分布律分别为

$$P\{X=k\}=p(k),\quad k=0,1,2,3,\cdots,$$
$$P\{Y=r\}=q(r),\quad r=0,1,2,3,\cdots,$$

证明：随机变量 $Z=X+Y$ 的分布律为 $P\{Z=i\}=\sum_{k=0}^{i}p(k)q(i-k)$，$i=0,1,2,\cdots$.

26. 设 X,Y 相互独立，其概率密度分别为

$$f_X(x)=\begin{cases}1,&0\leqslant x\leqslant 1,\\0,&\text{其他};\end{cases}\qquad f_Y(y)=\begin{cases}\mathrm{e}^{-y},&y>0,\\0,&y\leqslant 0.\end{cases}$$

求 $X+Y$ 的概率密度.

27. 设 X 和 Y 是相互独立的随机变量，$X\sim B(n_1,p)$，$Y\sim B(n_2,p)$，证明：$Z=X+Y\sim B(n_1+n_2,p)$.

28. 设随机变量 (X,Y) 的分布律如下表所示.

Y＼X	0	1	2	3	4	5
0	0	0.01	0.03	0.05	0.07	0.09
1	0.01	0.02	0.04	0.05	0.06	0.08
2	0.01	0.03	0.05	0.05	0.05	0.06
3	0.01	0.02	0.04	0.06	0.06	0.05

求 (1) $P\{X=2\mid Y=2\}$，$P\{Y=3\mid X=0\}$；

(2) $V=\max\{X,Y\}$ 的分布律；

(3) $U=\min\{X,Y\}$ 的分布律；

(4) $W=X+Y$ 的分布律.

29. 设 X 和 Y 为两个随机变量，且

$$P\{X\geqslant 0,Y\geqslant 0\}=\frac{3}{7},\quad P(X\geqslant 0)=P(Y\geqslant 0)=\frac{4}{7},$$

求 $P\{\max(X,Y)\geqslant 0\}$.

30. 设随机变量 (X,Y) 的概率密度为

$$f(x,y)=\begin{cases}b\mathrm{e}^{-(x+y)},&0<x<1,0<y<\infty,\\0,&\text{其他}.\end{cases}$$

(1) 试确定常数 b；

(2) 求边缘概率密度 $f_X(x)$，$f_Y(y)$；

(3) 求函数 $U=\max(X,Y)$ 的分布函数.

31. 雷达的圆形屏幕半径为 R，设目标出现点 (X,Y) 在屏幕上服从均匀分布.

(1) 求 $P\{Y>0\mid Y>X\}$；

(2) 设 $M=\max\{X,Y\}$，求 $P\{M>0\}$.

32. 设随机变量 X 和 Y 相互独立，其中 X 的分布律为 $X\sim\begin{pmatrix}1&2\\0.3&0.7\end{pmatrix}$，而 Y 的概率密度为

$f(y)$,求随机变量 $U = X + Y$ 的概率密度 $g(u)$.

33. 设随机变量 X 和 Y 相互独立,且服从区间为 $[0, 3]$ 的均匀分布,求 $P\{\max\{X, Y\} \leqslant 1\}$.

34. 设二维随机变量 (X, Y) 的概率密度为

$$f(x, y) = \begin{cases} 2 - x - y, & 0 < x < 1, 0 < y < 1, \\ 0, & \text{其他.} \end{cases}$$

求(1) $P\{X > 2Y\}$；(2) $Z = X + Y$ 的概率密度 $f_z(z)$.

35. 设随机变量 X 和 Y 相互独立,X 的概率分布为 $P\{X = i\} = \dfrac{1}{3}(i = -1, 0, 1)$,$Y$ 的概率密度为 $f_Y(y) = \begin{cases} 1, & 0 \leqslant y < 1, \\ 0, & \text{其他.} \end{cases}$,记 $Z = X + Y$. 求

(1) $P\left\{Z \leqslant \dfrac{1}{2} \mid X = 0\right\}$；(2) Z 的概率密度 $f_Z(z)$.

36. 设随机变量 (X, Y) 的概率密度为

$$f(x, y) = \begin{cases} \dfrac{1}{2}(x + y)e^{-(x+y)}, & x > 0, y > 0, \\ 0, & \text{其他.} \end{cases}$$

(1) 问 X 和 Y 是否相互独立？(2) 求 $Z = X + Y$ 的概率密度.

37. 设随机变量 X 的概率密度为

$$f(x) = \begin{cases} \dfrac{1}{9}x^2, & 0 < x < 3, \\ 0, & \text{其他.} \end{cases}$$

令随机变量 $Y = \begin{cases} 2, & X \leqslant 1, \\ X, & 1 < X < 2, \\ 1, & X \geqslant 2. \end{cases}$

求 (1) Y 的分布函数；(2) 概率 $P\{X \leqslant Y\}$.

38. 设随机变量 X 和 Y 的概率分布分别如下表所示.

X	0	1
p_k	$\dfrac{1}{3}$	$\dfrac{2}{3}$

Y	-1	0	1
p_k	$\dfrac{1}{3}$	$\dfrac{1}{3}$	$\dfrac{1}{3}$

且 $P\{X^2 = Y^2\} = 1$. 求

(1) 二维随机变量 (X, Y) 的分布律；

(2) $Z = XY$ 的分布律.

第 4 章　随机变量的数字特征

前面介绍了随机变量的分布函数、概率密度和分布律,这些概念都能完整地描述随机变量. 但在某些实际或理论问题中,某些能描述随机变量某一特性的常数引起了人们的兴趣,例如,在测量某种零件的长度时,由于各种随机因素的影响,零件长度的测量结果是一个随机变量,一般情况下,我们只是关心这种零件的平均长度以及测量结果对平均长度的偏离程度. 这类与随机变量有关的数值就是这一章将要研究的随机变量的数字特征. 数字特征在理论和实践上都具有重要的意义,是概率论与数理统计研究的重要内容之一.

4.1　随机变量的数学期望

例 1　某射箭手进行射箭练习,如图 4.1 所示,规定弹着点在区域 e_1 内得 2 分,e_2 内得 1 分,e_3 内(脱靶)得 0 分,射手一次射击得分数 X 是一个随机变量,设 X 的分布律为

$$P\{X=k\}=p_k,\quad k=0,1,2.$$

现在射击了 N 次,其中得 0 分的有 a_0 次,得 1 分的有 a_1 次,得 2 分的有 a_2 次,$a_0+a_1+a_2=N$,求该射手在此练习中每发子弹击中的平均环数.

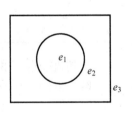

图 4.1

解　该射手平均一次得分数 $\dfrac{a_0\times 0+a_1\times 1+a_2\times 2}{N}=\displaystyle\sum_{k=0}^{2}k\dfrac{a_k}{N}$.

这里,$\dfrac{a_k}{N}$ 是事件 $\{X=k\}$ 的频数,在后面章节将会讲到,当 N 很大时,$\dfrac{a_k}{N}$ 在一定意义上接近事件 $\{X=k\}$ 的概率 p_k,也就是说,当实验次数足够大时,随机变量 X 的算术平均值 $\displaystyle\sum_{k=0}^{2}k\dfrac{a_k}{N}$ 在一定意义上接近 $\displaystyle\sum_{k=0}^{2}kp_k$,我们称 $\displaystyle\sum_{k=0}^{2}kp_k$ 为随机变量 X 的数学期望或者均值.

一、离散型随机变量的数学期望

定义 1 设离散型随机变量 X 的分布律为 $P\{X=x_i\}=p_i(i=1,2,\cdots)$，若级数 $\sum\limits_{i=1}^{\infty}x_ip_i$ 绝对收敛，则称级数 $\sum\limits_{i=1}^{\infty}x_ip_i$ 的和为离散型随机变量 X 的**数学期望**，简称**期望**或**均值**，记为 $E(X)$. 即

$$E(X) = \sum_{i=1}^{\infty}x_ip_i. \tag{4-1}$$

如果级数 $\sum\limits_{i=1}^{\infty}|x_i|p_i$ 发散，则称离散型随机变量 X 的数学期望不存在.

显然，当离散型随机变量 X 只有有限个可能取值时，其数学期望总存在，此时，$E(X) = \sum\limits_{i=1}^{n}x_ip_i$.

由定义可知，离散型随机变量 X 的数学期望 $E(X)$ 就是 X 的各可能取值与其对应概率的乘积之和.

例 2 某医院当新生儿诞生时，医生要根据婴儿的健康情况进行评分，新生儿的得分 X 是一个随机变量，根据资料表明 X 的分布律为

X	0	1	2	3	4	5	6	7	8	9	10
p_k	0.002	0.001	0.002	0.005	0.02	0.04	0.18	0.37	0.25	0.12	0.01

求随机变量 X 的数学期望 $E(X)$.

解 $E(X) = 0\times0.002+1\times0.001+2\times0.002+3\times0.005+4\times0.02+$
$\qquad 5\times0.04+6\times0.18+7\times0.37+8\times0.25+9\times0.12+10\times0.01$
$\qquad = 7.15(\text{分}).$

例 3 求随机变量 X 的数学期望，其中 X 的分布律为

X	1	2	3	$\cdots$	n	$\cdots$
P	$\dfrac{1}{2}$	$\left(\dfrac{1}{2}\right)^2$	$\left(\dfrac{1}{2}\right)^3$	$\cdots$	$\left(\dfrac{1}{2}\right)^n$	$\cdots$

解 考察级数

$$\sum_{i=1}^{\infty}iP\{X=i\} = \sum_{i=1}^{\infty}i\left(\frac{1}{2}\right)^i.$$

由达朗贝尔判别法知，该级数绝对收敛. 所以 X 的数学期望存在，且

$$E(X) = \sum_{i=1}^{\infty} iP\{X=i\} = \sum_{i=1}^{\infty} i\left(\frac{1}{2}\right)^i.$$

令

$$s(x) = \sum_{i=1}^{\infty} ix^{i-1} \quad (|x|<1),$$

由幂级数的性质可知

$$s(x) = \frac{1}{(1-x)^2}.$$

再令 $x=\dfrac{1}{2}$，则有

$$E(X) = \sum_{i=1}^{\infty} i\left(\frac{1}{2}\right)^i = \frac{1}{2}\sum_{i=1}^{\infty} i\left(\frac{1}{2}\right)^{i-1} = \frac{1}{2} \times \frac{1}{\left(1-\frac{1}{2}\right)^2} = 2.$$

例 4 设随机变量 $X \sim \pi(\lambda)$，求其数学期望 $E(X)$.

解 因为 X 的分布律为

$$P\{X=k\} = \frac{\lambda^k}{k!}e^{-\lambda} \quad (k=0,1,2,\cdots; \lambda>0),$$

所以 X 的数学期望为

$$E(X) = \sum_{k=0}^{\infty} k\frac{\lambda^k}{k!}e^{-\lambda} = \lambda e^{-\lambda}\sum_{k=0}^{\infty} \frac{\lambda^{k-1}}{(k-1)!} = \lambda e^{-\lambda} \cdot e^{\lambda} = \lambda.$$

例 5 设随机变量 X 取值为 $x_k = (-1)^k\dfrac{2^k}{k}$ $(k=1,2,\cdots)$ 时，对应的概率为 $p_k = \dfrac{1}{2^k}$，证明 X 的数学期望不存在.

证 由于级数

$$\sum_{k=1}^{\infty} |x_k|p_k = \sum_{k=1}^{\infty} \left|(-1)^k\frac{2^k}{k} \cdot \frac{1}{2^k}\right| = \sum_{k=1}^{\infty} \frac{1}{k}$$

不收敛，故 $E(X)$ 不存在.

例 6 在一个人数很多的团体中普查某种疾病，有 N 个人去验血. 可用两种方法化验：(1)将每个人的血分别去验，共需 N 次；(2)按 k 个人一组进行分组，并把这 k 个人的血混合在一起化验，如果混合血化验结果是阴性，则这 k 个人只需化验一次. 如果混合血化验结果是阳性，再对这 k 个人的血液逐个分别化验，此时 k 个人的血共需化验 $k+1$ 次. 假设每个人化验呈阳性的概率都是 p，且这些人的试验

反应是相互独立的. 试说明当 p 较小时, 选取适当的 k, 按方法 2 可以减少化验的次数.

解 每个人的血化验结果呈阴性的概率为 $q=1-p$. 于是 k 个人的混合血化验结果呈阴性的概率为 q^k, k 个人的混合血化验结果呈阳性的概率为 $1-q^k$.

设以 k 个人为一组时, 组内每个人的化验次数为 X, 则 X 是一个随机变量, 其分布律为

X	$\dfrac{1}{k}$	$\dfrac{k+1}{k}$
p_k	q^k	$1-q^k$

X 的数学期望为

$$E(X) = \frac{1}{k}q^k + \frac{k+1}{k}(1-q^k) = 1-q^k+\frac{1}{k}.$$

N 个人平均化验的次数为

$$N\left(1-q^k+\frac{1}{k}\right).$$

由此可知, 只要选择 k 使 $1-q^k+\dfrac{1}{k}<1$, 则 N 个人平均需化验的次数小于 N.

二、连续型随机变量的数学期望

定义 2 设 X 为一维连续型随机变量, $f(x)$ 为其概率密度函数. 若广义积分 $\int_{-\infty}^{+\infty} xf(x)\mathrm{d}x$ 绝对收敛, 则称积分 $\int_{-\infty}^{+\infty} xf(x)\mathrm{d}x$ 为连续型随机变量 X 的**数学期望**, 记为 $E(X)$. 即

$$E(X) = \int_{-\infty}^{+\infty} xf(x)\mathrm{d}x. \tag{4-2}$$

例 7 设随机变量 $X \sim U(a, b)$, 求其数学期望 $E(X)$.

解 X 的概率密度为

$$f(x) = \begin{cases} \dfrac{1}{b-a}, & a<x<b, \\ 0, & \text{其他.} \end{cases}$$

于是, X 的数学期望为

$$E(X) = \int_{-\infty}^{+\infty} xf(x)\mathrm{d}x = \int_a^b \frac{x}{b-a}\mathrm{d}x = \frac{a+b}{2},$$

即均匀分布的数学期望位于区间 (a, b) 的中点.

例 8 设随机变量 X 服从参数为 θ 的指数分布, 求其数学期望 $E(X)$.

解 因为随机变量 X 的概率密度为

$$f(x) = \begin{cases} \dfrac{1}{\theta} \mathrm{e}^{-\frac{x}{\theta}}, & x > 0, \\ 0, & x \leqslant 0. \end{cases}$$

所以

$$E(X) = \int_{-\infty}^{+\infty} x f(x) \mathrm{d}x = \int_{0}^{+\infty} x \cdot \frac{1}{\theta} \mathrm{e}^{-\frac{x}{\theta}} \mathrm{d}x = -\int_{0}^{+\infty} x \cdot \mathrm{d}(\mathrm{e}^{-\frac{x}{\theta}})$$

$$= -x \mathrm{e}^{-\frac{x}{\theta}} \Big|_{0}^{+\infty} + \int_{0}^{+\infty} \mathrm{e}^{-\frac{x}{\theta}} \mathrm{d}x = \theta.$$

指数分布可作为随机服务系统中服务时间或电子元件的寿命分布, 而 θ 则是其平均服务时间或电子元件的平均寿命. 易见, θ 越大, 平均服务时间或电子元件的平均寿命就越长.

例 9 某商店对某种家用电器的销售采用先使用后付款的方式, 记使用寿命为 X(以年记), 规定:

$X \leqslant 1$, 一台付款 1 500 元;

$1 < X \leqslant 2$, 一台付款 2 000 元;

$2 < X \leqslant 3$, 一台付款 2 500 元;

$X > 3$, 一台付款 3 000 元.

设寿命 X 服从指数分布, 概率密度为

$$f(x) = \begin{cases} \dfrac{1}{10} \mathrm{e}^{-\frac{x}{10}}, & x > 0, \\ 0, & x \leqslant 0. \end{cases}$$

求该商店这种家用电器收费 Y 的数学期望.

解 先求出寿命 X 落在各个时间区间的概率. 即有

$$P\{X \leqslant 1\} = \int_{0}^{1} \frac{1}{10} \mathrm{e}^{-\frac{x}{10}} \mathrm{d}x = 1 - \mathrm{e}^{-0.1} = 0.095\ 2,$$

$$P\{1 < X \leqslant 2\} = \int_{1}^{2} \frac{1}{10} \mathrm{e}^{-\frac{x}{10}} \mathrm{d}x = \mathrm{e}^{-0.1} - \mathrm{e}^{-0.2} = 0.086\ 1,$$

$$P\{2 < X \leqslant 3\} = \int_{2}^{3} \frac{1}{10} \mathrm{e}^{-\frac{x}{10}} \mathrm{d}x = \mathrm{e}^{-0.2} - \mathrm{e}^{-0.3} = 0.077\ 9,$$

$$P\{X > 3\} = \int_{3}^{\infty} \frac{1}{10} \mathrm{e}^{-\frac{x}{10}} \mathrm{d}x = \mathrm{e}^{-0.3} = 0.740\ 8.$$

家用电器收费 Y 的分布律为

Y	1 500	2 000	2 500	3 000
p_k	0.095 2	0.086 1	0.077 9	0.740 8

于是得 $E(Y) = \sum_{k=1}^{4} y_k p_k = 2\ 732.15$，即平均一台收费 2 732.15 元.

例 10 设随机变量 $X \sim N(0,1)$，求其数学期望 $E(X)$.

解 因为随机变量 X 的概率密度为

$$f(x) = \frac{1}{\sqrt{2\pi}} e^{-\frac{x^2}{2}} \quad (-\infty < x < +\infty),$$

所以

$$E(X) = \int_{-\infty}^{+\infty} x f(x) \mathrm{d}x = \int_{-\infty}^{+\infty} x \frac{1}{\sqrt{2\pi}} e^{-\frac{x^2}{2}} \mathrm{d}x = 0.$$

三、随机变量函数的数学期望

除了随机变量的数学期望之外，我们还经常需要求随机变量函数的期望. 例如，飞机机翼受到压力 $W = kV^2$（V 是风速，$k > 0$ 是常数）的作用，需要求 W 的数学期望，这里 W 是随机变量 V 的函数. 对于随机变量 X 的函数 Y，我们可以通过下面的定理，利用 X 的分布律或概率密度进行计算.

定理 1 设 $y = g(x)$ 为连续函数，$Y = g(X)$ 为随机变量 X 的函数.

（1）设 X 为离散型随机变量，其概率分布律为 $P\{X = x_k\} = p_k (k = 1, 2, \cdots)$，若级数 $\sum_{k=1}^{\infty} g(x_k) p_k$ 绝对收敛，则

$$E(Y) = Eg(X) = \sum_{k=1}^{\infty} g(x_k) p_k. \tag{4-3}$$

（2）设 X 为连续型随机变量，其概率密度为 $f(x)$，若积分 $\int_{-\infty}^{+\infty} g(x) f(x) \mathrm{d}x$ 绝对收敛，则

$$E(Y) = Eg(X) = \int_{-\infty}^{+\infty} g(x) f(x) \mathrm{d}x. \tag{4-4}$$

上述定理还可以推广到两个或两个以上随机变量的函数的情形. 对二维随机变量的函数，有以下定理 2.

定理 2 设 $z=g(x, y)$ 为二元连续函数,$Z=g(X, Y)$ 为二维随机变量 (X, Y) 的函数.

(1) 当 (X, Y) 为离散型二维随机变量时,设其分布律为

$$p_{ij} = P\{X=x_i, Y=y_j\} \quad (i, j=1, 2, 3, \cdots).$$

若级数 $\sum\limits_{i=1}^{\infty} \sum\limits_{j=1}^{\infty} g(x_i, y_j) p_{ij}$ 绝对收敛,则

$$E(Z) = Eg(X, Y) = \sum\limits_{i=1}^{\infty} \sum\limits_{j=1}^{\infty} g(x_i, y_j) p_{ij}. \tag{4-5}$$

(2) 当 (X, Y) 为连续型二维随机变量时,设其概率密度为 $f(x, y)$,若二重广义积分 $\int_{-\infty}^{+\infty}\int_{-\infty}^{+\infty} g(x, y) f(x, y) \mathrm{d}x\mathrm{d}y$ 绝对收敛,则

$$E(Z) = Eg(X, Y) = \int_{-\infty}^{+\infty}\int_{-\infty}^{+\infty} g(x, y) f(x, y) \mathrm{d}x\mathrm{d}y. \tag{4-6}$$

例 11 风度 V 在 $(0, a)$ 上服从均匀分布,即具有概率密度

$$f(v) = \begin{cases} \dfrac{1}{a}, & 0 < v < a, \\ 0, & \text{其他.} \end{cases}$$

设飞机机翼受到的正压力 W 是 V 的函数 $W=kv^2(k>0,常数)$,求 W 的数学期望.

解 由式(4-4)有

$$E(W) = \int_{-\infty}^{\infty} kv^2 f(v) \mathrm{d}v = \int_0^a kv^2 \frac{1}{a} \mathrm{d}v = \frac{1}{3}ka^2.$$

例 12 按季节出售的某种应时商品,每售出 1 kg 可获利 a 元,如到季末尚有剩余,则每千克净亏 b 元(a, b 均为已知常数).市场调查显示,在季度内这种商品的销售量 X(单位:kg)服从参数为 $\theta(\theta>0$ 已知)的指数分布.为使所获利润的数学期望最大,商店应进多少公斤该商品?

解 假设应购进 n 千克该商品,则获得的利润为

$$M = M(X) = \begin{cases} aX - b(n-X), & X < n, \\ an, & X \geqslant n. \end{cases}$$

其中 X 的概率密度函数为

$$f(x) = \begin{cases} \dfrac{1}{\theta} \mathrm{e}^{-\frac{x}{\theta}}, & x > 0, \\ 0, & x \leqslant 0. \end{cases}$$

于是 $M = M(X)$ 的数学期望为

$$E(M) = \int_{-\infty}^{+\infty} M(x) f(x) \mathrm{d}x = \int_0^n \left[ax - b(n-x) \right] \frac{1}{\theta} \mathrm{e}^{-\frac{x}{\theta}} \mathrm{d}x + \int_n^{+\infty} an \frac{1}{\theta} \mathrm{e}^{-\frac{x}{\theta}} \mathrm{d}x$$
$$= (a+b)\theta - (a+b)\theta \mathrm{e}^{-\frac{n}{\theta}} - bn.$$

由一元函数最值的求法,对上式中的 n 求导,并令其结果为零,有

$$\frac{\mathrm{d}E(M)}{\mathrm{d}n} = (a+b)\mathrm{e}^{-\frac{n}{\theta}} - b = 0.$$

由此解得

$$n_0 = -\theta \ln\left(\frac{b}{a+b} \right).$$

又

$$\frac{\mathrm{d}^2 E(M)}{\mathrm{d}n^2} \bigg|_{n=n_0} = -\frac{1}{\theta}(a+b)\mathrm{e}^{-\frac{n_0}{\theta}} < 0,$$

所以当 $n = n_0 = -\theta \ln\left(\dfrac{b}{a+b} \right)$ 时,$E(M)$ 取得极大值,也是最大值.

例 13 设二维随机变量 (X, Y) 的概率密度函数为

$$f(x, y) = \begin{cases} x+y, & 0 \leqslant x \leqslant 1, \ 0 \leqslant y \leqslant 1, \\ 0, & \text{其他}. \end{cases}$$

试求 XY 的数学期望.

解 $E(XY) = \displaystyle\int_{-\infty}^{+\infty} \int_{-\infty}^{+\infty} xy f(x, y) \mathrm{d}x \mathrm{d}y = \int_0^1 \int_0^1 xy(x+y) \mathrm{d}x \mathrm{d}y = \frac{1}{3}.$

四、数学期望的性质

数学期望具有以下几个常用性质(设所遇到的随机变量的数学期望是存在的):

性质 1 设 X 为随机变量,且 $a \leqslant X \leqslant b$,则 $a \leqslant E(X) \leqslant b$. 特别地,$E(C) = C$ (a, b, C 均为常数).

性质 2 设 X, Y 是随机变量,则对任意常数 a, b, c,有

$$E(aX + bY + c) = aE(X) + bE(Y) + c.$$

特别地

$$E(aX) = aE(X), \quad E(X+Y) = E(X) + E(Y).$$

将上式推广到有限多个随机变量的情形，则对任意随机变量 X_1, X_2, $\cdots$, X_n, 有

$$E(X_1 + X_2 + \cdots + X_n) = E(X_1) + E(X_2) + \cdots E(X_n).$$

性质 3　设 X, Y 是相互独立的随机变量，则 $E(XY) = E(X) E(Y)$.

这一性质可以推广到任意有限个相互独立的随机变量之积的情况，即若 X_1, X_2, $\cdots$, X_n 相互独立，则

$$E(X_1 X_2 \cdots X_n) = E(X_1) E(X_2) \cdots E(X_n).$$

性质 4　设 X 为随机变量，则 $|E(X)| \leqslant E(|X|)$.

例 14　已知随机变量 $(X, Y) \sim N(1, 2, 1, 4, 0)$，求 $E(2X+3Y-1)$ 及 $E(XY)$.

解　由题设知，X 与 Y 相互独立，且 $E(X)=1$, $E(Y)=2$. 于是由数学期望的性质，得

$$E(2X+3Y-1) = 2E(X) + 3E(Y) - 1 = 7,$$
$$E(XY) = E(X) E(Y) = 2.$$

例 15　设 $X \sim N(\mu, \sigma^2)$，求 $E(X)$.

解　设 $Y = \dfrac{X-\mu}{\sigma}$，则 $Y \sim N(0, 1)$, $E(Y)=0$,

又 $X = \mu + \sigma Y$, 所以 $E(X) = \mu + \sigma E(Y) = \mu$.

例 16　一架电梯载有 8 名乘客从一楼上升，每位乘客在 20 层楼房的每一层都可能下电梯. 如果到达一层没有乘客下电梯就不停. 设每位乘客在各个楼层下电梯是等可能的，且乘客是否下电梯是相互独立的. 以 X 表示电梯停下的次数，求 $E(X)$.

解　设随机变量

$$X_i = \begin{cases} 1, & \text{在第 } i \text{ 层有人下电梯}, \\ 0, & \text{在第 } i \text{ 层没有人下电梯} \end{cases} \quad (i = 1, 2, \cdots, 20).$$

则

$$X = X_1 + X_2 + \cdots + X_{20} = \sum_{i=1}^{20} X_i.$$

又

$$P\{X_i = 0\} = \left(\frac{19}{20}\right)^8, \quad P\{X_i = 1\} = 1 - \left(\frac{19}{20}\right)^8,$$

于是 $X_i(i=1, 2, \cdots, 20)$ 的分布律为

X_i	0	1
P	$\left(\dfrac{19}{20}\right)^8$	$1-\left(\dfrac{19}{20}\right)^8$

由此知

$$E(X_i) = 1 - \left(\frac{19}{20}\right)^8 \quad (i = 1, 2, \cdots, 20).$$

所以

$$E(X) = E\left(\sum_{i=1}^{20} X_i\right) = \sum_{i=1}^{20} E(X_i) = 20\left[1 - \left(\frac{19}{20}\right)^8\right] = 6.731\ 6.$$

本例将随机变量 X 分解为多个相互独立的随机变量之和的形式,然后利用随机变量和的数学期望等于数学期望之和来计算 X 的数学期望. 这种处理方法在实际应用中具有普遍意义.

例 17 一电路中电流 $I(A)$ 与电阻 $E(\Omega)$ 是两个相互独立的随机变量,其概率密度分别为

$$g(i) = \begin{cases} 2i, & 0 \leqslant i \leqslant 1, \\ 0, & \text{其他}; \end{cases} \qquad h(r) = \begin{cases} \dfrac{r^2}{9}, & 0 \leqslant r \leqslant 3, \\ 0, & \text{其他}. \end{cases}$$

试求电压 $V = IR$ 的均值.

解 $E(V) = E(IR) = E(I)E(R) = \left[\displaystyle\int_{-\infty}^{\infty} ig(i)\mathrm{d}i\right]\left[\displaystyle\int_{-\infty}^{\infty} rh(r)\mathrm{d}r\right]$

$$= \left(\int_0^1 2i^2\,\mathrm{d}i\right)\left(\int_0^3 \frac{r^2}{9}\,\mathrm{d}r\right) = \frac{3}{2}\ (\text{V}).$$

4.2　随机变量的方差

一、方差的定义

先看一个例子.

引例 已知甲、乙两射手射击命中环数分别为随机变量 X 和 Y,且具有如下的分布律:

X	8	9	10
p	0.2	0.6	0.2

Y	8	9	10
p	0.1	0.8	0.1

易知,甲乙两位射手每次射击命中的平均环数为 $E(X)=E(Y)=9$. 从数学期望这一指标我们不能判定甲乙两射手射击水平的高低? 许多实际问题中仅仅知道数学期望有很大的局限性. 应该再考虑谁的发挥更稳定,即考察命中环数与平均环数的偏离程度. 那么,用什么量去表征这个偏离程度呢? 容易看到

$$E\{|X-E(X)|\}$$

能够度量随机变量与均值的偏离程度. 但由于 $E\{|X-E(X)|\}$ 带有绝对值,运算不方便,为方便起见,通常用

$$E\{[X-E(X)]^2\}$$

来表征随机变量 X 取值在其平均值 $E(X)$ 附近的分散程度或集中程度.

由上述分析,经计算得

$$\begin{aligned}
E\{[X-E(X)]^2\} &= (8-9)^2 \times 0.2 + (9-9)^2 \times 0.6 + (10-9)^2 \times 0.2 \\
&= 0.4, \\
E\{[Y-E(Y)]^2\} &= (8-9)^2 \times 0.1 + (9-9)^2 \times 0.8 + (10-9)^2 \times 0.1 \\
&= 0.2.
\end{aligned}$$

由于 $E\{[X-E(X)]^2\} > E\{[Y-E(Y)]^2\}$,故乙射手的射击水平更稳定.

因而,我们引入如下定义.

定义　设 X 是一随机变量,若 $E\{[X-E(X)]^2\}$ 存在,则称

$$E\{[X-E(X)]^2\}$$

为 X 的**方差**,记为 $D(X)$ 或 $\mathrm{Var}(X)$,即

$$D(X) = \mathrm{Var}(X) = E\{[X-E(X)]^2\}. \tag{4-7}$$

而称 $\sqrt{D(X)}$ 为随机变量 X 的**标准差**、**根方差**或**均方差**. 记为 $\sigma(X)$,即 $\sigma(X) = \sqrt{D(X)}$,它与随机变量 X 具有相同量纲的量.

随机变量 X 的方差 $D(X)$ 刻画了 X 的取值与其数学期望 $E(X)$ 的偏离程度. $D(X)$ 越大, X 的取值关于数学期望 $E(X)$ 越分散; $D(X)$ 越小, X 的取值关于数学期望 $E(X)$ 越集中.

由定义知,方差 $D(X)$ 实际上就是随机变量 X 的函数 $g(X)=[X-E(X)]^2$ 的期望. 于是,对于离散型随机变量 X,设其分布律为 $P\{X=x_k\}=p_k(k=1,$

$2 \cdots)$，若 $E(X)$ 存在，且 $\sum\limits_{k=1}^{\infty} [x_k - E(X)]^2 p_k$ 收敛，则有

$$D(X) = \sum_{k=1}^{\infty} [x_k - E(X)]^2 p_k. \tag{4-8}$$

对于连续型随机变量 X，设其概率密度为 $f(x)$，若 $E(X)$ 存在，且 $\int_{-\infty}^{+\infty} [x - E(X)]^2 f(x)\mathrm{d}x$ 收敛，则有

$$D(X) = \int_{-\infty}^{+\infty} [x - E(X)]^2 f(x)\mathrm{d}x. \tag{4-9}$$

下面给出计算方差的一个常用公式

$$D(X) = E(X^2) - [E(X)]^2. \tag{4-10}$$

证 因为

$$[X - E(X)]^2 = X^2 - 2XE(X) + [E(X)]^2.$$

由数学期望的性质，得

$$\begin{aligned} D(X) &= E\{[X - E(X)]^2\} = E(X^2) - 2E(X)E(X) + [E(X)]^2 \\ &= E(X^2) - [E(X)]^2. \end{aligned}$$

例 1 设随机变量 X 服从参数为 p 的 0—1 分布，X 的分布律为

$$P\{X = 0\} = 1 - p, \quad P\{X = 1\} = p.$$

求 $D(X)$.

解 $E(X) = 0 \cdot (1-p) + 1 \cdot p = p$，$E(X^2) = 0^2 \cdot (1-p) + 1^2 \cdot p = p.$

所以

$$D(X) = E(X^2) - [E(X)]^2 = p - p^2 = p(1-p).$$

例 2 设 $X \sim \pi(\lambda)$，求 $D(X)$.

解 X 的分布律为

$$P\{X = k\} = \frac{\lambda^k}{k!} \mathrm{e}^{-\lambda} \quad (k = 0, 1, 2, \cdots; \lambda > 0).$$

已知 $E(X) = \lambda$，而

$$E(X^2) = \sum_{k=0}^{\infty} k^2 P\{X = k\} = \sum_{k=0}^{\infty} k^2 \frac{\lambda^k}{k!} \mathrm{e}^{-\lambda} = \lambda \mathrm{e}^{-\lambda} \sum_{k=0}^{\infty} k \frac{\lambda^{k-1}}{(k-1)!}$$

$$= \lambda e^{-\lambda} \sum_{n=1}^{\infty} \frac{(n+1)}{n!} \lambda^n = \lambda^2 e^{-\lambda} \sum_{n=1}^{\infty} \frac{\lambda^{n-1}}{(n-1)!} + \lambda = \lambda^2 + \lambda,$$

所以

$$D(X) = E(X^2) - [E(X)]^2 = \lambda^2 + \lambda - \lambda^2 = \lambda.$$

例 3 设 $X \sim U(a, b)$，求 $D(X)$.

解 X 的概率密度为

$$f(x) = \begin{cases} \dfrac{1}{b-a}, & a < x < b, \\ 0, & \text{其他}. \end{cases}$$

已知 $E(X) = \dfrac{a+b}{2}$，而

$$E(X^2) = \int_{-\infty}^{+\infty} x^2 f(x) \mathrm{d}x = \int_a^b \frac{x^2}{b-a} \mathrm{d}x = \frac{b^3 - a^3}{3(b-a)} = \frac{b^2 + ab + a^2}{3},$$

所以

$$D(X) = E(X^2) - [E(X)]^2 = \frac{b^2 + ab + a^2}{3} - \left(\frac{a+b}{2}\right)^2 = \frac{(b-a)^2}{12}.$$

例 4 设随机变量 X 服从参数为 θ 的指数分布，求 $D(X)$.

解 X 的概率密度为

$$f(x) = \begin{cases} \dfrac{1}{\theta} e^{-\frac{x}{\theta}}, & x > 0, \\ 0, & x \leqslant 0. \end{cases}$$

其中 $\theta > 0$. 已知 $E(X) = \theta$，又

$$E(X^2) = \int_{-\infty}^{+\infty} x^2 f(x) \mathrm{d}x = \int_0^{+\infty} x^2 \cdot \frac{1}{\theta} e^{-\frac{x}{\theta}} \mathrm{d}x$$

$$= -x^2 e^{-\frac{x}{\theta}} \Big|_0^{+\infty} + \int_0^{+\infty} 2x e^{-\frac{x}{\theta}} \mathrm{d}x = 2\theta^2,$$

所以

$$D(X) = E(X^2) - [E(X)]^2 = 2\theta^2 - \theta^2 = \theta^2.$$

例 5 设 $X \sim N(\mu, \sigma^2)$，求 $D(X)$.

解 已知 $E(X) = \mu$，

又方差

$$D(X) = E\{[X - E(X)]^2\} = \int_{-\infty}^{+\infty} (x - \mu)^2 f(x) \mathrm{d}x$$

$$= \frac{1}{\sqrt{2\pi}\,\sigma} \int_{-\infty}^{+\infty} (x - \mu)^2 \mathrm{e}^{-\frac{(x-\mu)^2}{2\sigma^2}} \mathrm{d}x,$$

令 $t = \dfrac{x - \mu}{\sigma}$，有

$$D(X) = \frac{\sigma^2}{\sqrt{2\pi}} \int_{-\infty}^{+\infty} t^2 \mathrm{e}^{-\frac{t^2}{2}} \mathrm{d}t = \frac{2\sigma^2}{\sqrt{2\pi}} \left[-t \mathrm{e}^{-\frac{t^2}{2}} \Big|_0^{+\infty} + \int_0^{+\infty} \mathrm{e}^{-\frac{t^2}{2}} \mathrm{d}t \right] = \frac{2\sigma^2}{\sqrt{2\pi}} \sqrt{\frac{\pi}{2}} = \sigma^2.$$

即正态分布 $N(\mu, \sigma^2)$ 中的两个参数 μ 和 σ 分别是服从该分布的随机变量的数学期望和方差. 因而正态分布完全可由它的数学期望和方差确定.

从以上这些例子可以看出，前面介绍的几种重要分布，其参数都具有特征意义.

二、方差的性质

由方差的定义知，方差本身也是一个数学期望. 因而由数学期望的性质可以推出方差具有以下几个重要性质（假设所遇到的随机变量的方差存在）.

性质1 设 C 为常数，则 $D(C) = 0$.

性质2 设 C 为常数，X 为随机变量，则 $D(CX) = C^2 D(X)$.

性质3 设 X 与 Y 是两个随机变量，则

$$D(X \pm Y) = D(X) + D(Y) \pm 2E\{[X - E(X)][Y - E(Y)]\}. \tag{4-11}$$

特别地，若 X 与 Y 相互独立，则 $D(X \pm Y) = D(X) + D(Y)$.

证 (1) $D(C) = E\{[C - E(C)]^2\} = E[(C - C)^2] = 0$.

(2) $D(CX) = E\{[CX - E(CX)]^2\} = E\{C^2[X - E(X)]^2\} = C^2 D(X)$.

(3) $D(X \pm Y) = E\{[(X \pm Y) - E(X \pm Y)]^2\}$

$\qquad = E(\{[X - E(X)] \pm [Y - E(X)]\}^2)$

$\qquad = E\{[X - E(X)]^2 \pm 2[X - E(X)][Y - E(Y)] + [Y - E(Y)]^2\}$

$\qquad = E\{[X - E(X)]^2\} \pm 2E\{[X - E(X)][Y - E(Y)]\} +$

$\qquad \quad E\{[Y - E(Y)]^2\}$

$\qquad = D(X) + D(Y) \pm 2E\{[X - E(X)][Y - E(Y)]\}.$

若 X 与 Y 相互独立，有 $E(XY) = E(X)E(Y)$. 于是

$$E\{[X - E(X)][Y - E(Y)]\} = E\{XY - XE(Y) - YE(X) + E(X)E(Y)\}$$

$$= E(XY) - E(X)E(Y) - E(Y)E(X) + E(X)E(Y)$$

$$= E(XY) - E(X)E(Y) = 0.$$

所以

$$D(X \pm Y) = D(X) + D(Y).$$

综合性质 1、3,可得

$$D(X \pm C) = D(X) \quad (C \text{ 为常数}).$$

性质 3 可以推广到有限个相互独立的随机变量的情形. 一般地,设随机变量 X_1, X_2, $\cdots$, X_n 相互独立,且 C_1, C_2, $\cdots$, C_n 为常数,则

$$D\left(\sum_{i=1}^{n} C_i X_i\right) = \sum_{i=1}^{n} C_i^2 D(X_i). \tag{4-12}$$

在第 3 章中介绍了有限个相互独立的正态分布的线性组合仍服从正态分布,即若 $X_i \sim N(\mu_i, \sigma_i^2)(i=1, 2, \cdots, n)$,且它们相互独立,则对任意一组不全为零的常数 C_1, C_2, $\cdots$, C_n,有 $C_1 X_1 + C_2 X_2 + \cdots + C_n X_n$ 仍服从正态分布,于是,由数学期望和方差的性质,可得

$$C_1 X_1 + C_2 X_2 + \cdots + C_n X_n \sim N\left(\sum_{i=1}^{n} C_i \mu_i, \sum_{i=1}^{n} C_i^2 \sigma_i^2\right). \tag{4-13}$$

性质 4 $D(X) = 0$ 的充要条件是 X 以概率 1 取常数 $E(X)$,即 $P\{X = E(X)\} = 1$.

例 6 随机变量 X 具有数学期望 $E(X) = \mu$,方差 $D(X) = \sigma^2 \neq 0$,记

$$X^* = \frac{X - \mu}{\sigma},$$

求 X^* 的数学期望和方差.

解 $E(X^*) = \dfrac{1}{\sigma} E(X - \mu) = \dfrac{1}{\sigma}[E(X) - \mu] = 0,$

$$D(X^*) = E(X^{*2}) - [E(X^*)]^2 = E\left[\left(\frac{X - \mu}{\sigma}\right)^2\right] = \frac{1}{\sigma^2} E[(X - \mu)^2]$$

$$= \frac{\sigma^2}{\sigma^2} = 1.$$

即 X^* 的数学期望为 0,方差为 1. X^* 称为 X 的**标准化变量**.

例 7 设随机变量 X_1, X_2, $\cdots$, X_n 相互独立,且 $E(X_i) = \mu$, $D(X_i) = \sigma^2 (i = 1, 2, \cdots, n)$. 令 $\overline{X} = \dfrac{1}{n}\sum_{i=1}^{n} X_i$,求 $E(\overline{X})$ 和 $D(\overline{X})$.

解 $E(\overline{X}) = E\left(\dfrac{1}{n}\sum_{i=1}^{n} X_i\right) = \dfrac{1}{n}E\left(\sum_{i=1}^{n} X_i\right) = \dfrac{1}{n}\sum_{i=1}^{n} E(X_i) = \mu,$

$$D(\overline{X}) = D\left(\frac{1}{n}\sum_{i=1}^{n}X_i\right) = \frac{1}{n^2}D\left(\sum_{i=1}^{n}X_i\right) = \frac{1}{n^2}\sum_{i=1}^{n}D(X_i) = \frac{\sigma^2}{n}.$$

一般地,若随机变量 X_1, X_2, $\cdots$, X_n 相互独立,且 $X_i \sim N(\mu, \sigma^2)(i=1, 2, \cdots, n)$,则 $\overline{X} = \dfrac{1}{n}\sum_{i=1}^{n}X_i \sim N\left(\mu, \dfrac{\sigma^2}{n}\right)$.

例 8 设 $X \sim B(n, p)$,求 $E(X)$ 和 $D(X)$.

解 由二项分布的定义,X 是 n 重伯努利试验中事件 A 发生的次数,且在每次试验中事件 A 发生的概率为 p. 引入随机变量

$$X_i = \begin{cases} 1, & \text{在第 } i \text{ 次试验中 A 发生}, \\ 0, & \text{在第 } i \text{ 次试验中 A 不发生}, \end{cases} \quad i = 1, 2, \cdots, n.$$

则 X_1, X_2, $\cdots$, X_n 相互独立,且均服从(0—1)分布

X_i	0	1
p_i	$1-p$	p

显然 $X = \sum_{i=1}^{n}X_i$,且

$$E(X_i) = p, \quad D(X_i) = p(1-p),$$

所以

$$E(X) = E\left(\sum_{i=1}^{n}X_i\right) = \sum_{i=1}^{n}E(X_i) = np,$$

$$D(X) = D\left(\sum_{i=1}^{n}X_i\right) = \sum_{i=1}^{n}D(X_i) = np(1-p).$$

利用定义也可以直接求得二项分布的数学期望和方差,但过程较烦琐,感兴趣的读者不妨一试.

为使用方便,本书在附表 1 中列出了多种常用的随机变量的数学期望和方差,供读者查用.

4.3 协方差、相关系数和矩

对于二维随机变量 (X, Y),我们除了关心分量 X 与 Y 的数学期望和方差外,还需要研究这两个分量之间的相互关系. 下面介绍描述 X 与 Y 之间相互关系的数字特征.

一、协方差和相关系数

对于任意两个随机变量 X 与 Y, 有

$$D(X \pm Y) = D(X) + D(Y) \pm 2E\{[X - E(X)][Y - E(Y)]\}.$$

当 X 与 Y 相互独立时,

$$E\{[X - E(X)][Y - E(Y)]\} = 0,$$

此时

$$D(X \pm Y) = D(X) + D(Y).$$

这意味着当 $E\{[X - E(X)][Y - E(Y)]\} \neq 0$ 时, X 与 Y 不相互独立. 而是存在一定的关系.

定义 1　设 (X, Y) 为二维随机变量, 若 $E\{[X - E(X)][Y - E(Y)]\}$ 存在, 则称之为随机变量 X 与 Y 的**协方差**, 记为 $\mathrm{Cov}(X, Y)$, 即

$$\mathrm{Cov}(X, Y) = E\{[X - E(X)][Y - E(Y)]\}. \tag{4-14}$$

若 $D(X) \neq 0$, 且 $D(Y) \neq 0$, 则称

$$\rho_{XY} = \frac{\mathrm{Cov}(X, Y)}{\sqrt{D(X)} \sqrt{D(Y)}} \tag{4-15}$$

为随机变量 X 与 Y 的**相关系数**.

协方差是有量纲的量, 其量纲等于随机变量 X 与 Y 的量纲的乘积, 而 ρ_{XY} 是无量纲的量.

对于任意两个随机变量 X, Y, 若其方差存在, 则有

$$D(X + Y) = D(X) + D(Y) + 2\mathrm{Cov}(X, Y).$$

将 $\mathrm{Cov}(X, Y)$ 按定义展开, 易得

$$\mathrm{Cov}(X, Y) = E(XY) - E(X)E(Y), \tag{4-16}$$

$$\rho_{XY} = \frac{\mathrm{Cov}(X, Y)}{\sqrt{D(X)} \sqrt{D(Y)}} = \frac{E(XY) - E(X)E(Y)}{\sqrt{D(X)} \sqrt{D(Y)}}. \tag{4-17}$$

我们常常利用式(4-16)、式(4-17)计算协方差和相关系数.

协方差和相关系数具有下列性质:

设 X, Y, Z 均为随机变量, 且数学期望 $E(X), E(Y), E(Z), E(XY)$, $E(XZ), E(YZ), E(X^2), E(Y^2), E(Z^2)$ 均存在, a, b, c 为任意常数, 容易证明协方差有下列性质.

性质 1　$\mathrm{Cov}(X,Y)=\mathrm{Cov}(Y,X)$. 特别地,$\mathrm{Cov}(X,X)=D(X)$.

性质 2　$\mathrm{Cov}(aX,bY)=ab\mathrm{Cov}(Y,X)$,$a,b$ 是常数.

性质 3　$\mathrm{Cov}(X+Y,Z)=\mathrm{Cov}(X,Z)+\mathrm{Cov}(Y,Z)$.

性质 4　$D(X\pm Y)=D(X)+D(Y)+2\mathrm{Cov}(X,Y)$.

定理 1　对任意的随机变量(X,Y),若 $E(X^2)$,$E(Y^2)$存在,则 $E(XY)$存在,且恒有不等式

$$[E(XY)]^2\leqslant E(X^2)E(Y^2) \tag{4-18}$$

成立. 这个不等式称为**柯西-施瓦兹不等式**.

证　令 $f(t)=E[(tX-Y)^2]$,则 $f(t)=t^2E(X^2)-2tE(X)+E(Y^2)$.

由于对于任意的实数 t,有$(tX-Y)^2\geqslant0$,所以 $f(t)\geqslant0$,从而关于 t 的二次不等式的判别式 $\Delta=[-2tE(X)]^2-4E(X^2)E(Y^2)\leqslant0$. 从而式(4-18)得证.

定理 2　(1) $|\rho_{XY}|\leqslant1$;

(2) $|\rho_{XY}|=1$ 的充要条件是存在常数 a,b,使得 $P\{Y=a+bX\}=1$.

证　(1) 由定理知

$$\begin{aligned}[\mathrm{Cov}(X,Y)]^2&=\Big[E\{[X-E(X)][Y-E(Y)]\}\Big]^2\\&\leqslant E\{[X-E(X)]^2\}E\{[Y-E(Y)]^2\}\\&=D(X)D(Y),\end{aligned}$$

因此

$$\left[\frac{\mathrm{Cov}(X,Y)}{\sqrt{D(X)}\sqrt{D(Y)}}\right]^2\leqslant1,$$

即$(\rho_{XY})^2\leqslant1$,亦即$|\rho_{XY}|\leqslant1$.

(2) 记 $X_1=X-E(X)$,$Y_1=Y-E(Y)$. 由(1)可知,$|\rho_{XY}|=1$ 等价于 $[E(X_1Y_1)]^2=E(X_1)^2E(Y_1)^2$,也等价于 $f(t)=t^2E(X_1^2)-2tE(X_1)+E(Y_1^2)=0$ 有重根,不妨设为 t_0,即 $f(t_0)=E[(t_0X_1-Y_1)^2]=0$. 而

$$E(t_0X_1-Y_1)=t_0E(X_1)-E(Y_1)=t_0E[X-E(X)]-E[Y-E(Y)]=0,$$

所以 $D(t_0X_1-Y_1)=0$.

由方差的性质知,上式成立的充要条件是 $P\{t_0X_1-Y_1=0\}=1$,这等价于

$$P\{Y-E(Y)=t_0[X-E(X)]\}=1,$$

即

$$P\{Y=t_0X-t_0E(X)+E(Y)\}=1.$$

令 $a=t_0$，$b=E(Y)-t_0E(X)$，定理得证.

定理表明：X 与 Y 的相关系数是衡量 X 与 Y 之间线性关系紧密程度的量. 当 $|\rho_{XY}|=1$ 时，X 与 Y 之间以概率 1 存在线性关系，称 X 与 Y **线性相关**. 特别地，当 $\rho_{XY}=1$ 时，称随机变量 X 与 Y 正相关，表明随机变量 Y 随 X 的增大而增大. 当 $\rho_{XY}=-1$ 时，称随机变量 X 与 Y 负相关，表明随机变量 Y 随 X 的增大而减小. 当 $|\rho_{XY}|<1$ 时，随机变量 X 与 Y 的相关程度随着 $|\rho_{XY}|$ 的减小而减弱. 当 $|\rho_{XY}|$ 较大时，我们通常说 X，Y 线性相关的程度较好；当 $|\rho_{XY}|$ 较小时，我们通常说 X，Y 线性相关的程度较差. 当 $\rho_{XY}=0$ 时，则称 X 与 Y 不相关.

定理 3 对随机变量 X，Y，若 $E(X^2)$，$E(Y^2)$ 存在，则下列命题等价：

(1) X 与 Y 不相关，即 $\rho_{XY}=0$；

(2) $\mathrm{Cov}(X,Y)=0$；

(3) $E(XY)=E(X)E(Y)$；

(4) $D(X+Y)=D(X)+D(Y)$.

值得注意的是，独立与不相关都是随机变量之间相互联系程度的一种反映，是两个不同的概念. 独立指的是 X 与 Y 没有任何联系，不相关只指 X 与 Y 之间不存在线性关系，但它们之间还可能有其他的函数关系，因而未必独立. 但

例 1 设二维随机变量 $(X,Y)\sim N(\mu_1,\mu_2,\sigma_1^2,\sigma_2^2,\rho)(\sigma_1,\sigma_2>0)$，求 X 与 Y 的相关系数 ρ_{XY}.

解 (X,Y) 的概率密度为

$$f(x,y)=\frac{1}{2\pi\sigma_1\sigma_2\sqrt{1-\rho^2}}\cdot$$
$$\exp\left\{\frac{-1}{2(1-\rho^2)}\left[\frac{(x-\mu_1)^2}{\sigma_1^2}-2\rho\frac{(x-\mu_1)(y-\mu_2)}{\sigma_1\sigma_2}+\frac{(y-\mu_2)^2}{\sigma_2^2}\right]\right\},$$

所以

$$E(X)=\mu_1,\quad D(X)=\sigma_1^2,\quad E(Y)=\mu_2,\quad D(Y)=\sigma_2^2.$$

于是

$$\mathrm{Cov}(X,Y)=E\{[X-E(X)][Y-E(Y)]\}$$
$$=\int_{-\infty}^{+\infty}\int_{-\infty}^{+\infty}(x-\mu_1)(y-\mu_2)f(x,y)\mathrm{d}x\mathrm{d}y$$
$$=\frac{1}{2\pi\sigma_1\sigma_2\sqrt{1-\rho^2}}\int_{-\infty}^{+\infty}\int_{-\infty}^{+\infty}(x-\mu_1)(y-\mu_2)\cdot$$
$$\exp\left\{\frac{-1}{2(1-\rho^2)}\left[\frac{(x-\mu_1)^2}{\sigma_1^2}-2\rho\frac{(x-\mu_1)(y-\mu_2)}{\sigma_1\sigma_2}+\frac{(y-\mu_2)^2}{\sigma_2^2}\right]\right\}\mathrm{d}x\mathrm{d}y.$$

令

$$t = \frac{1}{\sqrt{1-\rho^2}} \left(\frac{y-\mu_2}{\sigma_2} - \rho \frac{x-\mu_1}{\sigma_1} \right), \quad u = \frac{x-\mu_1}{\sigma_1},$$

则

$$
\begin{aligned}
\text{Cov}(X, Y) &= \frac{1}{2\pi} \int_{-\infty}^{+\infty} \int_{-\infty}^{+\infty} (\sigma_1\sigma_2\sqrt{1-\rho^2}\, tu + \rho\sigma_1\sigma_2 u^2) e^{-\frac{t^2+u^2}{2}} \, dt \, du \\
&= \frac{\rho\sigma_1\sigma_2}{2\pi} \left(\int_{-\infty}^{+\infty} u^2 e^{-\frac{u^2}{2}} \, du \right) \left(\int_{-\infty}^{+\infty} e^{-\frac{t^2}{2}} \, dt \right) + \\
&\quad \frac{\sigma_1\sigma_2\sqrt{1-\rho^2}}{2\pi} \left(\int_{-\infty}^{+\infty} u e^{-\frac{u^2}{2}} \, du \right) \left(\int_{-\infty}^{+\infty} t e^{-\frac{t^2}{2}} \, dt \right) \\
&= \frac{\rho\sigma_1\sigma_2}{2\pi} \sqrt{2\pi} \cdot \sqrt{2\pi} \\
&= \rho\sigma_1\sigma_2.
\end{aligned}
$$

因此

$$\rho_{XY} = \frac{\text{Cov}(X, Y)}{\sqrt{D(X)}\sqrt{D(Y)}} = \rho.$$

即二维正态分布 (X, Y) 的概率密度中的参数 ρ 就是 X 与 Y 的相关系数,因而二维正态随机变量的分布函数完全可由 X, Y 的数学期望、方差以及它们的相关系数确定.

在 3.1 节已经讲过,若 (X, Y) 服从二维正态分布,那么 X 与 Y 相互独立的充要条件是 $\rho = 0$. 现在知道 $\rho_{XY} = \rho$. 故知对于二维正态随机变量 (X, Y) 来说,X 和 Y 不相关与 X 和 Y 相互独立是等价的.

例 2 设离散型二维随机变量 (X, Y) 的分布律为

Y \ X	0	1
0	$\frac{1}{6}$	$\frac{2}{6}$
1	$\frac{3}{6}$	0

求相关系数 ρ_{XY}.

解 $E(XY) = 0 \times 0 \times \frac{1}{6} + 0 \times 1 \times \frac{3}{6} + 1 \times 0 \times \frac{2}{6} + 0 \times 0 \times \frac{1}{6} + 1 \times 1 \times 0$

$\qquad = 0.$

又 X 与 Y 的边缘分布律分别为

X	0	1
P	$\frac{2}{3}$	$\frac{1}{3}$

Y	0	1
P	$\frac{1}{2}$	$\frac{1}{2}$

易得

$$E(X) = \frac{1}{3}, \quad D(X) = \frac{1}{3} \times \frac{2}{3} = \frac{2}{9},$$

$$E(Y) = \frac{1}{2}, \quad D(Y) = \frac{1}{2} \times \frac{1}{2} = \frac{1}{4}.$$

于是

$$\text{Cov}(X, Y) = E(XY) - E(X)E(Y) = 0 - \frac{1}{3} \times \frac{1}{2} = -\frac{1}{6},$$

故

$$\rho_{XY} = \frac{\text{Cov}(X, Y)}{\sqrt{D(X)}\sqrt{D(Y)}} = \frac{-\dfrac{1}{6}}{\sqrt{\dfrac{2}{9}}\sqrt{\dfrac{1}{4}}} = -\frac{1}{\sqrt{2}} = -\frac{\sqrt{2}}{2}.$$

例 3 已知随机变量 (X, Y) 的概率密度为

$$f(x, y) = \begin{cases} \dfrac{1}{\pi}, & x^2 + y^2 \leqslant 1, \\ 0, & \text{其他.} \end{cases}$$

(1) 求 X 与 Y 的相关系数 ρ_{XY}；

(2) 问 X 与 Y 是否相互独立？为什么？

解 (1) $E(X) = \displaystyle\int_{-\infty}^{+\infty}\int_{-\infty}^{+\infty} xf(x, y)\mathrm{d}x\mathrm{d}y = \frac{1}{\pi}\int_0^{2\pi}\int_0^1 r\cos\theta \cdot r\mathrm{d}r\mathrm{d}\theta$

$\qquad = \dfrac{1}{\pi}\displaystyle\int_0^{2\pi}\cos\theta\mathrm{d}\theta\int_0^1 r^2\mathrm{d}r = 0,$

$\qquad E(Y) = \displaystyle\int_{-\infty}^{+\infty}\int_{-\infty}^{+\infty} yf(x, y)\mathrm{d}x\mathrm{d}y = \frac{1}{\pi}\int_0^{2\pi}\int_0^1 r\sin\theta \cdot r\mathrm{d}r\mathrm{d}\theta$

$\qquad = \dfrac{1}{\pi}\displaystyle\int_0^{2\pi}\sin\theta\mathrm{d}\theta\int_0^1 r^2\mathrm{d}r = 0.$

又

$$E(XY) = \int_{-\infty}^{+\infty}\int_{-\infty}^{+\infty} xy f(x,\,y)\mathrm{d}x\mathrm{d}y = \frac{1}{\pi}\int_0^{2\pi}\int_0^1 r\cos\theta \cdot r\sin\theta \cdot r\mathrm{d}r\mathrm{d}\theta$$

$$= \frac{1}{\pi}\int_0^{2\pi}\cos\theta\sin\theta\mathrm{d}\theta\int_0^1 r^3\,\mathrm{d}r = 0.$$

所以

$$\mathrm{Cov}(X,\,Y) = E(XY) - E(X)E(Y) = 0 - 0\times 0 = 0.$$

故

$$\rho_{XY} = \frac{\mathrm{Cov}(X,\,Y)}{\sqrt{D(X)}\sqrt{D(Y)}} = 0.$$

这说明 X 与 Y 不相关.

（2）因为

$$f_X(x) = \int_{-\infty}^{+\infty} f(x,\,y)\mathrm{d}y = \begin{cases} \displaystyle\int_{-\sqrt{1-x^2}}^{\sqrt{1-x^2}} \frac{1}{\pi}\mathrm{d}y = \frac{2}{\pi}\sqrt{1-x^2}, & -1 \leqslant x \leqslant 1, \\ 0, & \text{其他.} \end{cases}$$

同理

$$f_Y(y) = \begin{cases} \displaystyle\frac{2}{\pi}\sqrt{1-y^2}, & -1 \leqslant y \leqslant 1, \\ 0, & \text{其他.} \end{cases}$$

故 $f(x,\,y)\neq f_X(x)f_Y(y)$，即随机变量 X 与 Y 不相互独立.

随机变量除了前面介绍的数学期望、方差、协方差及相关系数外，还有许多其他的数字特征. 下面介绍一种常用的数字特征——矩.

二、矩的概念

矩是最广泛的一种数字特征，在概率论和数理统计中占有重要的地位.

定义 2 设 X 和 Y 是随机变量，若 $E(X^k)(k=1,\,2,\,\cdots)$ 存在，则称它为 X 的 k **阶原点矩**，简称 k **阶矩**，记为 μ_k，即

$$\mu_k = E(X^k), \quad k = 1,\,2,\,\cdots. \tag{4-19}$$

若 $E\{[X-E(X)]^k\}(k=2,\,3,\,\cdots)$ 存在，则称它为 X 的 k **阶中心矩**，记为 v_k，即

$$v_k = E\{[X-E(X)]^k\}, \quad k = 2,\,3,\,\cdots. \tag{4-20}$$

若 $E(X^k Y^l)(k,\,l=1,\,2,\,\cdots)$ 存在，则称它为 X 和 Y 的 $k+l$ **阶混合矩**.

若 $E\{[X-E(X)]^k[Y-E(Y)]^l\}(k,l=1,2,\cdots)$ 存在,则称它为 X 和 Y 的 $k+l$ 阶混合中心矩.

由上述定义可见,数学期望、方差、协方差都是某种矩. 随机变量 X 的数学期望 $E(X)$ 是 X 的一阶原点矩,方差 $D(X)$ 是 X 的二阶中心矩,协方差 $\mathrm{Cov}(X,Y)$ 是 X 和 Y 的二阶混合中心矩. 在以后的概率论与数理统计的研究中,将会看到矩的广泛应用.

三、协方差矩阵

设 n 维随机变量 $(X_1,X_2,\cdots,X_n)$ 的 $1+1$ 阶混合中心矩

$$\sigma_{ij}=\mathrm{Cov}(x_i,X_j)=E\{[X_i-E(X_i)][X_j-E(X_j)]\},\quad i,j=1,2,\cdots,n$$

都存在,则称矩阵

$$\Sigma=\begin{bmatrix}\sigma_{11} & \sigma_{12} & \cdots & \sigma_{1n}\\ \sigma_{21} & \sigma_{22} & \cdots & \sigma_{2n}\\ \vdots & \vdots & & \vdots\\ \sigma_{n1} & \sigma_{n2} & \cdots & \sigma_{nn}\end{bmatrix}$$

为 n 维随机变量 $(X_1,X_2,\cdots,X_n)$ 的协方差矩阵. 由于 $\sigma_{ij}=\sigma_{ji}(i,j=1,2,\cdots,n)$,因此 Σ 是一个对称矩阵.

协方差矩阵给出了 n 维随机变量的全部方差及协方差,因此在研究 n 维随机变量的统计规律时,协方差矩阵是很重要的. 利用协方差矩阵还可以引入 n 维正态分布的概率密度.

首先用协方差矩阵重写二维正态随机变量 (X_1,X_2) 的概率密度.

$$f(x_1,x_2)=\frac{1}{2\pi\sigma_1\sigma_2\sqrt{1-\rho^2}}\cdot$$

$$\exp\left\{-\frac{1}{2(1-\rho^2)}\left[\frac{(x_1-\mu_1)^2}{\sigma_1^2}-2\rho\frac{(x_1-\mu_1)(x_2-\mu_2)}{\sigma_1\sigma_2}+\frac{(x_2-\mu_2)^2}{\sigma_2^2}\right]\right\}.$$

令 $X=\begin{bmatrix}x_1\\x_2\end{bmatrix}$, $\mu=\begin{bmatrix}\mu_1\\\mu_2\end{bmatrix}$, (X_1,X_2) 的协方差矩阵为

$$\Sigma=\begin{bmatrix}\sigma_{11} & \sigma_{12}\\ \sigma_{21} & \sigma_{22}\end{bmatrix}=\begin{bmatrix}\sigma_1^2 & \rho\sigma_1\sigma_2\\ \rho\sigma_1\sigma_2 & \sigma_1^2\end{bmatrix}.$$

它的行列式 $|\Sigma|=\sigma_1^2\sigma_2^2(1-p^2)$,逆矩阵

$$\Sigma^{-1} = \frac{1}{|\Sigma|} \begin{pmatrix} \sigma_2^2 & -\rho\sigma_1\sigma_2 \\ -\rho\sigma_1\sigma_2 & \sigma_1^2 \end{pmatrix}.$$

由于

$$(X-\mu)^T\Sigma^{-1}(X-\mu) = \frac{1}{|\Sigma|}(x_1-\mu_1, x_2-\mu_2)\begin{pmatrix} \sigma_2^2 & -\rho\sigma_1\sigma_2 \\ -\rho\sigma_1\sigma_2 & \sigma_1^2 \end{pmatrix}\begin{pmatrix} x_1-\mu_1 \\ x_2-\mu_2 \end{pmatrix}$$

$$= \frac{1}{1-\rho^2}\Big[\frac{(x_1-\mu_1)^2}{\sigma_1^2} - 2\rho\frac{(x_1-\mu_1)(x_2-\mu_2)}{\sigma_1\sigma_2} +$$

$$\frac{(x_2-\mu_2)^2}{\sigma_2^2}\Big],$$

因此(X_1, X_2)的概率密度可写成

$$f(x_1, x_2) = \frac{1}{2\pi\sqrt{|\Sigma|}}\exp\Big\{-\frac{1}{2}(X-\mu)^T\Sigma^{-1}(X-\mu)\Big\}.$$

上式容易推广到 n 维的情形.

设$(X_1, X_2, \cdots, X_n)$是 n 维随机变量,令

$$X = \begin{pmatrix} x_1 \\ x_2 \\ \vdots \\ x_n \end{pmatrix}, \quad \mu = \begin{pmatrix} \mu_1 \\ \mu_2 \\ \vdots \\ \mu_n \end{pmatrix} = \begin{pmatrix} E(X_1) \\ E(X_2) \\ \vdots \\ E(X_n) \end{pmatrix}.$$

定义 3 n 维正态随机变量$(X_1, X_2, \cdots, X_n)$的概率密度为

$$f(x_1, x_2, \cdots, x_n) = \frac{1}{(2\pi)^{\frac{n}{2}}\sqrt{|\Sigma|}}\exp\Big\{-\frac{1}{2}(X-\mu)^T\Sigma^{-1}(X-\mu)\Big\}.$$

其中 Σ 是$(X_1, X_2, \cdots, X_n)$的协方差矩阵.

n 维正态随机变量具有以下几条重要性质:

(1) n 维随机变量$(X_1, X_2, \cdots, X_n)$服从 n 维正态分布的充要条件是 X_1, $X_2, \cdots, X_n$ 的任意的线性组合

$$C_1X_1 + C_2X_2 + \cdots + C_nX_n$$

服从一维正态分布(其中 $C_1, C_2, \cdots, C_n$ 不全为零).

(2) 若$(X_1, X_2, \cdots, X_n)$服从 n 维正态分布,设 $Y_1, Y_2, \cdots, Y_k$ 是 X_1, $X_2, \cdots, X_n$ 的线性函数,则$(Y_1, Y_2, \cdots, Y_k)$服从 k 维正态分布.

(3) 设$(X_1, X_2, \cdots, X_n)$服从 n 维正态分布,则 $X_1, X_2, \cdots, X_n$ 相互独立的

充要条件是 X_1，X_2，$\cdots$，X_n 两两不相关．

习　题　4

1. 设随机变量 X 的分布律如下表所示，求 $E(X)$，$E(X^2)$，$E(2X+3)$．

X	-1	0	1	2
p_k	$\dfrac{1}{8}$	$\dfrac{1}{2}$	$\dfrac{1}{8}$	$\dfrac{1}{4}$

2. 设随机变量 X 的分布律如下表所示，求 $E(X)$，$E(3X^2+5)$．

X	-2	0	2
p_k	0.4	0.3	0.3

3. 某产品的次品率为 0.1，检验员每天检验 4 次．每次随机抽取 10 件产品进行检验，如果发现其中次品数多于 1，就去调整设备．以 X 表示一天中调整设备的次数，试求 $E(X)$．（假设产品是否为次品是相互独立的．）

4. 设随机变量 X 的分布律如下表所示，且已知 $E(X)=0.1$，$E(X^2)=0.9$，求 p_1，p_2，p_3．

X	-1	0	1
p_k	p_1	p_2	p_3

5. 袋中有 N 只球，其中白球数 X 为一随机变量，已知 $E(X)=n$，求从袋中任取 1 球为白球的概率．

6. 设随机变量 X 的分布律为 $P\left\{X=(-1)^{j+1}\dfrac{3^j}{j}\right\}=\dfrac{2}{3^j}$，$j=1$，2，3，$\cdots$．说明 X 的数学期望不存在．

7. 设随机变量 X，Y，Z 相互独立，且 $E(X)=5$，$E(Y)=11$，$E(Z)=8$，求下列随机变量的数学期望．

(1) $U=2X+3Y+1$；(2) $V=YZ-4X$．

8. 设 (X,Y) 的分布律为

Y \ X	1	2	3
-1	0.2	0.1	0
0	0.1	0	0.3
1	0.1	0.1	0.1

(1) 求 $E(X)$，$E(Y)$；

(2) 设 $Z=Y/X$,求 $E(Z)$;

(3) 设 $Z=(X-Y)^2$,求 $E(Z)$.

9. 设随机变量 X 的概率密度为

$$f(x)=\begin{cases}\mathrm{e}^{-x}, & x>0, \\ 0, & x\leqslant 0,\end{cases}$$

求(1) $Y=2X$;(2) $Y=\mathrm{e}^{-2X}$ 的数学期望.

10. 设随机变量 (X,Y) 的概率密度为

$$f(x,y)=\begin{cases}k, & 0<x<1,\ 0<y<x, \\ 0, & \text{其他}.\end{cases}$$

试确定常数 k,并求 $E(XY)$.

11. 设 X,Y 是相互独立的随机变量,其概率密度分别为

$$f_X(x)=\begin{cases}2x, & 0\leqslant x\leqslant 1, \\ 0, & \text{其他};\end{cases} \qquad f_Y(y)=\begin{cases}\mathrm{e}^{-(y-5)}, & y\geqslant 5, \\ 0, & \text{其他}.\end{cases}$$

求 $E(XY)$.

12. 设随机变量 X,Y 的概率密度分别为

$$f_X(x)=\begin{cases}2\mathrm{e}^{-2x}, & x>0, \\ 0, & x\leqslant 0;\end{cases} \qquad f_Y(y)=\begin{cases}4\mathrm{e}^{-4y}, & y>0, \\ 0, & y\leqslant 0.\end{cases}$$

求(1) $E(X+Y)$;(2) $E(2X-3Y^2)$;(3)又设 X,Y 相互独立,求 $E(XY)$.

13. 假设由自动线加工的某种零件的内径为 X(mm)服从正态分布 $N(\mu,1)$,内径小于 10 或大于 12 为不合格产品,其余为合格品.销售每件合格品获利,销售不合格品亏损,已知销售利润 T(单位:元)与销售零件的内径 X 有如下关系:

$$T=\begin{cases}-1, & X<10, \\ 20, & 10\leqslant X\leqslant 12, \\ -5, & X>12.\end{cases}$$

问:平均直径 μ 取何值时,销售一个零件的平均利润最大?

14. 设随机变量 X 的概率密度为

$$f(x)=\begin{cases}\dfrac{1}{2}\cos\dfrac{x}{2}, & 0\leqslant x\leqslant \pi, \\ 0, & \text{其他}.\end{cases}$$

对 X 独立的重复观察 4 次,用 Y 表示观察值大于 $\dfrac{\pi}{3}$ 的次数,求 Y^2 的数学期望.

15. 设随机变量 X 的概率密度为

$$f(x)=\begin{cases}cx\mathrm{e}^{-k^2x^2}, & x\geqslant 0, \\ 0, & x<0.\end{cases}$$

求 (1) 常数 c；(2) $E(X)$；(3) $D(X)$.

16. 设随机变量 X 的概率密度为

$$f(x) = \begin{cases} x, & 0 \leqslant x < 1, \\ 2-x, & 1 \leqslant x \leqslant 2, \\ 0, & \text{其他.} \end{cases}$$

求 $E(X)$，$D(X)$.

17. 袋中有 12 个零件，其中 9 个合格品，3 个废品，安装机器时，从袋中一个一个的取出(取出不放回)，设在取出合格品之前已取出的废品数为随机变量 X，求 $E(X)$，$D(X)$.

18. 一工厂生产某种设备的寿命 X(以年计)服从指数分布，概率密度为

$$f(x) = \begin{cases} \dfrac{1}{4} e^{-\frac{1}{4}x}, & x > 0, \\ 0, & x \leqslant 0. \end{cases}$$

为确保消费者的利益，工厂规定出售的设备若在一年内损坏可以调换，若出售一台设备，工厂获利 100 元，而调换一台损失 200 元，试求工厂出售一台设备赢利的数学期望. 已知 100 件产品中有 10 件次品，求任意取出的 5 件产品中次品数 X 的数学期望、方差.

19. 两台同样的自动记录仪，每台无故障工作时间 $T_i (i=1,2)$ 服从参数为 5 的指数分布，首先开动其中一台，当发生故障时停用而另一台自动开机，试求两台记录仪无故障工作的总时间 $T = T_1 + T_2$ 的概率密度 $f_T(t)$，数学期望 $E(T)$ 及方差 $D(T)$.

20. 某流水生产线上每个产品不合格概率为 $p(0 < p < 1)$，各产品合格与否是相互独立的，当出现一个不合格产品时，即停机检修. 设开机后第一次停机时已生产的产品个数为 X，求 $E(X)$，$D(X)$.

21. 设随机变量 X 和 Y 的联合分布在以点 $(0,1)(1,0)(1,1)$ 为顶点的三角形区域上服从均匀分布，试求随机变量 $U = X + Y$ 的方差.

22. 设随机变量 U 在区间 $[-2,2]$ 上服从均匀分布，随机变量

$$X = \begin{cases} -1, & U \leqslant -1, \\ 1, & U > 1; \end{cases} \qquad Y = \begin{cases} -1, & U \leqslant 1, \\ 1, & U > 1. \end{cases}$$

求 (1) X 和 Y 的联合概率分布；(2) $D(X+Y)$.

23. 设随机变量 X，Y 相互独立，且 $E(X) = E(Y) = 3$，$D(X) = 12$，$D(Y) = 16$，求 $E(3X - 2Y)$，$D(2X - 3Y)$.

24. 设二维随机变量 (X, Y) 的概率密度为

$$f(x, y) = \begin{cases} 1, & |y| < x, 0 < x < 1, \\ 0, & \text{其他.} \end{cases}$$

求 $E(X)$，$E(Y)$，$E(XY)$，$D(2X+1)$.

25. 设随机变量 X 与 Y 独立，且 X 服从均值为 1，标准差(均方差)为 $\sqrt{2}$ 的正态分布，而 Y 服从标准正态分布，试求随机变量 $Z = 2X - Y + 3$ 的概率密度.

26. 设 X，Y 是两个相互独立的且均服从正态分布 $N(0,1/2)$ 的随机变量，求 $E|X-Y|$ 与 $D|X-Y|$.

27. 设 X_1，X_2，$\cdots$，X_n 是相互独立的随机变量，且有 $E(X_i)=\mu$，$D(X_i)=\sigma^2$，$i=1$，2，$\cdots$，n. 记：$\overline{X}=\dfrac{1}{n}\sum\limits_{i=1}^{n}X_i$，$S^2=\dfrac{1}{n-1}\sum\limits_{i=1}^{n}(X_i-\overline{X})^2$. 验证：

(1) $E(\overline{X})=\mu$，$D(\overline{X})=\dfrac{\sigma^2}{n}$；

(2) $S^2=\dfrac{1}{n-1}\left(\sum\limits_{i=1}^{n}X_i^2-n\overline{X}^2\right)$；

(3) $E(S^2)=\sigma^2$.

28. 对随机变量 X，Y，已知 $D(X)=2$，$D(Y)=3$，$\mathrm{Cov}(X,Y)=-1$，计算：$\mathrm{Cov}(3X-2Y+1,X+4Y-3)$.

29. 设二维随机变量 X 和 Y 的概率密度为

$$f(x,y)=\begin{cases}\dfrac{1}{\pi}, & x^2+y^2\leqslant1,\\ 0, & \text{其他}.\end{cases}$$

验证 X 和 Y 是不相关的，但是 X 和 Y 不是相互独立的.

30. 设随机变量 X 和 Y 的联合分布如下表：

Y \ X	-1	0	1
-1	$\dfrac{1}{8}$	$\dfrac{1}{8}$	$\dfrac{1}{8}$
0	$\dfrac{1}{8}$	0	$\dfrac{1}{8}$
1	$\dfrac{1}{8}$	$\dfrac{1}{8}$	$\dfrac{1}{8}$

验证：X 和 Y 不相关，但 X 和 Y 不是相互独立的.

31. 设随机变量 X 的概率密度为

$$f_X(x)=\begin{cases}\dfrac{1}{2}, & -1<x<0,\\ \dfrac{1}{4}, & 0\leqslant x<2,\\ 0, & \text{其他}.\end{cases}$$

令 $Y=X^2$，$F(X,Y)$ 为二维随机变量 (X,Y) 的分布函数，求

(1)Y 的概率密度 $f_Y(y)$；(2)$\mathrm{Cov}(X,Y)$；(3)$F\left(\dfrac{1}{2},4\right)$.

32. 设二维随机变量 (X,Y) 的概率分布如下表所示.

X＼Y	0	1	2
0	$\frac{1}{4}$	0	$\frac{1}{4}$
1	0	$\frac{1}{3}$	0
2	$\frac{1}{12}$	0	$\frac{1}{12}$

试求$(1)P\{X=2Y\};(2)\mathrm{Cov}(X-Y,Y)$.

33. 设二维随机变量(X,Y)在以$(0,0)(0,1)(1,0)$为顶点的三角形区域上服从均匀分布,求 $\mathrm{Cov}(X,Y),\rho_{XY}$.

34. 设随机变量(X,Y)的分布律如下表.

Y＼X	−1	0	1
−1	$\frac{1}{8}$	$\frac{1}{8}$	$\frac{1}{8}$
0	$\frac{1}{8}$	0	$\frac{1}{8}$
1	$\frac{1}{8}$	$\frac{1}{8}$	$\frac{1}{8}$

验证 X 和 Y 是不相关的,但 X 和 Y 不是相互独立的.

35. 设随机变量 X 和 Y 的联合概率分布如下表.

X＼Y	−1	0	1
0	0.07	0.18	0.15
1	0.08	0.32	0.20

试求 X 和 Y 的相关系数ρ_{XY}.

36. 设二维随机变量(X,Y)的概率密度为

$$f(x,y)=\begin{cases} \dfrac{1}{2}\sin(x+y), & 0\leqslant x\leqslant\dfrac{\pi}{2},0\leqslant y\leqslant\dfrac{\pi}{2},\\ 0, & \text{其他.} \end{cases}$$

求 $\mathrm{Cov}(X,Y),\rho_{XY}$.

37. 设随机变量(X,Y)具有概率密度

$$f(x,y)=\begin{cases} \dfrac{1}{8}(x+y), & 0\leqslant x\leqslant 2,0\leqslant y\leqslant 2,\\ 0, & \text{其他.} \end{cases}$$

求 $E(X_1)$，$E(X_2)$，$\mathrm{Cov}(X_1, X_2)$，$\rho_{X_1 X_2}$，$D(X_1+X_2)$.

38. 设 $X \sim N(\mu, \sigma^2)$，$Y \sim N(\mu, \sigma^2)$，且 X，Y 相互独立. 试求 $Z_1 = \alpha X + \beta Y$ 和 $Z_2 = \alpha X - \beta Y$ 的相关系数(其中 α，β 是不为零的常数).

39. 将一枚硬币重复抛掷 n 次，以 X 和 Y 分别表示正面向上和反面向上的次数，求 X 和 Y 的相关系数 ρ_{XY}.

40. 对于任意两个事件 A 和 B，$0 < P(A) < 1$，$0 < P(B) < 1$，则称

$$\rho = \frac{P(AB) - P(A)P(B)}{\sqrt{P(A)P(B)P(\bar{A})P(\bar{B})}}$$

为事件 A 和 B 的相关系数. 证明：

(1) 事件 A 和 B 独立的充分必要条件是 $\rho = 0$；

(2) $|\rho| \leqslant 1$.

第5章 大数定律和中心极限定理

本章主要介绍两类极限定理:一类是大数定理,其主要研究内容是概率接近 0 或 1 的随机现象的统计规律;另一类是中心极限定理,其主要研究内容是由许多彼此独立的随机因素共同作用、各随机因素对其影响很小的随机现象的统计规律.这两类定理在概率论中占有重要地位.

5.1 大 数 定 律

在第 1 章曾经讲过,大量的试验证实,随机事件 A 的频率 $f_n(A)$ 当重复试验的次数 n 增大时总呈现出稳定性,稳定在一个常数附近,频率的稳定性是概率定义的客观基础.本节我们将对频率的稳定性作出理论上的说明.在研究大数定理之前,先介绍概率收敛的概念.

定义 1 设 X_1,X_2,… 是随机变量序列,若存在随机变量 X,使得 $\forall \varepsilon > 0$,有

$$\lim_{n \to \infty} P(|X_n - X| \geqslant \varepsilon) = 0 \quad 或 \quad \lim_{n \to \infty} P(|X_n - X| < \varepsilon) = 1, \quad (5\text{-}1)$$

则称**随机序列** X_1,X_2,…**依概率收敛于** X. 记为 $X_n \xrightarrow{P} X$.

特别地,当 $X = a$ 时,则称 X_1,X_2,…依概率收敛于 a.

在此,不加证明给出依概率收敛序列的性质:

设二元函数 $g(x, y)$ 在点 (a, b) 连续,$X_n \xrightarrow{P} a$,$Y_n \xrightarrow{P} b$,则

$$g(X_n, Y_n) \xrightarrow{P} g(a, b). \quad (5\text{-}2)$$

定义 2 设随机变量 X_n 的数学期望 $E(X_n)(n = 1, 2, \cdots)$ 存在.令 $\overline{X} = \frac{1}{n}\sum_{i=1}^{n} X_i$,若 $\overline{X} = \frac{1}{n}\sum_{i=1}^{n} X_i \xrightarrow{P} E(\overline{X})$,则称 X_1,X_2,…服从大数定律.

定理 1(切比雪夫不等式) 设随机变量 X 具有数学期望 $E(X) = \mu$ 和方差 $D(X) = \sigma^2$,则 $\forall \varepsilon > 0$,有

$$P(\mid X-\mu \mid \geqslant \varepsilon) \leqslant \frac{\sigma^2}{\varepsilon^2} \quad \text{或} \quad P(\mid X-E(X) \mid \sigma < \varepsilon) \geqslant 1-\frac{D(X)}{\varepsilon^2}.$$

$$(5-3)$$

证 仅就 X 是连续型随机变量的情形证明不等式 $(5-3)$（图 5.1）.

设 X 的概率密度为 $f(x)$，则

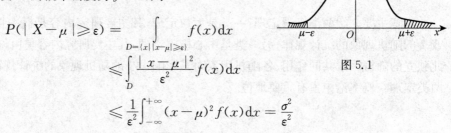

图 5.1

$$P(\mid X-\mu \mid \geqslant \varepsilon) = \int_{D=\{x\mid \mid x-\mu \mid \geqslant \varepsilon\}} f(x)\mathrm{d}x$$

$$\leqslant \int_{D} \frac{\mid x-\mu \mid^2}{\varepsilon^2} f(x)\mathrm{d}x$$

$$\leqslant \frac{1}{\varepsilon^2}\int_{-\infty}^{+\infty}(x-\mu)^2 f(x)\mathrm{d}x = \frac{\sigma^2}{\varepsilon^2}$$

或

$$P(\mid X-\mu \mid < \varepsilon) \geqslant 1-\frac{\sigma^2}{\varepsilon^2}.$$

由不等式 $(5-3)$ 不难看出，当 $D(X)$ 越小时，随机变量 X 取值于 $(\mu-\varepsilon,\ \mu+\varepsilon)$ 内的概率越大. 这就说明，方差 $D(X)$ 是一个反映随机变量的概率分布对其分布中心 $E(X)$ 的集中程度的数量指标.

定理 2（切比雪夫大数定律） 设 $X_1,\ X_2,\ \cdots,\ X_n,\ \cdots$ 相互独立，每一个随机变量都有有限的方差，且方差有公共上界，即存在常数 C，使得 $D(X_n) \leqslant C(n=1,\ 2,\ \cdots)$，则对于任意的 $\varepsilon > 0$，有

$$\lim_{n \to \infty} P\left(\left|\frac{1}{n}\sum_{i=1}^{n}X_i - \frac{1}{n}\sum_{i=1}^{n}E(X_i)\right| < \varepsilon\right) = 1, \tag{5-4}$$

即

$$\frac{1}{n}\sum_{i=1}^{n}X_i \xrightarrow{p} \frac{1}{n}\sum_{i=1}^{n}E(X_i).$$

证 由 $X_1,\ X_2,\ \cdots,\ X_n,\ \cdots$ 相互独立知，对于任意的 $n > 1$，$X_1,\ X_2,\ \cdots,\ X_n$ 相互独立. 由方差的性质，有

$$D\left(\frac{1}{n}\sum_{i=1}^{n}X_i\right) = \frac{1}{n^2}\sum_{i=1}^{n}D(X_i) \leqslant \frac{C}{n}.$$

由切比雪夫不等式，得

$$P\left(\left|\frac{1}{n}\sum_{i=1}^{n}X_i - \frac{1}{n}\sum_{i=1}^{n}E(X_i)\right| < \varepsilon\right) \geqslant 1 - \frac{D\left(\frac{1}{n}\sum_{i=1}^{n}X_i\right)}{\varepsilon^2} \geqslant 1 - \frac{C}{n\varepsilon^2},$$

于是

$$1 \geqslant P\left(\left|\frac{1}{n}\sum_{i=1}^{n}X_i - \frac{1}{n}\sum_{i=1}^{n}E(X_i)\right| < \varepsilon\right) \geqslant 1 - \frac{C}{n\varepsilon^2}.$$

令 $n \to \infty$，有

$$P\left(\left|\frac{1}{n}\sum_{i=1}^{n}X_i - \frac{1}{n}\sum_{i=1}^{n}E(X_i)\right| < \varepsilon\right) \to 1,$$

即

$$\lim_{n \to \infty} P\left(\left|\frac{1}{n}\sum_{i=1}^{n}X_i - \frac{1}{n}\sum_{i=1}^{n}E(X_i)\right| < \varepsilon\right) = 1.$$

推论 1(独立情形)　设 $X_1, X_2, \cdots, X_n, \cdots$ 相互独立，且 $E(X_i) = \mu$，$D(X_i)$ $= \sigma^2 (i = 1, 2, \cdots)$，则 $\lim\limits_{n \to \infty} P\left(\left|\frac{1}{n}\sum_{i=1}^{n}X_i - \mu\right| < \varepsilon\right) = 1$，即 $\frac{1}{n}\sum_{i=1}^{n}X_i \xrightarrow{P} \mu$.

推论 1 表明，当 n 很大时，事件 $\left(\left|\frac{1}{n}\sum_{i=1}^{n}X_i - \mu\right| < \varepsilon\right)$ 的概率接近于 1. 一般地，称概率接近于 1 的事件为**大概率事件**，而称概率接近于 0 的事件为**小概率事件**.

定理 3(伯努利大数定律)　设 n 重伯努利试验中事件 A 发生的次数为 n_A，事件 A 在每次试验中发生的概率为 p，则对于任意正数 $\varepsilon > 0$，有

$$\lim_{n \to \infty} P\left(\left|\frac{n_A}{n} - P\right| < \varepsilon\right) = 1.$$

证　引入随机变量

$$X_k = \begin{cases} 1, & \text{第 } k \text{ 次试验中 } A \text{ 发生,} \\ 0, & \text{第 } k \text{ 次试验中 } A \text{ 不发生} \end{cases} \quad (k = 1, 2, \cdots).$$

显然 $n_A = X_1 + X_2 + \cdots + X_n = \sum\limits_{k=1}^{n}X_k$，$X_1, X_2, \cdots, X_n$ 相互独立，且都服从参数为 p 的 $(0-1)$ 分布，因而 $E(X_k) = p$，$D(X_k) = p(1-p)(k=1, 2, \cdots, n)$.

由推论 1，得

$$\lim_{n \to \infty} P\left(\left|\frac{1}{n}\sum_{k=1}^{n}X_k - p\right| < \varepsilon\right) = \lim_{n \to \infty} P\left(\left|\frac{n_A}{n} - p\right| < \varepsilon\right) = 1.$$

伯努利大数定律表明,事件 A 发生的频率$\dfrac{n_A}{n}$依概率收敛于事件 A 发生的概率 p. 因此,定理从理论上用严格的数学表达式明确了大量重复独立试验中频率的稳定性. 当 n 充分大时,事件发生的频率与概率有较大偏差的可能性很小. 根据实际推断原理,当试验次数很大时,可以用事件发生的频率来近似的代替事件的概率,同时也是概率的统计定义理论依据.

定理 4(辛钦大数定律) 设随机变量列 X_1, X_2, $\cdots$, X_n, $\cdots$ 相互独立,服从同一分布,且具有数学期望 $E(X_i)=\mu(i=1,2\cdots)$,则对于任意正数 $\varepsilon>0$,有

$$\lim_{n\to\infty} P\Big(\Big|\frac{1}{n}\sum_{i=1}^{n}X_i-\mu\Big|<\varepsilon\Big)=1,$$

即 $\dfrac{1}{n}\displaystyle\sum_{i=1}^{n}X_i \xrightarrow{P} \mu$.

证明略.

显然,伯努利大数定律是辛钦大数定律的特殊情况. 与推论 1 相比,辛钦大数定律要求 $X_k(k=1,2,\cdots)$有同一分布,但 $D(X_k)(k=1,2,\cdots)$不必有限. 辛钦大数定律在实际中应用很广. 这一定律使算术平均值的法则有了理论依据. 例如,要测试某一物理量 a,在不变的条件下重复测试 n 次,得到观察值 x_1, x_2, $\cdots$, x_n,求得实测值的算术平均值 $\dfrac{1}{n}\displaystyle\sum_{i=1}^{n}x_i$,依据此定理,当 n 足够大时,可取 $\dfrac{1}{n}\displaystyle\sum_{i=1}^{n}x_i$ 作为 a 的近似值,可以认为所发生的误差是很小的. 所以实际试验中,常采用某一指标的一系列实测值的算术平均值作为该指标的近似值.

例 1 在 n 次独立试验中,设事件 A 在第 k 次试验中发生的概率为 $p_k(k=1,2,\cdots,n)$,试证事件 A 发生的频率稳定于概率的平均值.

证 用 n_A 表示 n 次试验中 A 发生次数. 令

$$X_k = \begin{cases} 1, & \text{第 } k \text{ 次试验中 } A \text{ 发生}, \\ 0, & \text{第 } k \text{ 次试验中 } A \text{ 不发生} \end{cases} \quad (k=1,2,\cdots,n),$$

则 $X_k\sim(0,1)$分布,于是

$$E(X_k) = p_k, \quad D(X_k) = p_k(1-p_k) \leqslant \frac{1}{4} \quad (k=1,2,\cdots,n).$$

由于 $n_A=X_1+X_2+\cdots+X_n$,由切比雪夫大数定理知,$\forall \varepsilon>0$,

$$\lim_{n\to\infty} P\Big(\Big|\frac{X_1+X_2+\cdots+X_n}{n}-\frac{1}{n}\sum_{k=1}^{n}E(X_k)\Big|<\varepsilon\Big)=1,$$

有

$$\lim_{n \to \infty} P\left(\left| \frac{n_A}{n} - \frac{p_1 + p_2 + \cdots + p_n}{n} \right| < \varepsilon \right) = 1,$$

即当 n 充分大时，A 发生的频率 $\frac{n_A}{n}$ 稳定于它的概率的平均值.

例 2 设随机变量列 X_1，X_2，$\cdots$，X_n，$\cdots$ 相互独立，且都服从区间 (a, b) 内的均匀分布，试问平均值 $\overline{X}_n = \frac{1}{n} \sum_{i=1}^{n} X_i$ 依概率收敛于何值？

解 因为 $X_i \sim U(a, b)(i=1, 2, \cdots, n)$，所以

$$E(X_i) = \frac{a+b}{2} \quad (i = 1, 2, \cdots, n),$$

$$E(\overline{X}_n) = \frac{a+b}{2}.$$

于是，由辛钦大数定理知 $\overline{X}_n = \frac{1}{n} \sum_{i=1}^{n} X_i$ 依概率收敛于区间 (a, b) 的中点 $\frac{a+b}{2}$.

5.2　中心极限定理

在客观实际中有许多随机变量，它们都是由大量的相互独立的随机因素综合影响形成的. 而其中每一个因素在总的影响中所起到的作用都是微小的. 这种随机变量往往近似的服从正态分布. 这种现象就是中心极限定理的客观背景.

设 n 个随机变量 X_1，X_2，$\cdots$，X_n 相互独立，且服从正态分布 $N(\mu, \sigma^2)$，则由第 4 章知识知

$$\overline{X}_n = \frac{1}{n} \sum_{i=1}^{n} X_i \sim N\left(\mu, \frac{\sigma^2}{n} \right),$$

于是

$$\frac{n\overline{X}_n - n\mu}{\sqrt{n} \cdot \sigma} = \frac{\overline{X}_n - \mu}{\frac{\sigma}{\sqrt{n}}} \sim N(0, 1). \tag{5-5}$$

这一结果是否能推广到其他类型的随机变量列，这就是中心极限问题.

定义 1 若随机变量列 X_1，X_2，$\cdots$ X_n，$\cdots$ 的部分和 $\sum_{i=1}^{n} X_i$ 的极限（$n \to \infty$）分布为正态分布，则称这种规律为**中心极限定理**. 即在某种条件下，对任意的 x 都

成立,即

$$\lim_{n\to\infty} P\left(\frac{\sum_{i=1}^{n} X_i - E(\sum_{i=1}^{n} X_i)}{\sqrt{D(\sum_{i=1}^{n} X_i)}} \leqslant x\right) = \frac{1}{\sqrt{2\pi}}\int_{-\infty}^{x} \exp\left(-\frac{t^2}{2}\right)\mathrm{d}t = \Phi(x). \quad (5\text{-}6)$$

定理 1(独立同分布的中心极限定理) 设随机变量列 X_1, X_2, $\cdots$, X_n, $\cdots$ 相互独立,服从同一分布,且

$$E(X_i) = \mu, \quad D(X_i) = \sigma^2 > 0 \quad (i = 1, 2, \cdots),$$

则随机变量之和 $\sum_{i=1}^{n} X_i$ 的标准化随机变量

$$Y_n = \frac{\sum_{i=1}^{n} X_i - E(\sum_{i=1}^{n} X_i)}{\sqrt{D(\sum_{i=1}^{n} X_i)}} = \frac{\sum_{i=1}^{n} X_i - n\mu}{\sqrt{n}\cdot\sigma}$$

的分布函数 $F_n(x)$ 对于任意 x 都满足

$$\lim_{n\to\infty} F_n(x) = \lim_{n\to\infty} P\left(\frac{\sum_{i=1}^{n} X_i - n\mu}{\sqrt{n}\cdot\sigma} \leqslant x\right) = \frac{1}{\sqrt{2\pi}}\int_{-\infty}^{x} \exp\left(-\frac{t^2}{2}\right)\mathrm{d}t = \Phi(x).$$

证明略.

这就是说,均值为 μ,方差为 $\sigma^2 > 0$ 的独立同布的随机变量之和 $\sum_{i=1}^{n} X_i$ 的标准

化随机变量,当 n 充分大时,有 $\dfrac{\sum_{i=1}^{n} X_i - n\mu}{\sqrt{n}\cdot\sigma}$ 近似服从 $N(0, 1)$ 或者 $\dfrac{\dfrac{1}{n}\sum_{i=1}^{n} X_i - \mu}{\dfrac{\sigma}{\sqrt{n}}} =$

$\dfrac{\overline{X} - \mu}{\dfrac{\sigma}{\sqrt{n}}}$ 近似服从 $N(0, 1)$,从而 $\overline{X}$ 近似服从 $N\left(\mu, \dfrac{\sigma^2}{n}\right)$. 这是独立同分布中心极限

定理的另一形式,它在数理统计中是大样本统计推断中有广泛的应用.

定理 2(李雅普诺夫定理) 设随机变量列 X_1, X_2, $\cdots$, X_n, $\cdots$ 相互独立,数学期望和方差存在,即

$$E(X_k) = \mu_k, \quad D(X_k) = \sigma_k^2, \quad k = 1, 2, 3, \cdots,$$

记 $B_n^2 = \sum\limits_{k=1}^{n} \sigma_k^2$. 若存在正数 δ, 使得当 $n \to \infty$ 时,

$$\frac{1}{B_n^{2+\delta}} \sum_{k=1}^{n} E\big(\mid X_k - \mu_k \mid^{2+\delta}\big) \to 0,$$

则随机变量之和 $\sum\limits_{i=1}^{n} X_i$ 的标准化随机变量

$$Z_n = \frac{\sum\limits_{k=1}^{n} X_k - E\big(\sum\limits_{k=1}^{n} X_k\big)}{\sqrt{D\big(\sum\limits_{k=1}^{n} X_k\big)}} = \frac{\sum\limits_{k=1}^{n} X_k - \sum\limits_{k=1}^{n} \mu_k}{B_n}$$

的分布函数 $F_n(x)$ 对于任意 x, 满足

$$\lim_{n \to \infty} F_n(x) = \lim_{n \to \infty} P\left(\frac{\sum\limits_{k=1}^{n} X_k - \sum\limits_{k=1}^{n} \mu_k}{B_n} \leqslant x\right) = \int_{-\infty}^{x} \frac{1}{\sqrt{2\pi}} e^{-\frac{t^2}{2}} dt = \Phi(x).$$

证明略.

定理 3(棣莫弗-拉普拉斯定理) 设随机变量列 $Y_n (n=1, 2, \cdots)$ 服从参数为 n, p 的二次分布 $B(n, p)(0 < p < 1)$, 则对于任意的 x, 恒有

$$\lim_{n \to \infty} P\left(\frac{Y_n - np}{\sqrt{np(1-p)}} \leqslant x\right) = \frac{1}{\sqrt{2\pi}} \int_{-\infty}^{x} \exp\left(-\frac{t^2}{2}\right) dt = \Phi(x).$$

证 因为 $Y_n \sim B(n, p)(0 < p < 1, n=1, 2, \cdots)$, 于是 Y_n 可分解为 n 个相互独立的随机变量 $X_1, X_2, \cdots, X_n$ 之和, 即 $Y_n = \sum\limits_{i=1}^{n} X_i$, 其中 $X_i \sim B(1, p)(i=1, 2, \cdots, n)$, 其分布律为

$$P(X_i = 0) = 1 - p, \quad P(X_i = 1) = p \quad (i = 1, 2, \cdots, n).$$

由于 $E(X_i) = p, D(X_i) = p(1-p) (i=1, 2, \cdots, n)$, 根据独立同分布的中心极限定理, 得

$$\lim_{n \to \infty} P\left(\frac{Y_n - np}{\sqrt{np(1-p)}} \leqslant x\right) = \frac{1}{\sqrt{2\pi}} \int_{-\infty}^{x} \exp\left(-\frac{t^2}{2}\right) dt = \Phi(x).$$

在实际中, 要求出 n 个随机变量之和 $\sum\limits_{i=1}^{n} X_i$ 的分布函数, 一般是很难的. 然而由这个定理可知, 无论分布是什么样的(即使是离散型的), 只要满足相应中心极限

定理的条件,当 n 充分大时,都可以用正态分布对 $\sum\limits_{i=1}^{n} X_i$ 作理论分析或者实际计算,其好处是明显的.

例1 一加法器同时收到 20 个噪声电压 $V_k(k=1, 2, \cdots, 20)$,设它们是相互独立的随机变量,且都在区间 $(0, 10)$ 上服从均匀分布,记 $V = \sum\limits_{k=1}^{20} V_k$,求 $P\{V > 105\}$ 的近似值.

解 易知 $E(V_k)=5$,$D(V_k)=100/12(k=1, 2, \cdots, 20)$,由独立同分布的中心极限定理知,随机变量

$$Z = \frac{\sum\limits_{k=1}^{20} V_k - 20 \times 5}{\sqrt{100/12}\sqrt{20}} = \frac{V - 20 \times 5}{\sqrt{100/12}\sqrt{20}}$$

近似服从标准正态分布 $N(0,1)$,于是

$$\begin{aligned}
P\{V > 105\} &= P\left\{\frac{V - 20 \times 5}{(10/\sqrt{12})\sqrt{20}} > \frac{105 - 20 \times 5}{(10/\sqrt{12})\sqrt{20}}\right\} \\
&= P\left\{\frac{V - 20 \times 5}{(10/\sqrt{12})\sqrt{20}} > 0.387\right\} \\
&= 1 - P\left\{\frac{V - 20 \times 5}{(10/\sqrt{12})\sqrt{20}} \leqslant 0.387\right\} \\
&\approx 1 - \Phi(0.387) = 0.348.
\end{aligned}$$

既有 $P\{V > 105\} \approx 0.348$.

例2 一复杂的系统由 100 个相互独立起作用的部件组成,在整个运行期间部件损坏的概率为 0.10. 为了使整个系统起作用,至少必须有 85 个部件正常工作,试求整个系统起作用的概率.

解 在任一时刻,对每个部件考察其是否正常工作,就相当于进行了一次贝努利试验. 又各个部件是否工作是相互独立的,所以对这 100 个部件的逐一考察可看成是 100 重伯努利试验. 设 X 为某时刻正常工作的部件的个数,有 $X \sim B(100, 0.90)$. 由棣莫弗-拉普拉斯定理,得

$$\begin{aligned}
P(85 \leqslant X \leqslant 100) &= P\left(\frac{85 - 90}{\sqrt{100 \times 0.9 \times 0.1}} \leqslant \frac{X - 90}{\sqrt{100 \times 0.9 \times 0.1}} \leqslant \frac{100 - 90}{\sqrt{100 \times 0.9 \times 0.1}}\right) \\
&\approx \Phi\left(\frac{10}{3}\right) - \Phi\left(-\frac{5}{3}\right) \approx 0.952.
\end{aligned}$$

例3 甲乙两个影城竞争 1 000 名观众.设每个观众完全随意地选择一个影

城,观众之间选择影城是彼此独立的,问每个影城应该设立多少个座位才能保证因缺少座位而使观众离去的概率小于 1%?

解　设甲影城需要设 n 个座位,由对称性,乙影城也要有 n 个座位.

引进随机变量

$$X_i = \begin{cases} 1, & \text{第 } i \text{ 名观众选择甲影城,} \\ 0, & \text{第 } i \text{ 名观众选择乙影城} \end{cases} \quad (i = 1, 2, \cdots, 1\,000).$$

依题意,有 $P(X_i = 1) = P(X_i = 0) = \dfrac{1}{2}(i = 1, 2, \cdots, 1\,000)$,且 $X_1, X_2, \cdots, X_{1\,000}$ 是独立同布的随机变量,则

$$P\Big(\sum_{i=1}^{1\,000} X_i \leqslant n\Big) \geqslant 1 - 1\% = 99\%.$$

又

$$E(X_i) = \frac{1}{2}, \quad D(X_i) = \frac{1}{4} \quad (i = 1, 2, \cdots, 1\,000),$$

由中心极限定理,得

$$P\Big(\sum_{i=1}^{1\,000} X_i \leqslant n\Big) = P\left\{\frac{\sum\limits_{i=1}^{1\,000}(X_i - 0.5)}{\frac{1}{2}\sqrt{1\,000}} < \frac{n - 5\,000}{\frac{1}{2}\sqrt{1\,000}}\right\}$$

$$\approx \Phi\Big(\frac{n - 500}{5\sqrt{10}}\Big) \geqslant 0.99.$$

查标准正态分布表,得

$$\frac{n - 500}{5\sqrt{10}} \geqslant 2.33.$$

所以 $n \geqslant 2.33 \times 5\sqrt{10} + 500 \approx 537$.

习　题　5

1. 设随机变量 X 和 Y 的数学期望都是 2,方差分别是 1 和 4,而相关系数为 0.5,试根据切比雪夫不等式给出 $P\{|X-Y| \geqslant 6\}$ 的估计.

2. 一颗骰子连续掷 4 次,点数总和记为 X. 估计 $P\{10 < X < 18\}$.

3. 假设一条生产线生产的产品合格率是 0.8,要使一批产品的合格率达到 76% 与 84% 之间的概率不小于 90%,问这批产品至少要生产多少件?

4. 已知正常男性成人血液中,每一毫升白细胞数平均是 7 300,均方差是 700,利用契比雪夫不等式估计每毫升含白细胞数在 5 200~9 400 之间的概率.

5. 某车间有同型号的机床 200 台,每台机床开动的概率为 0.7,假设各机床开动与否互不影响,开动时每台机床消耗电能 15 个单位.问至少供应多少单位电能才可以 95% 的概率保证不致因供电不足而影响生产?

6. 有一批建筑房屋用的木桩,其中 80% 的长度不小于 3 m. 现从这批木桩中随机的抽出 100 根,问其中至少有 30 根短于 3 m 的概率是多少?

7. 据以往经验,某种电器元件的寿命服从均值为 100 h 的指数分布,现随机取 16 只,设它们的寿命是相互独立的,求这 16 只元件的寿命的总和大于 1 920 h 的概率.

8. 某药厂断言,该厂生产的某种药品对于医治一种疑难的血液病的治愈率为 0.8,医院检验员任意抽取 100 个服用此药品的病人,如果其中多于 75 人治愈,就接受这一断言,否则就拒绝这一断言.

(1) 若实际上此药品对这种疾病的治愈率是 0.8,问接受这一断言的概率是多少?

(2) 若实际上此药品对这种疾病的治愈率是 0.7,问接受这一断言的概率是多少?

9. 设随机变量 X_n 服从柯西分布,其密度函数为

$$P_n(x) = \frac{n}{\pi(1+n^2x^2)}, \quad -\infty < x < +\infty.$$

证明:$X_n \xrightarrow{P} 0$.

10. 设随机变量序列 $\{X_n\}$ 独立同分布,数学期望、方差均存在,且 $E(X_n)=\mu$. 证明:

$$\frac{2}{n(n+1)} \sum_{k=1}^{n} kX_k \to \mu.$$

11. 设 $\{X_n\}$ 为独立同分布的随机变量序列,其共同分布为

$$P\left(X_n = \frac{2^k}{k^2}\right) = \frac{1}{2^k}, \quad k=1, 2, \cdots.$$

问 $\{X_n\}$ 是否服从大数定律?

12. 设随机变量 $X_1, X_2, \cdots, X_n, \cdots$ 相互独立,且服从相同的分布,$E(X_i)=0$,$D(X_i)=\sigma^2$,$E(X_i^4)(i=1, 2, \cdots)$ 存在. 试证明:对任意 $\varepsilon > 0$,有

$$\lim_{n \to \infty} P\left\{\left|\frac{1}{n}\sum_{i=1}^{n}X_i^2 - \sigma^2\right| < \varepsilon\right\} = 1.$$

13. 用拉普拉斯中心极限定理近似计算从一批废品率为 0.05 的产品中,任取 1 000 件,其中有 20 个废品的概率.

14. 某工厂有 400 台同类机器,各台机器发生故障的概率都是 0.02.假设各台机器工作是相互独立的,试求机器出故障的台数不小于 2 的概率.

15. 设有 30 个电子器件,它们的使用寿命为 $T_1, T_2, \cdots, T_{30}$ 服从参数为 $\lambda=0.1$(单位:h^{-1})的指数分布,其使用情况是第一个损坏则第二个立即使用,以此类推.令 T 为 30 个器件使

用的总计时间,求 T 超过 350 h 的概率.

16. 大学英语四级考试,设有 85 道多种选择题,每题四个选择答案,只有一个正确,若需通过考试,必须答对 51 题以上,试问某学生靠运气能通过四级考试的概率有多大?

17. 对于一个学生而言,来参加家长会的家长人数是一个随机变量,设一个学生无家长、1 名家长、2 名家长来参加会议的概率分别为 0.05,0.8,0.15.若学校共有 400 名学生,设各学生参加会议的家长数是相互独立的,且服从同一分布.求

(1) 来参加会议的家长数 X 超过 450 的概率;

(2) 有 1 名家长来参加会议的学生数不多于 340 的概率.

18. 计数器在进行加法时,将每个加数舍入最靠近它的整数.设所有舍入误差是独立的且在 $(-0.5, 0.5)$ 上服从均匀分布.

(1) 若将 1 500 个数相加,问误差总和的绝对值超过 15 的概率是多少?

(2) 最多可有几个数相加使得误差总和的绝对值小于 10 的概率不小于 0.90?

19. 设男孩出生率为 0.515,求在 10 000 个新生婴儿中女孩不少于男孩的概率.

20. 设有 1 000 个人独立行动,每个人能够按时进入掩蔽体的概率为 0.9,以 95% 的概率估计,在一次行动中,求

(1)至少有多少人能进入? (2)至多有多少人能进入?

21. 设各零件的重量都是随机变量,它们相互独立,且服从相同的分布,其数学期望为 0.5 kg,均方差为 0.1 kg,问 5 000 只零件的总重量超过 2 510 kg 的概率是多少?

22. 一生产线生产的产品成箱包装,每箱的重量是随机的.假设每箱平均重 50 kg,标准差为 5 kg,若用最大载重量为 5 t 的汽车承运,试用中心极限定理说明每辆车最多可以装多少箱,才能保障不超载的概率大于 0.977?

23. 假设 X_1, X_2, $\cdots$, X_n 是来自总体 X 的简单随机样本,已知 $E(X^k) = a_k (k = 1, 2, 3, 4)$.证明:当 n 充分大时,随机变量 $Z_n = \dfrac{1}{n} \sum_{i=1}^{n} X_i^2$ 近似服从正态分布,并指出其分布参数.

第6章 数理统计的基本概念

前面五章我们讲述了概率论的基本内容,随后的三章将讲述数理统计的基本理论和方法.数理统计是以概率论为理论基础,根据试验或观察得到的数据来研究随机现象,认识其客观规律性的一个应用广泛的数学分支.在数理统计中对随机现象进行研究,需要对所要研究的对象中的部分进行实际观测获取信息,对这类随机现象的分布函数或分布中的未知参数等做出合理的估计和推断.数理统计包含的内容丰富,本书只介绍参数估计、假设检验等内容.

本章首先介绍总体、随机样本、经验分布函数及统计量等基本概念,然后着重介绍几个常用统计量及抽样分布.学习数理统计的基本概念这一章,应深刻理解随机样本、统计量、抽样分布的概念并能应用这些概念解决一些实际问题.

6.1 随机样本、统计量

一、总体与个体

一个统计问题总有它明确的研究对象,一般将研究对象的全体称为总体,组成总体的每一个对象称为个体.总体可按其包含的个体的数量分为有限总体和无限总体,当有限总体包含的个体总数很大时,这时可以将有限总体看成是无限总体.

应当注意的是,当把总体与一批产品联系时,"对象的全体"并非笼统的指这批产品,而是指这批产品某个数量指标的全体.例如,对于某车床加工的一批零件,当我们只考察零件的长度这项指标时,应当把这些长度值的全体当作总体,这时每个零件的长度值就是个体.又如,当研究某工厂生产的一批灯炮的平均使用寿命时,这批灯炮的寿命值就构成了一个总体,其中每一只灯炮的寿命值就是一个个体.灯炮的寿命指标 X 是一个随机变量.为了方便起见,我们可以把这个数量指标 X 的可能取值的全体看作总体,假设 X 的分布函数是 $F(x)$,则称这一总体为具体分布函数 $F(x)$ 的总体,于是就把总体与随机变量联系起来了,因此,把对总体的研究归结为对随机变量 X 的研究,了解了此随机变量也就了解了总体,于是把总体也记为 X,随机变量 X 的分布函数及数字特征也称为总体的分布函数及数字特征,今后将不加区分.

二、随机样本

在数理统计中,总是通过对个体观测或试验取得数据来研究总体. 取得数据的方式有两种:一是全面观测或试验;二是抽样观测或试验. 全面观测或试验是最理想的,但实际上往往是不现实的. 一方面对无限总体不可能进行全面观测或试验,另一方面很多观测或试验具有破坏性,例如,研究灯泡的寿命、显像管的寿命、炸弹的杀伤力等试验. 因此,一般都是采用抽样观测或试验,即从总体中抽取一部分个体来进行观测或试验,记录试验数据,然后通过这些数据来推断总体的性质.

在总体 X 中,随机抽取 n 个个体 X_1,X_2,$\cdots$,X_n 称为总体 X 的**样本**,样本中包含的个体数量 n 称为**样本容量**. 由于 X_1,X_2,$\cdots$,X_n 是从总体中随机抽取,可以看成 n 个随机变量. 但是,在一次抽取后,它们都有具体的数值,记作 x_1,x_2,$\cdots$,x_n,称为**样本观察值**,简称**样本值**,在实际使用时,经常把样本 X_1,X_2,$\cdots$,X_n 和样本值 x_1,x_2,$\cdots$,x_n 同等看待. 样本的值域称为**样本空间**.

由于抽样的目的是为了对总体进行统计推断,为了保证抽取到的样本能很好的反映总体,必须考虑抽样的方法. 最常用的一种抽样方法称为**简单随机抽样**,它要求抽取的样本满足下面两点:

(1) **代表性(随机性)** 从总体中抽取样本的每一个个体(用随机变量 X_k 表示)是随机的,每一个个体被抽取到的可能性相同.

(2) **独立同分布性** X_1,X_2,$\cdots$,X_n 是相互独立的随机变量,其中每一个变量 X_k 与总体具有相同的分布.

定义 1 设 X 是具有分布函数 F 的总体,若 X_1,X_2,$\cdots$,X_n 是具有同一分布函数 F 的、相互独立的 n 个随机变量,则称 X_1,X_2,$\cdots$,X_n 是来自总体 X(或总体 F)的一个容量为 n 的**简单随机样本**,简称**样本**.

用简单随机抽样方法得到的样本就是简单随机样本. 在实际操作中,有放回的随机抽取得到的就是简单随机样本. 如果样本容量相对总体容量来说是很小的,即使是无放回的抽取,也可以近似的认为得到的是一个简单随机样本.

简单随机抽样就是要使得总体中的每个个体被抽到的可能性相同且互不影响. 因而,对有限总体一般都采取放回抽样,当有限总体的容量 N 与样本容量 n 的比 N/n 很大(≥ 10)时,可以将不放回抽样当作放回抽样来处理.

由简单随机样本的定义易得,若 X_1,X_2,$\cdots$,X_n 是来自具有概率函数 $g(x)$ 的总体 X 的一个简单随机样本,则 X_1,X_2,$\cdots$,X_n 的联合概率函数为

$$g^*(x_1, x_2, \cdots, x_n) = \prod_{i=1}^{n} g(x_i). \tag{6-1}$$

特别地,若总体 X 是具有分布律 $P\{X=x\}=p(x)$ 的离散型随机变量,则 X_1,X_2,$\cdots$,X_n 的联合分布律为

$$P^*(x_1, x_2, \cdots, x_n) = \prod_{i=1}^n p(x_i). \tag{6-2}$$

若总体 X 是具有概率密度 $f(x)$ 的连续型随机变量,则 X_1,X_2,$\cdots$,X_n 的联合概率密度为

$$f^*(x_1, x_2, \cdots, x_n) = \prod_{i=1}^n f(x_i). \tag{6-3}$$

例 1 设总体 X 服从参数为 p 的$(0—1)$分布,X_1,X_2,$\cdots$,X_n 为总体 X 的一个样本,求 X_1,X_2,$\cdots$,X_n 的联合概率函数.

解 因为 $X \sim B(1, p)$,所以 X 的概率函数 $g(x) = p^x(1-p)^{1-x}$ （其中 $x=0$, 1). 于是,X_1,X_2,$\cdots$,X_n 的联合概率函数为

$$g^*(x_1, x_2, \cdots, x_n) = \prod_{i=1}^n g(x_i) = \prod_{i=1}^n p^{x_i}(1-p)^{1-x_i}$$
$$= p^{\sum_{i=1}^n x_i}(1-p)^{n-\sum_{i=1}^n x_i}, \quad x_i = 0, 1.$$

例 2 设总体 $X \sim N(\mu, \sigma^2)$,X_1,X_2,$\cdots$,X_n 为总体 X 的一个样本,求 X_1,X_2,$\cdots$,X_n 的联合概率密度.

解 因为 $X \sim N(\mu, \sigma^2)$,所以 X 的概率密度函数为

$$f(x) = \frac{1}{\sqrt{2\pi}\sigma} e^{-\frac{(x-\mu)^2}{2\sigma^2}}.$$

于是,X_1,X_2,$\cdots$,X_n 的联合概率密度为

$$f^*(x_1, x_2, \cdots, x_n) = \prod_{i=1}^n f(x_i) = \prod_{i=1}^n \frac{1}{\sqrt{2\pi}\sigma} e^{-\frac{(x_i-\mu)^2}{2\sigma^2}} = \frac{1}{(\sqrt{2\pi})^n \sigma^n} e^{-\frac{\sum_{i=1}^n (x_i-\mu)^2}{2\sigma^2}}.$$

三、直方图

为了研究总体分布的性质,人们通过实验得到许多观测值,一般来讲,这些观测值是杂乱无章的. 为了利用它们进行统计分析,需要对这些数据加以整理,常借助于表格或者图形对其进行表述.

引例 某工厂的人事部门为研究该厂工人的收入情况,收集了工人的工资资

料.下表记录了该厂30名工人未经整理的工资数据.

单位:元

序号	工资	序号	工资	序号	工资
1	530	11	595	21	480
2	420	12	435	22	525
3	550	13	490	23	535
4	455	14	485	24	605
5	545	15	515	25	525
6	455	16	530	26	475
7	550	17	425	27	530
8	535	18	530	28	640
9	495	19	505	29	555
10	470	20	525	30	505

上表是 30 名工人周工资的原始资料,这些数据可以记为 x_1,x_2,$\cdots$,x_{30},对这些数据做分析:

第一步,确定最大值 x_{max} 和最小值 x_{min}. 由表中数值可知 $x_{max}=640$,$x_{min}=420$.

第二步,分组,即确定每一收入组的界限和组数. 在实际工作中,第一组的下限一般取一个小于 x_{min} 的数,例如我们这里取 400;最后一组的上限取一个大于 x_{max} 得数,例如我们这里取 650;然后将区间[400,650]分成若干长度相等的组,一般组数通常在 5～20,比如分成 5 段,每一段对应于一个收入组. 频数分布如下表所示,对容量较小的样本,通常将其分为 5 组或 6 组,容量为 100 左右的样本可分为 7～10 组,容量为 200 左右的样本可分为 9～13 组,容量为 300 左右及以上的样本可以分为 12～20 组,目的是使用足够的组来表示数据的变异. 本例中有 30 个数据,我们将其分为 5 个组.

组限	频数	累计频率
400～450	3	3/30
450～500	8	11/30
500～550	13	24/30
550～600	4	28/30
600～650	2	1

为研究频数,可以用图示法表示.

直方图 直方图是垂直条形图,条与条之间无间隔,用横轴上的点表示组限,纵轴上的点表示频数(图 6.1).

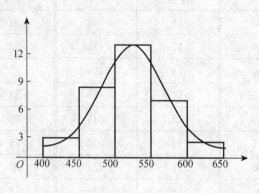

图 6.1

按照上述方法对抽取的数据加以整理,编制频率分布表,作直方图,画出频率曲线,就可以直观的看到数据分布的情况,在什么范围在哪些地方分布比较集中,以及分布图形是否对称等.

样本的频率分布是总体概率分布的近似.

具体说就是,当总体 X 为连续型随机变量时,总体的分布可以用总体概率密度 $f(x)$ 来表示,而 $f(x)$ 可以通过样本来推断.

设 x_1, x_2, $\cdots$, x_n 为总体 X 的样本 X_1, X_2, $\cdots$, X_n 的观测值,对数据 x_1, x_2, $\cdots$, x_n 按如下步骤进行整理.

步骤 1 将样本观测值 x_1, x_2, $\cdots$, x_n 按从小到大的顺序排成 $x_1^* \leqslant x_2^* \leqslant \cdots \leqslant x_n^*$.

步骤 2 取 $a = x_1^* - 0.5$, $b = x_n^* + 0.5$,得到一个半开半闭区间 $(a, b]$,将 $(a, b]$ 等分为 m 个子区间 $(a_{i-1}, a_i]$ $(i = 1, 2, \cdots, m)$,其中 $a = a_0 < a_1 < a_2 < \cdots < a_{m-1} < a_m = b$(这里的 m 一般可用经验公式 $m \approx 1.87^5 \sqrt{(n-1)^2}$ 或实际确定).统计 x_1, x_2, $\cdots$, x_n 落在 $(a_{i-1}, a_i]$ 内的数目,记为 m_i(称为频数).

步骤 3 计算样本观测值落在 $(a_{i-1}, a_i]$ 内的频率 $f_i = m_i / n$.

步骤 4 在 xOy 平面上,以 x 轴上的每个子区间 $(a_{i-1}, a_i]$ 为底边,以

$$f_i \cdot \frac{m}{b-a} = \frac{m_i m}{n(b-a)} \quad (i = 1, 2, \cdots, m)$$

为高作小长方形,这样的图形称为**直方图**.

由计算知,所有小长方形的面积之和为 1. 连接直方图中每个小长方形的上边

缘线的中点所得的曲线便是总体概率密度 $f(x)$ 的近似图形.

四、经验分布函数

在实际中,从总体中抽取的样本都是比较大,得到许多样本观测数据,如果不经过加工整理,基本上没有什么利用价值,很难从中得到总体的信息.因此,为了从这些大量的样本数据中获得有用的信息,在利用之前,必须进行整理.下面介绍另一种关于总体分布的近似求法:经验分布函数.

定义 2　设 X_1,X_2,$\cdots$,X_n 是来自总体 X 的样本,其观测值为 x_1,x_2,$\cdots$ x_n,$X_{(i)}$ 称为该样本的第 i 个顺序统计量,其观测值是将样本观测值 x_1,x_2,$\cdots$, x_n 从小到大排列后得到的第 i 个观测值,记为 $x_{(i)}$.特别地,$X_{(1)}$ 称为该样本的**最小顺序统计量**,其观测值为 $x_{(1)} = \min\{x_1, x_2, \cdots, x_n\}$,$X_{(n)}$ 称为该样本的**最大顺序统计量**,其观测值为 $x_{(n)} = \max\{x_1, x_2, \cdots, x_n\}$.

定义 3　设 X_1,X_2,$\cdots$,X_n 为来自总体 X 的样本,其观测值为 x_1,x_2,$\cdots$ x_n,用 $S(x)$ 表示 X_1,X_2,$\cdots$,X_n 中观测值不大于 x 的随机变量的个数,定义函数

$$F_n^*(x) = \frac{1}{n}S(x), \quad x \in (-\infty, +\infty), \tag{6-5}$$

则称 $F_n^*(x)$ 为**经验分布函数**.

例如,对某厂生产的灯泡寿命(单位:h)作试验,得到样本观测值为
1 000, 1 200, 998, 1 100, 1 000, 1 100, 1 200, 1 000, 1 200, 1 100, 1 000, 1 000

其经验分布函数为

$$F_{12}^*(x) = \begin{cases} 0, & x < 998, \\ \dfrac{1}{12}, & 998 \leqslant x \leqslant 1\,000, \\ \dfrac{6}{12}, & 1\,000 \leqslant x < 1\,100, \\ \dfrac{9}{12}, & 1\,100 \leqslant x < 1\,200, \\ 1, & x \geqslant 1\,200. \end{cases}$$

显然,$F_n^*(x)$ 是非减函数;$F_n^*(x)$ 是有界函数,$0 \leqslant F_n^*(x) \leqslant 1$;$F_n^*(-\infty) = 0$, $F_n^*(+\infty) = 1$;$F_n^*(x)$ 是右连续的.因此,$F_n^*(x)$ 是某个随机变量的分布函数.

对于每一个固定的 x,$F_n^*(x)$ 是事件 $\{X \leqslant x\}$ 发生概率的近似.对每一组样本观测值 x_1,x_2,$\cdots$,x_n,都可以作一个经验分布函数,所以,经验分布函数 $F_n^*(x)$ 是一个随机变量.$F_n^*(x)$ 的值依赖于样本观测值 x_1,x_2,$\cdots$,x_n,所以 $F_n^*(x)$ 是样

本的函数,且不含未知参数,因而,$F_n^*(x)$ 是一个统计量. 1933 年格列纹科(W. Glivenko)证明了以下结果:对于任意一个实数 x,当 $n \to \infty$ 时,$F_n^*(x)$ 依概率一致收敛于总体分布函数 $F(x)$,即 $\forall \varepsilon > 0$,有

$$\lim_{n \to \infty} P\left\{ \sup_{-\infty < x < +\infty} |F_n^*(x) - F(x)| < \varepsilon \right\} = 1. \tag{6-6}$$

该结论称为**格列纹科定理**.

由此可见,当样本容量 n 充分大时,经验分布函数 $F_n^*(x)$ 是总体分布函数 $F(x)$ 的一个良好的近似,用 $F_n^*(x)$ 代替 $F(x)$ 是可行的.

五、统计量

样本是进行推断的依据. 在应用时,往往不是直接使用样本本身,而是针对不同的问题构造样本的适当函数,利用这些样本函数进行统计推断.

定义 4 设 $X_1, X_2, \cdots, X_n$ 是来自总体 X 的一个样本,$g(X_1, X_2, \cdots, X_n)$ 是 $X_1, X_2, \cdots, X_n$ 的一个连续函数,如果函数 $g(X_1, X_2, \cdots, X_n)$ 中不含任何未知参数,则称 $g(X_1, X_2, \cdots, X_n)$ 是一个**统计量**. 设 $x_1, x_2, \cdots, x_n$ 是对应于样本 $X_1, X_2, \cdots, X_n$ 的样本值,则称 $g(x_1, x_2, \cdots, x_n)$ 是统计量 $g(X_1, X_2, \cdots, X_n)$ 的**观测值**.

由统计量的定义知,若 g 是一个统计量,则 g 样本 $X_1, X_2, \cdots, X_n$ 的连续函数,g 不含任何未知参数.

例 3 设 $X_1, X_2, \cdots, X_n$ 是总体 X 的一个样本,试判别下列量是否为统计量.

(1) $Z = X_1 + 2X_2 + \cdots + nX_n$;

(2) $Z = a_1 X_1 + a_2 X_2 + \cdots + a_n X_n$.

解 (1) Z 是统计量,因为 Z 中不含任何未知的参数;

(2) 当 $a_1, a_2, \cdots, a_n$ 都是已知参数时,Z 是统计量,否则,Z 不是统计量.

下面介绍几个常用的统计量.

定义 5 设 $X_1, X_2, \cdots, X_n$ 是来自总体 X 的一个样本,$x_1, x_2, \cdots, x_n$ 是相应的样本值. 则称下列统计量分别为

样本均值

$$\overline{X} = \frac{1}{n} \sum_{i=1}^{n} X_i. \tag{6-7}$$

样本方差

$$S^2 = \frac{1}{n-1} \sum_{i=1}^{n} (X_i - \overline{X})^2 = \frac{1}{n-1} \left(\sum_{i=1}^{n} X_i^2 - n\overline{X}^2 \right). \tag{6-8}$$

样本标准差

$$S = \sqrt{\frac{1}{n-1} \sum_{i=1}^{n} (X_i - \overline{X})^2}. \tag{6-9}$$

样本 k 阶(原点)矩

$$A_k = \frac{1}{n} \sum_{i=1}^{n} X_i^k, \quad k = 1, 2, \cdots. \tag{6-10}$$

样本 k 阶中心矩

$$B_k = \frac{1}{n} \sum_{i=1}^{n} (X_i - \overline{X})^k, \quad k = 1, 2, \cdots. \tag{6-11}$$

相应的观测值分别为

$$\overline{x} = \frac{1}{n} \sum_{i=1}^{n} x_i; \tag{6-12}$$

$$s^2 = \frac{1}{n-1} \sum_{i=1}^{n} (x_i - \overline{x})^2 = \frac{1}{n-1} \Big(\sum_{i=1}^{n} x_i^2 - n\overline{x}^2 \Big); \tag{6-13}$$

$$s = \sqrt{\frac{1}{n-1} \sum_{i=1}^{n} (x_i - \overline{x})^2}; \tag{6-14}$$

$$a_k = \frac{1}{n} \sum_{i=1}^{n} x_i^k, \quad k = 1, 2, \cdots; \tag{6-15}$$

$$b_k = \frac{1}{n} \sum_{i=1}^{n} (x_i - \overline{x})^k, \quad k = 1, 2, \cdots. \tag{6-16}$$

这些观测值仍分别称为样本均值、样本方差、样本标准差、样本 k 阶(原点)矩、样本 k 阶中心矩,也称为统计量.

由辛钦大数定律知

$$A_k = \frac{1}{n} \sum_{i=1}^{n} X_i^k \xrightarrow{P} \mu_k, \quad k = 1, 2, \cdots.$$

即样本 k 阶原点矩依概率收敛于总体的 k 阶原点矩.

进一步有 $g(A_1, A_2, \cdots, A_k) \xrightarrow{P} g(\mu_1, \mu_2, \cdots, \mu_k)$,其中 g 为连续函数.

6.2　抽样分布

由统计量的定义知,统计量是样本的函数,它是一个随机变量. 作为一个随机变量,它也有自己的分布. 统计量的分布称为抽样分布. 在使用统计量进行统计推断时常需知道它的分布. 然而要求出统计量的精确分布,一般来说是困难的. 本节介绍来自正态总体的几个常用的统计量的分布.

一、χ^2 分布

定义 1 设 X_1,X_2,$\cdots$,X_n 是来自标准正态总体 $X \sim N(0, 1)$ 的一个样本,则称统计量

$$\chi^2 = X_1^2 + X_2^2 + \cdots + X_n^2 \tag{6-17}$$

服从自由度为 n 的 χ^2 分布,记为 $\chi^2 \sim \chi^2(n)$.

χ^2 分布的概率密度函数为

$$f(y) = \begin{cases} 0, & y \leqslant 0, \\ \dfrac{1}{2^{\frac{n}{2}} \Gamma\left(\dfrac{n}{2}\right)} y^{\frac{n}{2}-1} e^{-\frac{y}{2}}, & y > 0. \end{cases} \tag{6-18}$$

其中 $\Gamma(\alpha) = \displaystyle\int_0^{+\infty} x^{\alpha-1} e^{-x} dx, \alpha > 0$,$f(y)$ 的图形如图 6.2 所示.

χ^2 分布具有以下性质.

性质 1 如果 $\chi_1^2 \sim \chi^2(n_1)$,$\chi_2^2 \sim \chi^2(n_2)$,且 χ_1^2 与 χ_2^2 相互独立,则

$$\chi_1^2 + \chi_2^2 \sim \chi^2(n_1 + n_2). \tag{6-19}$$

这个性质称为 χ^2 分布的可加性.

性质 2 如果 $\chi^2 \sim \chi^2(n)$,则 $E(\chi^2) = n$,$D(\chi^2) = 2n$.

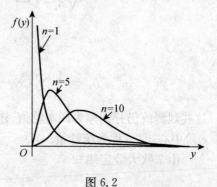

图 6.2

证 因为 $X_i \sim N(0, 1)$,所以 $E(X_i^2) = D(X_i) = 1$,

$$D(X_i^2) = E(X_i^4) - [E(X_i^2)]^2 = 3 - 1 = 2, \quad i = 1, 2, \cdots, n.$$

于是

$$E(\chi^2) = E\left(\sum_{i=1}^n X_i^2\right) = \sum_{i=1}^n E(X_i^2) = n,$$

$$D(\chi^2) = D\left(\sum_{i=1}^n X_i^2\right) = \sum_{i=1}^n D(X_i^2) = 2n.$$

定义 2　对任给定的 $\alpha(0 < \alpha < 1)$,如果

$$P\{\chi^2 > \chi_\alpha^2(n)\} = \int_{\chi_\alpha^2(n)}^{+\infty} f(y)\mathrm{d}y = \alpha, \tag{6-20}$$

则称 $\chi_\alpha^2(n)$ 为自由度为 n 的 χ^2 分布的上 α 分位点.

点 $\chi_\alpha^2(n)$ 就是 $\chi^2(n)$ 分布的上 α 分位点,如图 6.3 所示. 对于不同的 α,n,上 α 分位点的值可通过查附表 5 得到. 例如,查表可得 $\chi_{0.1}^2(15) = 22.307$,$\chi_{0.05}^2(40) = 55.758$. 但该表只详细列到 $n = 45$ 为止.

当 n 充分大($n > 45$)时,$\chi_\alpha^2(n)$ 有近似公式 $\chi_\alpha^2(n) \approx \dfrac{1}{2}\left(z_\alpha + \sqrt{2n-1}\right)$,其中 z_α 是标准正态分布的上 α 分位点.

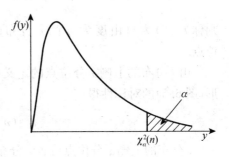

图 6.3

二、t 分布

定义 3　如果 $X \sim N(0, 1)$,$Y \sim \chi^2(n)$,且 X 与 Y 相互独立,则称统计量

$$t = \frac{X}{\sqrt{\dfrac{Y}{n}}} \tag{6-21}$$

服从自由度为 n 的 **t 分布**,记作 $t \sim t(n)$.

t 分布又称**学生氏(Student)分布**,$t(n)$ 的概率密度函数为

$$f(t) = \frac{\Gamma\left(\dfrac{n+1}{2}\right)}{\sqrt{n\pi}\,\Gamma\left(\dfrac{n}{2}\right)}\left(1 + \frac{t^2}{2}\right)^{-\frac{n+1}{2}}, \quad -\infty < t < +\infty.$$

其图形如图 6.4 所示.

观察图 6.4 知,$f(t)$ 的图形关于 $t = 0$ 对称,且由 Γ 函数的性质知

$$\lim_{t \to \infty} f(t) = \frac{1}{\sqrt{2\pi}} \mathrm{e}^{-\frac{t^2}{2}}.$$

即当 $n \to \infty$ 时,自由度为 n 的 t 分布的概率密度函数 $f(t)$ 以标准正态分布的密度函数 $\varphi(t)$ 为极限,也即当 n 足够大时可用 $N(0, 1)$ 去近似 t

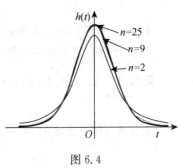

图 6.4

分布.

定义 4 对给定的 $\alpha(0<\alpha<1)$，如果满足

$$P\{t>t_\alpha(n)\}=\int_{t_\alpha(n)}^{+\infty}f(t)\mathrm{d}t=\alpha, \quad (6\text{-}22)$$

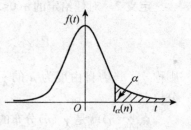

则称 $t_\alpha(n)$ 为自由度为 n 的 t 分布的上侧 α 分位点.

由 t 分布的上侧 α 分位点的定义及 $f(t)$ 的图形（图 6.5）的对称性得

图 6.5

$$t_{1-\alpha}(n)=-t_\alpha(n).$$

t 分布的上侧 α 分位点可查 t 分布的分布表（见附表 6）. 例如，查表可得 $t_{0.975}(20)=9.591$，$t_{0.1}(40)=-t_{0.90}(40)=-29.051$.

当 $n>45$ 时，可用标准正态分布的上 α 分位点来近似，$t_\alpha(n)\approx z_\alpha$.

三、F 分布

定义 5 设 $U\sim\chi^2(n_1)$，$V\sim\chi^2(n_2)$，且 U,V 相互独立，则称统计量

$$F=\frac{\dfrac{U}{n_1}}{\dfrac{V}{n_2}} \qquad (6\text{-}23)$$

服从自由度为 (n_1,n_2) 的 **F 分布**，记作 $F\sim F(n_1,n_2)$.

F 分布的概率密度函数为

$$\Psi(y)=\begin{cases}\dfrac{\Gamma\left(\dfrac{n_1+n_2}{2}\right)}{\Gamma\left(\dfrac{n_1}{2}\right)\Gamma\left(\dfrac{n_2}{2}\right)}\left(\dfrac{n_1}{n_2}\right)\left(\dfrac{n_1}{n_2}y\right)^{\frac{n_1}{2}-1}\left(1+\dfrac{n_1}{n_2}y\right)^{-\frac{n_1+n_2}{2}}, & y\geqslant0,\\[4mm]0, & y<0.\end{cases} \qquad (6\text{-}24)$$

$\Psi(y)$ 的图形如图 6.6 所示.

由 F 分布的定义容易证得如下结论.

定理 1 若 $F\sim F(n_1,n_2)$，则 $\dfrac{1}{F}\sim F(n_2,n_1)$.

定义 6 对于给定的 $\alpha(0<\alpha<1)$，如果

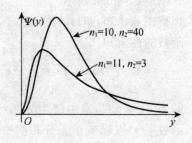

图 6.6

$$P\{F > F_\alpha(n_1, n_2)\} = \int_{F_\alpha(n_1, n_2)}^{\infty} \Psi(y)\mathrm{d}y = \alpha, \tag{6-25}$$

则称 $F_\alpha(n_1, n_2)$ 为自由度为 (n_1, n_2) 的 F 分布的上侧 α **分位点**.

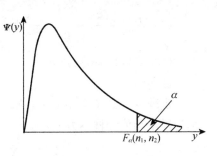

图 6.7

$F(n_1, n_2)$ 分布的上侧 α 分位点 $F_\alpha(n_1, n_2)$ 如图 6.7 所示. 给定 α,自由度 (n_1, n_2), F 分布的上侧 α 分位点 $F_\alpha(n_1, n_2)$ 可通过附录 7 查得. 例如,查表可得,$F_{0.025}(25, 30) = 2.18$,$F_{0.1}(30, 24) = 1.64$.

F 分布的上侧 α 分位点 $F_\alpha(n_1, n_2)$ 具有性质

$$F_{1-\alpha}(n_1, n_2) = \frac{1}{F_\alpha(n_2, n_1)}. \tag{6-26}$$

利用这个性质可求出 F 分布表中没有列出的一些上侧 α 分位点,例如

$$F_{0.95}(18, 15) = \frac{1}{F_{0.05}(15, 18)} = \frac{1}{2.27} = 0.440\ 5.$$

四、正态总体 X 的样本均值 $\overline{X}$ 与样本方差 S^2 的分布

定理 2　设 $X_1, X_2, \cdots, X_n$ 是正态总体 $X \sim N(\mu, \sigma^2)$ 的一个样本,μ, σ 已知,$\overline{X}$ 为样本均值,则

$$\overline{X} \sim N(\mu, \frac{\sigma^2}{n})\quad 或\quad \frac{\overline{X} - \mu}{\frac{\sigma}{\sqrt{n}}} \sim N(0, 1). \tag{6-27}$$

证　因为 $X_1, X_2, \cdots, X_n$ 相互独立且与总体 X 具有相同的分布,而 $X \sim N(\mu, \sigma^2)$,$\overline{X} = \frac{1}{n}\sum_{i=1}^{n} X_i$,所以 $\overline{X}$ 也服从正态分布.

$$E(\overline{X}) = E\left(\frac{1}{n}\sum_{i=1}^{n} X_i\right) = \frac{1}{n}\sum_{i=1}^{n} E(X_i) = \frac{1}{n}\sum_{i=1}^{n} \mu = \mu,$$

$$D(\overline{X}) = E\left(\frac{1}{n}\sum_{i=1}^{n} X_i\right) = \frac{1}{n^2}\sum_{i=1}^{n} D(X_i) = \frac{1}{n^2}\sum_{i=1}^{n} \sigma^2 = \frac{\sigma^2}{n},$$

故

$$\overline{X} \sim N(\mu, \frac{\sigma^2}{n})\quad 或\quad \frac{\overline{X} - \mu}{\frac{\sigma}{\sqrt{n}}} \sim N(0, 1).$$

定理 3　设 X_1，X_2，$\cdots$，X_n 是正态总体 $X \sim N(\mu, \sigma^2)$ 的一个样本，$\overline{X}$，S^2 分别为样本均值和样本方差，则

(1) $\dfrac{(n-1)S^2}{\sigma^2} \sim \chi^2(n-1)$; 　　　　　　　　　　　　　　　(6-28)

(2) $\overline{X}$ 与 S^2 相互独立.

证明略.

定理 4　设 X_1，X_2，$\cdots$，X_n 是正态总体 $X \sim N(\mu, \sigma^2)$ 的一个样本，$\overline{X}$，S^2 分别为样本均值和样本方差，则

$$\frac{\overline{X}-\mu}{\dfrac{S}{\sqrt{n}}} \sim t(n-1).$$ 　　　　　　　(6-29)

证　因为

$$\frac{\overline{X}-\mu}{\dfrac{\sigma}{\sqrt{n}}} \sim N(0, 1), \quad \frac{(n-1)S^2}{\sigma^2} \sim \chi^2(n-1),$$

且二者独立，于是，由 t 分布的定义得

$$\frac{\dfrac{\overline{X}-\mu}{\dfrac{\sigma}{\sqrt{n}}}}{\sqrt{\dfrac{\dfrac{(n-1)S^2}{\sigma^2}}{n-1}}} \sim t(n-1),$$

即

$$\frac{\overline{X}-\mu}{\dfrac{S}{\sqrt{n}}} \sim t(n-1).$$

定理 5　设 X_1，X_2，$\cdots$，X_{n_1} 是正态总体 $X \sim N(\mu_1, \sigma^2)$ 的一个样本，Y_1，Y_2，$\cdots$，Y_{n_2} 是正态总体 $Y \sim N(\mu_2, \sigma^2)$ 的一个样本，且二者相互独立. 若 $\overline{X}$，$\overline{Y}$ 分别为两样本的样本均值，S_1^2，S_2^2 分别为两样本的样本方差，则

$$\frac{(\overline{X}-\overline{Y})-(\mu_1-\mu_2)}{S_\omega\sqrt{\dfrac{1}{n_1}+\dfrac{1}{n_2}}} \sim t(n_1+n_2-2).$$ 　　　(6-30)

其中

$$S_\omega^2 = \frac{(n_1-1)S_1^2 + (n_2-1)S_2^2}{n_1+n_2-2}.$$

证 因为

$$\overline{X} \sim N\left(\mu_1, \frac{\sigma^2}{n_1}\right), \quad \overline{Y} \sim N\left(\mu_2, \frac{\sigma^2}{n_2}\right),$$

于是

$$\overline{X} - \overline{Y} \sim N\left(\mu_1 - \mu_2, \frac{\sigma^2}{n_1} + \frac{\sigma^2}{n_2}\right).$$

所以

$$U = \frac{(\overline{X}-\overline{Y}) - (\mu_1-\mu_2)}{\sigma\sqrt{\dfrac{1}{n_1} + \dfrac{1}{n_2}}} \sim N(0, 1).$$

又

$$\frac{(n_1-1)S_1^2}{\sigma^2} \sim \chi^2(n_1-1), \quad \frac{(n_2-1)S_2^2}{\sigma^2} \sim \chi^2(n_2-1),$$

且二者独立,因而

$$V = \frac{(n_1-1)S_1^2 + (n_2-1)S_2^2}{\sigma^2} \sim \chi^2(n_1+n_2-2).$$

故由独立性及 t 分布的定义,得

$$\frac{U}{\sqrt{\dfrac{V}{n_1+n_2-2}}} = \frac{(\overline{X}-\overline{Y}) - (\mu_1-\mu_2)}{S_\omega\sqrt{\dfrac{1}{n_1} + \dfrac{1}{n_2}}} \sim t(n_1+n_2-2).$$

定理 6 设 $X_1, X_2, \cdots, X_{n_1}$ 是正态总体 $X \sim N(\mu_1, \sigma_1^2)$ 的一个样本,$Y_1, Y_2, \cdots, Y_{n_2}$ 是正态总体 $Y \sim N(\mu_2, \sigma_2^2)$ 的一个样本,且二者相互独立. 若 S_1^2, S_2^2 分别为两样本的样本方差,则

$$\frac{\dfrac{S_1^2}{\sigma_1^2}}{\dfrac{S_2^2}{\sigma_2^2}} \sim F(n_1-1, n_2-1). \tag{6-31}$$

证 因为

$$\frac{(n_1-1)S_1^2}{\sigma_1^2} \sim \chi^2(n_1-1), \quad \frac{(n_2-1)S_2^2}{\sigma_2^2} \sim \chi^2(n_2-1),$$

于是,由独立性及 F 分布的定义得

$$\frac{\dfrac{(n_1-1)S_1^2}{\sigma_1^2(n_1-1)}}{\dfrac{(n_2-1)S_2^2}{\sigma_2^2(n_2-1)}} = \frac{\dfrac{S_1^2}{\sigma_1^2}}{\dfrac{S_2^2}{\sigma_2^2}} \sim F(n_1-1,\ n_2-1).$$

本节介绍的几个分布及其上 α 分位点的定义和 5 个定理,在后几章中起着重要的作用,读者千万不要忽视. 在应用定理时,一定要注意,它们都是在总体为正态总体这一基本假设下导出的.

习 题 6

1. 设总体 $X \sim N(\mu, \sigma^2)$,X_1,X_2,$\cdots$,X_{10} 是来自 X 的样本.

(1) 写出 X_1,X_2,$\cdots$,X_{10} 的联合概率密度;(2) 写出 $\overline{X}$ 的概率密度.

2. 下面列出了 30 个美国篮球运动员的体重(单位:磅)数据.

$$225\ 232\ 232\ 245\ 235\ 245\ 270\ 225\ 240\ 240$$
$$217\ 195\ 225\ 185\ 200\ 220\ 200\ 210\ 271\ 240$$
$$220\ 230\ 215\ 252\ 225\ 220\ 206\ 185\ 227\ 236$$

画出这些数据的频率直方图.

3. 设 X_1,X_2,$\cdots$,X_n 是来自总体分布为 $B(1, p)$ 的简单随机样本,其中 $p(0 < p < 1)$ 是未知的.

(1) 指出以下的随机变量中哪些是统计量哪些不是统计量.

① $X_1 + X_3$;② $\min\{X_1, X_2, \cdots, X_n\}$;③ $X_5 + 2p(X_5 - X_1)$;④ $X_2 + EX$.

(2) 计算 $E(\overline{X})$ 和 $E(S^2)$.

4. 设总体 $X \sim B(1, p)$,X_1,X_2,$\cdots$,X_n 是来自 X 的样本. 求

(1) $(X_1, X_2, \cdots, X_n)$ 的分布律;(2) $\sum\limits_{i=1}^{n} X_i$ 的分布律;(3) $E(\overline{X})$,$D(\overline{X})$,$E(S^2)$.

5. 在总体 $N(12, 4)$ 中随机抽取一个容量为 5 的样本 X_1,X_2,X_3,X_4,X_5. 求

(1) 样本均值与总体均值之差的绝对值大于 1 的概率.

(2) $P\{\max\{X_1, X_2, X_3, X_4, X_5\} > 15\}$,$P\{\min\{X_1, X_2, X_3, X_4, X_5\} < 10\}$ 的概率.

6. (1) 已知某种能力测试的得分服从正态分布 $N(\mu, \sigma^2)$,随机抽取 10 人参与这一测试,求它们得分的联合概率密度,并求这 10 个人得分的平均值小于 μ 的概率.

(2) 在(1)中设 $\mu = 62$,$\sigma^2 = 25$,若能得分超过 70 就能得奖,求至少有一人得奖的概率.

7. 在总体 $N(52, 6.3^2)$ 中随机抽取一容量为 36 的样本,求样本均值 $\overline{X}$ 落在 50.8 到 53.8 之间的概率.

8. (1) 设样本 X_1,X_2,$\cdots$,X_6 来自总体 $N(0, 1)$,$Y = (X_1 + X_2 + X_3)^2 + (X_4 + X_5 + X_6)^2$. 试确定常数 C 使 CY 服从 χ^2 分布.

(2) 设样本 X_1，X_2，…，X_5 来自总体 $N(0, 1)$，$Y = \dfrac{C(X_1 + X_2)}{\sqrt{X_3^2 + X_4^2 + X_5^2}}$，试确定常数 C 使 Y 服从 t 分布.

(3) 已知 $X \sim t(n)$，求证 $X^2 \sim F(1, n)$.

9. 设 X_1，X_2，…，X_{10} 为来自于 $X \sim N(0, 0.3^2)$ 的一个样本，求 $P\left(\sum\limits_{i=1}^{10} X_i^2 > 1.44 \right)$.

10. 设 S^2 为正态总体 $N(\mu, \sigma^2)$ 的容量为 n 的样本方差，求 $E(S^2)$，$D(S^2)$.

11. 设总体 $X \sim \chi^2(n)$，X_1，X_2，…，X_{10} 是来自 X 的样本. 求 $E(\overline{X})$，$D(\overline{X})$，$E(S^2)$.

12. 设总体 X 的概率密度为 $f(x) = \dfrac{1}{2} e^{-|x|}$（$-\infty < x < +\infty$），$X_1$，$X_2$，…，$X_n$ 为总体 X 的简单随机样本，其样本方差为 S^2，求 $E(S^2)$.

13. 设 X_1，X_2，…，X_{16} 是来自 $N(\mu, \sigma^2)$ 的样本，已知 $\sigma = 5$，求 $P(|\overline{X} - \mu| < 2)$.

14. 设在总体 $N(\mu, \sigma^2)$ 中抽得一容量为 16 的样本，这里 μ，σ^2 未知. 求

(1) $P\left\{ \dfrac{S^2}{\sigma^2} \leqslant 2.041 \right\}$，这里 S^2 为样本的方差；(2) $D(S^2)$.

15. 设 X_1，X_2，…，X_n，X_{n+1} 是正态总体 $N(\mu, \sigma^2)$ 的随机样本，令

$$\overline{X} = \frac{1}{n} \sum_{i=1}^{n} X_i, \quad S^2 = \frac{1}{n-1} \sum_{i=1}^{n} (X_i - \overline{X})^2,$$

试证：

$$\sqrt{\frac{n}{n+1}} \cdot \frac{X_{n+1} - \overline{X}}{S} \sim t(n-1).$$

16. 设 $\overline{X}$，S^2 分别为正态总体 $N(\mu, \sigma^2)$ 的容量为 16 的样本均值和样本方差，求

(1) $P\{|\overline{X} - \mu| < 2\}$（设 $\sigma = 5$）；

(2) $P\left\{ \dfrac{S^2}{\sigma^2} \leqslant 2.041 \right\}$.

17. 设总体 $X \sim N(0, \sigma^2)$，X_1，X_2，…，X_{15} 为总体的一个样本. 则 $Y = \dfrac{X_1^2 + X_2^2 + \cdots + X_{10}^2}{2(X_{11}^2 + X_{12}^2 + \cdots + X_{15}^2)}$ 服从什么分布？

18. 求来自总体 $N(20, 3)$ 的容量分别为 10，15 的两个独立样本均值差的绝对值大于 0.3 的概率.

19. 设总体 $X \sim N(30, 4)$，从中抽取容量为 4 的样本，问 $\overline{X}$ 小于 29 的概率是多少？若抽取容量为 9 和 16 的两个相互独立的样本，问这两样本的均值之差的绝对值大于 0.2 的概率是多少？

20. 设总体 $X \sim N(\mu_1, \sigma^2)$，总体 $Y \sim N(\mu_2, \sigma^2)$，$X_1$，$X_2$，…，$X_{n_1}$ 和 Y_1，Y_2，…，Y_{n_2} 分别来自总体 X 和 Y 的简单随机样本，求

$$E\left[\frac{\sum\limits_{i=1}^{n_1}(X_i-\overline{X})^2+\sum\limits_{j=1}^{n_2}(Y_j-\overline{Y})^2}{n_1+n_2-2}\right].$$

21. 设总体 $X\sim N(\mu,\sigma^2)$，$X_1,X_2,\cdots,X_{2n}(n\geqslant 2)$ 是总体 X 的一个样本，$\overline{X}=\dfrac{1}{2n}\sum\limits_{i=1}^{2n}X_i$，

令 $Y=\sum\limits_{i=1}^{n}(X_i+X_{n+i}-2\overline{X})^2$，求 $E(Y)$.

第7章 参数估计

统计推断的基本问题可以分为两大类,一类是估计问题,另一类是假设检验问题.在实际生活中我们常常会碰到对一个总体的分布形式已知,但其分布中的一个或多个参数未知的情况,例如由中心极限定理可知一所高校一天的用电量是服从正态分布的,但这个正态分布的参数 μ, σ^2 却是未知的,这就需要从总体中随机抽取样本,根据样本来对总体中的未知参数 μ, σ^2 进行估计,这就是参数估计问题.本章讨论总体参数的点估计和区间估计.

7.1 点 估 计

设总体 X 的分布类型已知,但其中有一个或多个参数未知,根据总体 X 的一个样本来估计总体参数的值的问题称为点估计问题.

例1 某炸药制造厂,一天中着火现象的次数 X 是一个随机变量,假设 X 服从参数 $\lambda > 0$ 的泊松分布,参数 λ 为未知.现有以下的样本值,试估计参数 λ.

着火次数 k	0	1	2	3	4	5	6	$\geqslant 7$	$\sum$
发生 k 次着火的天数 n_k	75	90	54	22	6	2	1	0	250

解 由于 $X \sim \pi(\lambda)$,故有 $\lambda = E(X)$,我们很自然想到利用样本均值 $\bar{x} = \dfrac{1}{n}\sum_{i=1}^{n} x_i$ 来估计总体均值 λ.现由已知数据计算得

$$\bar{x} = \frac{\displaystyle\sum_{k=0}^{6} k n_k}{\displaystyle\sum_{k=0}^{6} n_k}$$

$$= \frac{1}{250}[0 \times 75 + 1 \times 90 + 2 \times 54 + 3 \times 22 + 4 \times 6 + 5 \times 2 + 6 \times 1 + 7 \times 0]$$

$= 1.22.$

即总体均值 $E(X) = \lambda$ 的估计值为 1.22.

定义 1 设总体 X 的分布函数为 $F(x, \theta)$，θ 为一个未知参数或多个未知参数构成的向量，θ 的可能取值范围称为**参数空间**，记为 Θ. $X_1, X_2, \cdots X_n$ 是总体 X 的一个样本，样本值为 $x_1, x_2, \cdots, x_n$，构造统计量 $\hat{\theta} = \hat{\theta}(X_1, X_2, \cdots X_n)$，用该统计量的观测值 $\hat{\theta} = \hat{\theta}(x_1, x_2, \cdots x_n)$ 作为 θ 的估计值，这类问题称为**点估计**. 此时称 $\hat{\theta}(X_1, X_2, \cdots X_n)$ 为 θ 的**估计量**，称 $\hat{\theta}(x_1, x_2, \cdots x_n)$ 为 θ 的**估计值**.

由于统计量 $\hat{\theta}(X_1, X_2, \cdots X_n)$ 是样本的函数，所以构造估计量 $\hat{\theta}(X_1, X_2, \cdots X_n)$ 的方法有很多，下面介绍两种最常用的构造估计量的方法：矩估计法和极大似然估计法.

一、矩估计法

矩估计法是求估计量的最古老的方法之一，它由英国统计学家皮尔逊（K. Pearson）于 1894 年首创，其基本思想是以样本矩来估计相应的总体矩，以样本矩的函数来估计相应的总体矩的同样函数.

一般地，设总体 X 的分布中含有 k 个未知参数 $\theta_1, \theta_2, \cdots, \theta_k$，如果总体 X 的 1，2，$\cdots$，k 阶原点矩 $\mu_l = E(X^l)$ $(l = 1, 2, \cdots, k)$ 都存在的话，则它们都依赖于参数 $\theta_1, \theta_2, \cdots, \theta_k$，即有

$$\mu_l = E(X^l) = \mu_l(\theta_1, \theta_2, \cdots, \theta_k), \quad l = 1, 2, \cdots, k.$$

由辛钦大数定理知，只要总体的 l 阶原点矩存在，则样本 l 阶原点矩依概率收敛于总体的 l 阶原点矩. 所以，我们可以用样本 l 阶原点矩 A_l 来估计总体分布相应的 l 阶原点矩 $\mu_l(l = 1, 2, \cdots, k)$，用样本原点矩的函数来估计总体原点矩的相同函数，这样如果能将待估参数写成总体原点矩的函数，则只要将这个函数中的总体原点矩替换为相应的样本原点矩即可得到待估参数的估计量，具体方法如下：

第一步，求总体 X 的原点矩. 通常，如果要估计 k 个未知参数，则计算总体 X 的 1 到 k 原点矩，得到如下结果：

$$\begin{cases} \mu_1 = E(X) = \mu_1(\theta_1, \theta_2, \cdots, \theta_k), \\ \mu_2 = E(X^2) = \mu_2(\theta_1, \theta_2, \cdots, \theta_k), \\ \vdots \\ \mu_k = E(X^k) = \mu_k(\theta_1, \theta_2, \cdots, \theta_k). \end{cases} \quad (7-1)$$

第二步，解方程组. 式(7-1)是一个包含 k 个未知参数 $\theta_1, \theta_2, \cdots, \theta_k$ 的联立方

程组,一般来说,在一定条件下方程组(7-1)有唯一解:

$$
\begin{cases}
\theta_1 = \theta_1(\mu_1, \mu_2, \cdots, \mu_k), \\
\theta_2 = \theta_2(\mu_1, \mu_2, \cdots, \mu_k), \\
\vdots \\
\theta_k = \theta_k(\mu_1, \mu_2, \cdots, \mu_k).
\end{cases}
$$

第三步,替换. 将上面所求得的方程组的解中所包含的总体 l 阶原点矩 μ_l 都替换为相应的样本 l 阶原点矩 A_l,则得到待估参数的估计量:

$$
\begin{cases}
\hat{\theta}_1 = \theta_1(A_1, A_2, \cdots, A_k), \\
\hat{\theta}_2 = \theta_2(A_1, A_2, \cdots, A_k), \\
\vdots \\
\hat{\theta}_k = \theta_k(A_1, A_2, \cdots, A_k).
\end{cases}
$$

$\hat{\theta}_1, \hat{\theta}_2, \cdots, \hat{\theta}_k$ 的观测值作为 $\theta_1, \theta_2, \cdots, \theta_k$ 的估计值. 这种求未知参数的估计量的方法称为矩估计法.

例 2 设总体 X 在 $[a, b]$ 上服从均匀分布,a, b 未知. $X_1, X_2, \cdots, X_n$ 是总体 X 的一个样本,求 a, b 的矩估计量 $\hat{a}, \hat{b}$.

解 因为总体 X 有两个未知参数,所以要列两个方程.
总体 X 的一阶矩为

$$
\mu_1 = E(X) = \frac{a+b}{2};
$$

总体 X 的二阶矩为

$$
\mu_2 = E(X^2) = D(X) + [E(X)]^2 = \frac{(b-a)^2}{12} + \frac{(b+a)^2}{4};
$$

样本一阶矩为

$$
A_1 = \frac{1}{n}\sum_{i=1}^{n} X_i = \bar{X};
$$

样本二阶矩为

$$
A_2 = \frac{1}{n}\sum_{i=1}^{n} X_i^2.
$$

令

$$\begin{cases} \mu_1 = A_1, \\ \mu_2 = A_2, \end{cases}$$

即

$$\begin{cases} \dfrac{a+b}{2} = A_1 = \bar{X}, \\ \dfrac{(b-a)^2}{12} + \dfrac{(a+b)^2}{4} = A_2 = \dfrac{1}{n}\sum_{i=1}^{n} X_i^2. \end{cases}$$

解之得

$$\begin{cases} \hat{a} = A_1 - \sqrt{3(A_2 - A_1^2)} = \bar{X} - \sqrt{\dfrac{3}{n}\sum_{i=1}^{n}\left(X_i - \bar{X}\right)^2} = \bar{X} - \sqrt{\dfrac{3(n-1)}{n}}S, \\ \hat{b} = A_1 + \sqrt{3(A_2 - A_1^2)} = \bar{X} + \sqrt{\dfrac{3}{n}\sum_{i=1}^{n}\left(X_i - \bar{X}\right)^2} = \bar{X} + \sqrt{\dfrac{3(n-1)}{n}}S. \end{cases}$$

此即为所求的矩估计量.

例3 设总体 X 的均值 μ 和方差 σ^2 都存在,且 $\sigma^2 > 0$,但 μ, σ^2 未知. 又设 X_1, X_2, $\cdots$, X_n 是总体 X 的样本. 试求 μ 和 σ^2 的矩估计量.

解 $\mu_1 = E(X) = \mu,$

$$\mu_2 = E(X)^2 = D(X) + \left[E(X)\right]^2 = \sigma^2 + \mu^2,$$

$$A_1 = \frac{1}{n}\sum_{i=1}^{n} X_i = \bar{X},$$

$$A_2 = \frac{1}{n}\sum_{i=1}^{n} X_i^2.$$

分别以 A_1, A_2 代替 μ_1, μ_2,得到 μ 和 σ^2 矩估计量为

$$\hat{\mu} = \bar{X},$$

$$\hat{\sigma}^2 = \frac{1}{n}\sum_{i=1}^{n} X_i^2 - \bar{X}^2 = \frac{1}{n}\sum_{i=1}^{n}\left(X_i^2 - \bar{X}\right)^2 = B_2 = \frac{n-1}{n}S^2.$$

所得的结果表明,总体均值与方差的矩估计量的表达式不因不同的总体分布而异.

例4 已知总体 X 服从参数为 λ 的泊松分布,其分布律为

$$P\{X = k\} = \frac{1}{k!}\lambda^k \mathrm{e}^{-\lambda}, \quad k = 0, 1, 2, \cdots, \lambda > 0.$$

X_1, X_2, $\cdots$, X_n 为总体 X 的一个样本. 求 λ 的矩估计量 $\hat{\lambda}$.

解 因为总体 X 只含一个未知参数, 所以只需列一个方程就行.

总体 X 的一阶矩为

$$\mu_1 = E(X) = \lambda;$$

样本一阶矩为

$$A_1 = \frac{1}{n} \sum_{i=1}^{n} X_i = \bar{X}.$$

令 $\lambda = E(X) = \bar{X}$, 得 $\hat{\lambda} = \bar{X}$. 此即为 λ 的矩估计量.

例5 设总体 X 的概率密度函数为

$$f(x) = \begin{cases} \dfrac{6x}{\theta^3}(\theta - r), & 0 < x \leqslant \theta, \\ 0, & \text{其他.} \end{cases}$$

X_1, X_2, $\cdots$, X_n 是总体 X 的一个样本, 求 θ 的矩估计量 $\hat{\theta}$.

解 因为总体 X 只含一个未知参数, 所以只需列一个方程就行.

总体 X 的一阶矩为 $\mu_1 = E(X)$, 即

$$\mu_1 = E(X) = \int_{-\infty}^{+\infty} x f(x) \mathrm{d}x = \int_0^0 \frac{6x^2}{\theta^3}(\theta - x)\mathrm{d}x = \frac{\theta}{2};$$

样本一阶矩为

$$A_1 = \frac{1}{n} \sum_{i=1}^{n} X_i = \bar{X}.$$

令 $\dfrac{\theta}{2} = E(X) = \bar{X}$, 得 $\hat{\theta} = 2\bar{X}$, 此即为 θ 的矩估计量.

矩估计法的优点是比较直观, 计算简单, 只要总体的矩存在就可以求未知参数的估计量, 但矩估计量有时不唯一, 如将上面的 k 阶原点矩 $E(X^k)$ 换成 k 阶中心矩 $E[X - E(X)]^k$, 再用

$$B_k = \frac{1}{n} \sum_{i=1}^{n} \left(X_i - \bar{X} \right)^x, \quad k = 1, 2, \cdots, m$$

来代替 A_k, 这种方法也称为**矩估计法**. 若总体 X 的均值 $E(X)$, 方差 $D(X)$ 未知, 则用

$$\bar{X} = \frac{1}{n} \sum_{i=1}^{n} X_i$$

估计 $E(X)$，用样本二阶矩

$$B_2 = \frac{1}{n} \sum_{i=1}^{n} \left(X_i - \bar{X} \right)^2$$

估计 $D(X)$．

二、极大似然估计法

极大似然估计法是一种广泛的点估计法，它建立在小概率事件原理的基础上．由小概率事件原理知"概率大的事件在一次试验中容易发生"，或者说"在一次试验中发生了的事件概率大"．因此，若从含有未知参数 θ 总体中随机抽取一次抽到 X_i，则认为 X_i 发生的概率较大，或者说为了从总体中随机抽取一次能抽到 X_i，必须调整 θ 使 X_i 出现的概率达到最大．

例如，设有一批产品 100 件，是由甲、乙两厂家提供的，其比例为 9：1，但具体哪个厂家提供得多未知．现假设甲厂提供的产品所占比例为 p，为了判断 p 值，我们从中随机抽取两件产品，发现都是甲厂生产的，这时，我们很自然地认为 $p = 0.9$，即甲厂提供的产品占九成．这是因为若 $p = 0.1$，则从 100 件产品中取到甲厂生产的产品的可能性近似为 $0.1 \times 0.1 = 0.01$，这是一个小概率事件，在一次试验中几乎不可能发生，而现在所取得的两件产品都是甲厂生产的，因此，我们有理由认为 $p = 0.9$，这就是极大似然法思想的体现．

极大似然估计法是通过求某种函数（称为样本似然函数）的极大值来估计未知参数的方法．在极大似然估计法中，最关键的问题是求样本似然函数，有了样本似然函数，问题就可以转化为微积分学中的极值问题．设 X_1，X_2，$\cdots$，X_n 是总体 X 的一个样本，所谓样本似然函数就是样本 X_1，X_2，$\cdots$，X_n 的联合概率函数．

定义 2 设总体 X 的概率函数 $g(x, \theta_1, \theta_2, \cdots, \theta_k)$ 的形式已知，θ_1，θ_2，$\cdots$，θ_k 为待估参数，对于给定的一组样本值，X_1，X_2，$\cdots$，X_n 的联合概率函数为

$$L(\theta_1, \theta_2, \cdots, \theta_k) = L(\theta_1, \cdots, \theta_k; x_1, \cdots, x_n) = \prod_{i=1}^{n} g(x_i; \theta_1, \theta_2, \cdots, \theta_k),$$

$$(7\text{-}2)$$

则函数 $L(\theta_1, \theta_2, \cdots, \theta_k)$ 称为样本的**似然函数**．

当总体 X 是具有分布律为 $P\{X = x\} = p(x; \theta_1, \theta_2, \cdots, \theta_k)$ 的离散型随机变量 X 时，样本似然函数为

$$L(\theta_1, \theta_2, \cdots, \theta_k) = L(\theta_1, \cdots, \theta_k; x_1, \cdots, x_n) = \prod_{i=1}^{n} p(x_i; \theta_1, \theta_2, \cdots, \theta_k).$$

$$(7\text{-}3)$$

当总体 X 是具有概率密度为 $f(x；\theta_1，\theta_2，\cdots，\theta_k)$ 的连续型随机变量时,样本似然函数为

$$L(\theta_1，\theta_2，\cdots，\theta_k) = L(\theta_1，\cdots，\theta_k；x_1，\cdots，x_n) = \prod_{i=1}^{n} f(x_i；\theta_1，\theta_2，\cdots，\theta_k).$$

$$(7\text{-}4)$$

极大似然估计法的思想是:适当地选取 $\theta_1，\theta_2，\cdots，\theta_k$,使得似然函数 $L(\theta_1，\theta_2，\cdots，\theta_k)$ 在 $\hat{\theta}_1，\hat{\theta}_2，\cdots，\hat{\theta}_k$ 取到最大值,也即使试验结果 $X_1 = x_1，\cdots，X_n = x_n$ 的概率最大,则称 $\hat{\theta}_1，\hat{\theta}_2，\cdots，\hat{\theta}_k$ 分别是 $\theta_1，\theta_2，\cdots，\theta_k$ 的**极大似然估计值**.

由极大似然估计法的思想知,若

$$L\left(\hat{\theta}_1，\cdots，\hat{\theta}_k；x_1，\cdots，x_n\right) = \max_{\theta_i \in \Theta} L(\theta_1，\cdots，\theta_k；x_1，\cdots，x_n)，\quad (7\text{-}5)$$

则 $\hat{\theta}_i(x_1，\cdots x_n)$ 称为 $\theta_i(i = 1，\cdots，k)$ 的**极大似然估计值**,而 $\hat{\theta}_i(X_1，\cdots，X_n)$ 称为 $\theta_i(i = 1，\cdots，k)$ 的**极大似然估计量**.

当 $L(\theta_1，\theta_2，\cdots，\theta_k)$ 关于 $\theta_1，\theta_2，\cdots，\theta_k$ 的偏导数存在时,可以利用微积分学中求极值的方法求得 $\hat{\theta}_1，\hat{\theta}_2，\cdots，\hat{\theta}_k$,此时 $\hat{\theta}_1，\hat{\theta}_2，\cdots，\hat{\theta}_k$ 必须满足下述方程组:

$$\frac{\partial L}{\partial \theta_1} = 0，\frac{\partial L}{\partial \theta_2} = 0，\cdots，\frac{\partial L}{\partial \theta_k} = 0，\tag{7-6}$$

此方程称为**似然方程组**.

又因为 $L(\theta_1，\theta_2，\cdots，\theta_k)$ 与 $\ln L(\theta_1，\theta_2，\cdots，\theta_k)$ 同时达到最大值,似然方程组常常用下述方程组代替:

$$\frac{\partial \ln L}{\partial \theta_1} = 0，\frac{\partial \ln L}{\partial \theta_2} = 0，\cdots，\frac{\partial \ln L}{\partial \theta_k} = 0.\tag{7-7}$$

此方程求解往往比较方便,称为**对数似然方程**.

例 6　设总体 $X \sim B(1，p)$,p 为未知参数,设 $X_1，X_2，\cdots，X_n$ 是总体 X 的一个样本,求参数 p 的极大似然估计量.

解　因为总体 X 的分布律为

$$P\{X = x\} = p^x(1-p)^{1-x}，\quad x = 0，1，$$

故样本似然函数为

$$L(p) = \prod_{i=1}^{n} p^{x_i}(1-p)^{1-x_i} = p^{\sum\limits_{i=1}^{n} x_i}(1-p)^{n-\sum\limits_{i=1}^{n} x_i}，\quad x_i = 0，1；i = 1，2，\cdots，n.$$

于是

$$\ln L(p) = \left(\sum_{i=1}^{n} x_i\right)\ln p + \left(n - \sum_{i=1}^{n} x_i\right)\ln(1-p).$$

由

$$\frac{\mathrm{d}}{\mathrm{d}p} L(p) = \frac{\sum\limits_{i=1}^{n} x_i}{p} + \frac{n - \sum\limits_{i=1}^{n} x_i}{p-1} = 0,$$

解得

$$\hat{p} = \frac{1}{n}\sum_{i=1}^{n} x_i = \bar{x}.$$

所以 p 的极大似然估计量为

$$\hat{p} = \frac{1}{n}\sum_{i=1}^{n} X_i = \bar{X}.$$

例 7 设 $X \sim N(\mu, \sigma^2)$，μ 和 σ^2 未知，$x_1, x_2, \cdots, x_n$ 是来自 X 的一个样本值，求 μ, σ^2 的极大似然估计值.

解 由于总体 $X \sim N(\mu, \sigma^2)$，其概率密度函数为

$$f(x) = \frac{1}{\sqrt{2\pi}\sigma}\mathrm{e}^{-\frac{(x-\mu)^2}{2\sigma^2}},$$

所以，样本 $X_1, X_2, \cdots, X_n$ 的联合概率密度函数为

$$L(\mu, \sigma^2) = \frac{1}{\sqrt{2\pi}\sigma}\mathrm{e}^{-\frac{(x_1-\mu)^2}{2\sigma^2}} \frac{1}{\sqrt{2\pi}\sigma}\mathrm{e}^{-\frac{(x_2-\mu)^2}{2\sigma^2}} \cdots \frac{1}{\sqrt{2\pi}\sigma}\mathrm{e}^{-\frac{(x_n-\mu)^2}{2\sigma^2}} = \left(\frac{1}{\sqrt{2\pi}\sigma}\right)^n \mathrm{e}^{-\sum\limits_{i=1}^{n}\frac{(x_i-\mu)^2}{2\sigma^2}}.$$

于是
$$\ln L(\mu, \sigma^2) = \frac{n}{2}\ln(2\pi) - \frac{n}{2}\ln\sigma^2 - \sum_{i=1}^{n}\frac{(x_i-\mu)^2}{2\sigma^2}.$$

则由

$$\begin{cases} \dfrac{\partial \ln(L)}{\partial \mu} = \dfrac{1}{\sigma^2}\sum\limits_{i=1}^{n}(x_i-\mu) = \dfrac{n}{\sigma^2}(\bar{x}-\mu) = 0, \\[3mm] \dfrac{\partial \ln(L)}{\partial \sigma^2} = -\dfrac{n}{2\sigma^2} + \dfrac{1}{2\sigma^4}\sum\limits_{i=1}^{n}(x_i-\mu)^2 = 0, \end{cases}$$

解得

$$\hat{\mu} = \bar{x}, \quad \hat{\sigma}^2 = \frac{1}{n} \sum_{i=1}^{n} (x_i - \bar{x})^2 = B_2.$$

这里求得的极大似然估计量和例 3 中求得的矩估计量是相同的. 由题设条件, 得 $\bar{x} = 1\,130$, $B_2 = 4\,220$, 故所求的极大似然估计值为

$$\hat{\mu} = 1\,130, \quad \hat{\sigma}^2 = 4\,220.$$

综合上两例的解法, 得出求极大似然估计量 $\hat{\theta} = (\hat{\theta}_1, \hat{\theta}_2, \cdots, \hat{\theta}_k)$ 的步骤:

步骤 1 写出 $L(\theta) = \prod_{i=1}^{n} p(x_i; \theta)$ 或 $L(\theta) = \prod_{i=1}^{n} f(x_i; \theta)$.

步骤 2 取对数 $\ln L(\theta) = \sum_{i=1}^{n} \ln p(x_i; \theta)$ 或 $\ln L(\theta) = \sum_{i=1}^{n} \ln f(x_i; \theta)$.

步骤 3 解似然方程组

$$\frac{\partial \ln L(\theta)}{\partial \theta_i} = 0, \quad i = 1, 2, \cdots, k.$$

解得 $\hat{\theta} = (\hat{\theta}_1, \hat{\theta}_2, \cdots, \hat{\theta}_k)$, 并判别 $L(\theta)$ 在 $\hat{\theta}$ 处取得极大值, 则 $\hat{\theta} = (\hat{\theta}_1, \hat{\theta}_2, \cdots, \hat{\theta}_k)$ 即为 $\theta = (\theta_1, \theta_2, \cdots, \theta_k)$ 的极大似然估计值.

例 8 已知总体 X 服从参数为 λ 的泊松分布, 其分布律为

$$P\{X = k\} = \frac{1}{k!} \lambda^k e^{-\lambda}, \quad k = 0, 1, 2, \cdots; \lambda > 0.$$

$X_1, X_2, \cdots, X_n$ 为总体 X 的一个样本. 求 λ 的极大似然估计量 $\hat{\lambda}$.

解 样本似然函数为

$$L(\lambda) = \prod_{i=1}^{n} \frac{\lambda^{x_i} e^{-\lambda}}{x_i!} = e^{-n\lambda} \prod_{i=1}^{n} \frac{\lambda^{x_i}}{x_i!},$$

于是

$$\ln L(\lambda) = -n\lambda + \sum_{i=1}^{n} x_i \ln \lambda - \sum_{i=1}^{n} \ln(x_i!).$$

则由

$$\frac{d}{d\lambda} \ln L(\lambda) = 0,$$

解得

$$\lambda = \frac{1}{n} \sum_{i=1}^{n} x_i.$$

又因为
$$\frac{\mathrm{d}^2 \ln L}{(\mathrm{d}\lambda)^2} = -\frac{\sum_{i=1}^{n} x_i}{\lambda^2} < 0,$$

所以 λ 的极大似然估计量为
$$\hat{\lambda} = \frac{1}{n}\sum_{i=1}^{n} X_i = \bar{X}.$$

显然,这里求得的 λ 的极大似然估计量与例 4 中求得的 λ 的矩估计量相同.

例 9 设总体 X 的分布函数为
$$F(x;\theta_1,\theta_2) = \begin{cases} 1-\left(\dfrac{\theta_1}{x}\right)^{\theta_2}, & x \geqslant \theta_1, \\ 0, & x < \theta_1, \end{cases}$$

其中参数 $\theta_1 > 0$ 已知,参数 $\theta_2 > 1$ 未知. 设 $X_1, X_2, \cdots, X_n$ 是总体 X 的一个样本,求未知参数 θ_2 的极大似然估计量.

解 由于总体 X 的概率密度函数为
$$f(x;\theta_1,\theta_2) = F'(x;\theta_1,\theta_2) = \begin{cases} \theta_2\theta_1^{\theta_2}x^{-(\theta_2+1)}, & x > \theta_1, \\ 0, & x \leqslant \theta_1, \end{cases}$$

所以样本 $X_1, X_2, \cdots, X_n$ 的似然函数为

当 $x_1 > \theta_1, \cdots, x_n > \theta_1$ 时,
$$L(\theta_2) = \prod_{i=1}^{n} f(x_i;\theta_1,\theta_2) = \prod_{i=1}^{n} \theta_2\theta_1^{\theta_2}x_i^{-(\theta_2+1)} = \theta_2^n\theta_1^{n\theta_2}\prod_{i=1}^{n} x_i^{-(1+\theta_2)} \geqslant 0$$

其他情形,$L(\theta_2) = 0$. 由于所求的 θ_2 是使得 $L(\theta_2)$ 取得极大值,故只考虑 $x > \theta_1, \cdots, x_n > \theta_1$ 的情形.

当 $x_1 > \theta_1, \cdots, x_n > \theta_1$ 时,
$$\ln L(\theta_2) = n\ln\theta_2 + n\theta_2\ln\theta_1 - (1+\theta_2)\sum_{i=1}^{n}\ln x_i,$$

于是,由
$$\frac{\mathrm{d}\ln L}{\mathrm{d}\theta_2} = \frac{n}{\theta_2} + n\ln\theta_1 - \sum_{i=1}^{n}\ln x_i = 0,$$

解得
$$\hat{\theta}_2 = \frac{n}{\sum_{i=1}^{n}\ln x_i - n\ln\theta_1} = \frac{n}{\sum_{i=1}^{n}(\ln x_i - \ln\theta_1)}$$

是唯一驻点.

又因为

$$\frac{\mathrm{d}^2 \ln L}{(\mathrm{d}\theta_2)^2} = -\frac{n}{\theta_2^2} < 0,$$

所以 θ_2 的极大似然估计量为

$$\hat{\theta}_2 = \frac{n}{\displaystyle\sum_{i=1}^{n} \ln X_i - n \ln \theta_1} = \frac{n}{\displaystyle\sum_{i=1}^{n} (\ln X_i - \ln \theta_1)}.$$

例 10 设总体 $X \sim U[a, b]$，a, b 均是未知的，设 $X_1, X_2, \cdots, X_n$ 是总体 X 的一个样本，求 a, b 的极大似然估计量.

解 由于总体 $X \sim U[a, b]$，其概率密度函数为

$$f(x) = \begin{cases} \dfrac{1}{b-a}, & a \leqslant x \leqslant b, \\ 0, & \text{其他}, \end{cases}$$

所以样本似然函数为

$$L(a, b) = \begin{cases} \dfrac{1}{(b-a)^n}, & a \leqslant x_1, x_2, \cdots, x_n \leqslant b, \\ 0, & \text{其他}. \end{cases}$$

要使得函数 $L(a, b)$ 取得极大值，只需函数 $\dfrac{1}{(b-a)^n}$ 取得极大值就行. 而

$$\frac{\partial}{\partial a} \frac{1}{(b-a)^n} = \frac{n}{(b-a)^{n+1}} \neq 0, \quad \frac{\partial}{\partial b} \frac{1}{(b-a)^n} = \frac{-n}{(b-a)^{n+1}} \neq 0,$$

因此，无驻点，需要应用其他方法来求估计量. 为此，可用直接观察法. 记

$$x_{(1)} = \min_{1 \leqslant i \leqslant n} x_i, \quad x_{(n)} = \max_{1 \leqslant i \leqslant n} x_i,$$

有

$$a \leqslant x_1, x_2, \cdots, x_n \leqslant b \Leftrightarrow a \leqslant x_{(1)}, x_{(n)} \leqslant b.$$

则对于满足条件 $a \leqslant x_{(1)}, x_{(n)} \leqslant b$ 的任意 a, b 有

$$L(a, b) = \frac{1}{(b-a)^n} \leqslant \frac{1}{(x_{(n)} - x_{(1)})^n},$$

即 $L(a, b)$ 在 $a = x_{(1)}$，$b = x_{(n)}$ 时取得最大值为

$$L_{\max}(a, b) = \frac{1}{(x_{(n)} - x_{(1)})^n}.$$

故 a, b 的极大似然估计值为

$$\hat{a} = x_{(1)} = \min_{1 \le i \le n}\{x_i\}, \quad \hat{b} = x_{(n)} = \max_{1 \le i \le n}\{x_i\}.$$

a, b 的极大似然估计量为

$$\hat{a} = X_{(1)} = \min_{1 \le i \le n}\{X_i\}, \quad \hat{b} = X_{(n)} = \max_{1 \le i \le n}\{X_i\}.$$

这和矩估计法得到的估计量是不相同的.

此外,极大似然估计具有下述性质:设 θ 的函数 $u = g(\theta)$ $(\theta \in \Theta)$ 具有单值反函数 $\theta = \theta(u)$ $(u \in G)$,又假设 $\hat{\theta}$ 是参数 θ 的极大似然估计,则 $\hat{u} = g(\hat{\theta})$ 是 $g(\theta)$ 的极大似然估计. 这一性质称为极大似然估计的不变性.

7.2　估计量优劣的评选标准

对于总体分布的同一参数,不同的估计法得到的估计量有时是不相同的,原则上,任何一个统计量都可以作为总体参数的估计量,于是,估计量的选取就存在一个优劣判断的问题. 下面介绍几种常用的标准.

一、无偏性

由于估计量是样本的函数,而样本的抽取具有随机性,在不同的样本值下得到不同的估计值,所以估计量也是一个随机变量. 我们自然希望估计值在参数的真值附近,并且使它的数学期望等于真值.

定义 1　如果未知参数 θ 的估计量 $\hat{\theta}(X_1, \cdots, X_n)$ 的数学期望 $E(\hat{\theta})$ 存在,且有

$$E(\hat{\theta}) = \theta, \tag{7-8}$$

则称 $\hat{\theta}(X_1, \cdots, X_n)$ 是 θ 的**无偏估计量**.

若 $\hat{\theta}(X_1, \cdots, X_n)$ 是 θ 的无偏估计量,则说明 $\hat{\theta}(X_1, \cdots, X_n)$ 尽管随着样本值的变化而不同,但其平均值等于 θ 的真值. 在科学技术中常将 $E(\hat{\theta}) - \theta$ 称为以 $\hat{\theta}$ 作为 θ 的估计的**系统误差**. 无偏性说明无系统误差.

例 1　设总体 X 的 k 阶矩 $\mu_k = E(X^k)(k \ge 1)$ 存在,又设 $X_1, X_2, \cdots, X_n$ 是 X 的一个样本,试证明无论总体服从什么分布,k 阶样本矩 $A_k = \dfrac{1}{n}\sum_{i=1}^{n} X_i^k$ 是 k 阶总

体矩 μ_k 的无偏估计.

证 X_1，X_2，$\cdots$，X_n 与 X 同分布，故有

$$E(X_i^k) = E(X^k) = \mu_k, \quad i = 1, 2, \cdots, n,$$

即有

$$E(A_k) = \frac{1}{n} \sum_{i=1}^n E(X_i^k) = \mu_k.$$

例 2 设总体 X 的一阶矩、二阶矩都存在，$E(X) = \mu$，$D(X) = \sigma^2$，X_1，X_2，$\cdots X_n$ 是总体 X 的样本. 试证：

$$S^2 = \frac{1}{n-1} \sum_{i=1}^n \left(X_i - \bar{X} \right)^2$$

是 σ^2 的无偏估计. 而

$$B^2 = \frac{1}{n} \sum_{i=1}^n \left(X_i - \bar{X} \right)^2$$

不是 σ^2 的无偏估计.

证 因为 X_1，X_2，$\cdots X_n$ 是总体 X 的样本，所以

$$E(X_i) = \mu, \ D(X_i) = \sigma^2, \quad i = 1, 2, \cdots, n$$

$$E(\bar{X}) = E\left(\frac{1}{n} \sum_{i=1}^n X_i \right) = \mu, \quad D(\bar{X}) = \frac{1}{n}\sigma^2,$$

$$\sum_{i=1}^n E(X_i - \mu)^2 = n\sigma^2, \quad \sum_{i=1}^n E(X_i - \mu)\left(\bar{X} - \mu \right) = nE\left(\bar{X} - \mu \right)^2.$$

于是

$$E(S^2) = E\left[\frac{1}{n-1} \sum_{i=1}^n \left(X_i - \bar{X} \right)^2 \right] = \frac{1}{n-1} \sum_{i=1}^n E\left(X_i - \bar{X} \right)^2$$

$$= \frac{1}{n-1} \sum_{i=1}^n E\left[(X_i - \mu) - \left(\bar{X} - \mu \right) \right]^2$$

$$= \frac{1}{n-1} \left[\sum_{i=1}^n E(X_i - \mu)^2 - 2 \sum_{i=1}^n E(X_i - \mu)\left(\bar{X} - \mu \right) + \sum_{i=1}^n E(X_i - \mu)^2 \right]$$

$$= \frac{1}{n-1} (n\sigma^2 - 2\sigma^2 + \sigma^2) = \frac{n-1}{n-1}\sigma^2 = \sigma^2,$$

$$E(B_2) = E\left(\frac{n-1}{n} S^2 \right) = \frac{n-1}{n} E(S^2) = \frac{n-1}{n}\sigma^2 \neq \sigma^2.$$

故 $S^2 = \dfrac{1}{n-1}\sum\limits_{i=1}^{n}\left(X_i - \bar{X}\right)^2$ 是 σ^2 的无偏估计, 而 $B_2 = \dfrac{1}{n}\sum\limits_{i=1}^{n}\left(X_i - \bar{X}\right)^2$ 不是 σ^2 的无偏估计.

一般地, 对于任何总体 X, 若 $E(X)$ 存在, 则 $\bar{X}$ 为 $E(X)$ 无偏估计量. 若 $D(X)$ 存在, S^2 是 $D(X)$ 的无偏估计量, 但 B_2 不是 $D(X)$ 的无偏估计量.

例 3 设总体服从指数分布, 其概率密度为

$$f(x, \theta) = \begin{cases} \dfrac{1}{\theta}\mathrm{e}^{-\frac{x}{\theta}}, & x > 0, \\ 0, & \text{其他}. \end{cases}$$

其中参数 $\theta > 0$ 为未知, 又设 $X_1, X_2, \cdots X_n$ 是总体 X 的样本, 试证 $\bar{X}$ 和 $nZ = \min\{X_1, X_2, \cdots, X_n\}$ 都是 θ 的无偏估计量.

证 因为 $E(\bar{X}) = E(X) = \theta$, 所以 $\bar{X}$ 是 θ 的无偏估计量. 而 $nZ = \min\{X_1, X_2, \cdots, X_n\}$ 具有概率密度

$$f_{\min}(x, \theta) = \begin{cases} \dfrac{1}{\theta}\mathrm{e}^{-\frac{nx}{\theta}}, & x > 0, \\ 0, & \text{其他}. \end{cases}$$

故知

$$E(Z) = \frac{\theta}{n},$$

$$E(nZ) = \theta.$$

即 nZ 也是 θ 的无偏估计量.

由此可见, 一个未知参数有时存在多个无偏估计.

二、有效性

对于未知参数 θ, 如果 $\hat{\theta}_1$ 和 $\hat{\theta}_2$ 都是 θ 的无偏估计, 如果在在样本容量相同的情况下, $\hat{\theta}_1$ 的观察值较 $\hat{\theta}_2$ 更密集在真值 θ 的附近, 我们就认为 $\hat{\theta}_1$ 较 $\hat{\theta}_2$ 理想.

定义 2 设未知参数为 θ, $\hat{\theta}_1(X_1, \cdots, X_n)$ 和 $\hat{\theta}_2(X_1, \cdots, X_n)$ 都是 θ 的无偏估量, 如果有不等式

$$D(\hat{\theta}_1) < D(\hat{\theta}_2) \tag{7-9}$$

成立, 则称 $\hat{\theta}_1$ 是比 $\hat{\theta}_2$ 有效的 θ 的估计量.

例 4(续例 3) 试证: 当 $n > 1$ 时, θ 的无偏估计量 $\bar{X}$ 较 nZ 有效.

证 由于 $D(X) = \theta^2$,故有 $D(\bar{X}) = \theta^2/n$. 又 $D(Z) = \theta^2/n^2$,故有 $D(nZ) = \theta^2$. 当 $n > 1$ 时 $D(nZ) > D(\bar{X})$,故 $\bar{X}$ 较 nZ 有效.

例5 设总体 X 在区间 $(a, a+1)$ 内服从均匀分布,设 X_1,X_2,$\cdots$,X_n 是总体 X 的一个样本,对未知参数 a 有两个估计量:

$$\hat{a}_1 = \frac{1}{n}\sum_{i=1}^{n} X_i - \frac{1}{2}, \quad \hat{a}_2 = \max\{X_1, X_2, \cdots, X_n\} - \frac{n}{n+1}.$$

(1) 试证明 $\hat{a}_1$,$\hat{a}_2$ 都是 a 的无偏估计量;

(2) 试比较 $\hat{a}_1$,$\hat{a}_2$ 的有效性.

证 因为 X 在区间 $(a, a+1)$ 内服从均匀分布,所以

$$E(X) = a + \frac{1}{2}, \quad D(X) = \frac{1}{12}.$$

则(1) $E(\hat{a}_1) = E\left(\frac{1}{n}\sum_{i=1}^{n} X_i - \frac{1}{2}\right) = \frac{1}{n} \cdot n \cdot \left(a + \frac{1}{2}\right) - \frac{1}{2} = a$,即 $\hat{a}_1$ 是 a 的无偏估计量;令 $Y = \max\{X_1, X_2, \cdots, X_n\}$,则由总体 X 在区间 $(a, a+1)$ 内服从均匀分布及函数 Y 的分布函数性质,得 $Y = \max\{X_1, X_2, \cdots, X_n\}$ 的分布函数为

$$F_Y(y) = \begin{cases} 0, & y < a, \\ (y-a)^n, & a \leqslant y < a+1, \\ 1, & y \geqslant a+1. \end{cases}$$

于是,$Y = \max\{X_1, X_2, \cdots, X_n\}$ 的概率密度函数为

$$f_Y(y) = \begin{cases} n(y-a)^{n-1}, & a < y < a+1, \\ 0, & \text{其他.} \end{cases}$$

因而

$$E(Y) = \int_a^{a+1} y \cdot n(y-a)^{n-1} \mathrm{d}y = a + \frac{n}{n+1},$$

所以 $E(\hat{a}_2) = E\left(\max\{X_1, X_2, \cdots, X_n\} - \frac{n}{n+1}\right) = a + \frac{n}{n+1} - \frac{n}{n+1} = a$,

即 $\hat{a}_2$ 也是 a 的无偏估计量.

(2) $D(\hat{a}_1) = D\left(\frac{1}{n}\sum_{i=1}^{n} X_i - \frac{1}{2}\right) = \frac{1}{n^2} \cdot n \cdot \frac{1}{12} = \frac{1}{12n}$,

又

$$D(Y) = \int_a^{a+1} [y - E(Y)]^2 \cdot n(y-a)^{n-1} \mathrm{d}y$$

$$= \int_a^{a+1} \left[(y-a) - \frac{n}{n+1} \right]^2 \cdot n(y-a)^{n-1} \mathrm{d}y$$

$$= \frac{n}{(n+2)(n+1)^2},$$

所以

$$D(\hat{a}_2) = D\left(\max\{X_1, X_2, \cdots, X_n\} - \frac{n}{n+1} \right)$$

$$= D(\max\{X_1, X_2, \cdots, X_n\}) = \frac{n}{(n+2)(n+1)^2}.$$

故当 $n > 2$ 时,有 $D(\hat{a}_1) < D(\hat{a}_2)$,即 $\hat{a}_2$ 比 $\hat{a}_1$ 有效.

三、相合性

前面讨论的无偏性与有效性都是在样本容量 n 一定的条件下进行的,我们自然希望随着样本容量的增大,一个估计量的值稳定于待估计参数的真值. 这样,对估计量又有相合性的要求.

定义 3 设 $\hat{\theta}(X_1, \cdots, X_n)$ 是 θ 的估计量,如果对任意的 $\varepsilon > 0$,有

$$\lim_{n \to \infty} P\left\{ \left| \hat{\theta}(X_1, \cdots, X_n) - \theta \right| < \varepsilon \right\} = 1$$

或

$$\lim_{n \to \infty} P\left\{ \left| \hat{\theta}(X_1, \cdots, X_n) - \theta \right| \geqslant \varepsilon \right\} = 0, \tag{7-10}$$

则称 $\hat{\theta}(X_1, \cdots, X_n)$ 为 θ 的**相合估计量**.

由大数定律可以证明,$\overline{X}$ 是 $E(X)$ 的相合估计量,S^2 和 B_2 都是 $D(X)$ 的相合估计量,且 S 是 $\sqrt{D(X)}$ 的相合估计量.

7.3　单总体的区间估计

一、置信区间

对于一个未知量,人们在测量或计算时,不仅需要知道近似值,还需估计误差的大小,即要求知道近似值的精确程度(亦即所求真值所在的范围). 与此相类似,

对于未知参数 θ,除了求出它的点估计 $\hat{\theta}$ 外,我们还希望估计出一个范围,并希望得到这个包含 θ 真值的可信程度,这样的范围通常以区间的形式给出,同时还给出此区间包含参数 θ 的可信程度,这种形式的估计称为**区间估计**,这样的区间称为**置信区间**.

定义 1 设总体 X 的分布函数 $F(x;\theta)$ 含有未知参数 θ,对于给定的 $\alpha(0<\alpha<1)$,若由样本 $(X_1,X_2,\cdots,X_n)$ 能确定的两个统计量 $\underline{\theta}_1(X_1,X_2,\cdots,X_n)$ 和 $\bar{\theta}_2(X_1,X_2,\cdots,X_n)$,使得

$$P\left\{\underline{\theta}_1(X_1,X_2,\cdots,X_n)<\theta<\bar{\theta}_2(X_1,X_2,\cdots,X_n)\right\}=1-\alpha,\quad(7\text{-}11)$$

则称随机区间 $(\underline{\theta}_1,\bar{\theta}_2)$ 为 θ 的**置信度为 $1-\alpha$ 的双侧置信区间**,$1-\alpha$ 称为置信度或**置信水平**,$\underline{\theta}_1$ 和 $\bar{\theta}_2$ 分别称为置信度为 $1-\alpha$ 的**双侧置信区间**的置信下限和置信上限.

若反复抽样多次(各次得到的样本的容量相等,都是 n),每组样本值都确定一个区间 $(\underline{\theta},\bar{\theta})$,每个这样的区间要么包含 θ 的真值,要么不包含 θ 的真值,按伯努利大数定理,置信度 $1-\alpha$ 给出在这些的区间中,包含 θ 真值的约占 $100(1-\alpha)\%$,不包含 θ 真值的约占 $100\alpha\%$. 例如,$\alpha=0.01$,反复抽样 100 次,则得到的 100 个区间中不包含 θ 真值的区间约为 1 个.

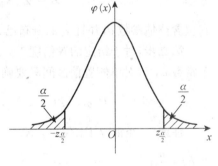

图 7.1

例 1 设总体 $X\sim N(\mu,\sigma^2)$,σ^2 为已知,μ 为未知,$X_1,X_2,\cdots,X_n$ 是总体 X 的一个样本,求 μ 的置信度为 $1-\alpha$ 的置信区间.

解 已知 $\bar{X}$ 是 μ 的无偏估计,且有

$$U=\frac{\bar{X}-\mu}{\dfrac{\sigma}{\sqrt{n}}}\sim N(0,1),$$

由标准正态分布的 α 分位点(图 7.1)的定义有

$$P\left\{|U|\leqslant z_{\frac{\alpha}{2}}\right\}=1-\alpha,$$

即

$$P\left\{\bar{X}-\frac{\sigma}{\sqrt{n}}z_{\frac{\alpha}{2}}\leqslant\mu\leqslant\bar{X}+\frac{\sigma}{\sqrt{n}}z_{\frac{\alpha}{2}}\right\}=1-\alpha.\quad(7\text{-}12)$$

所以,μ 的置信度为 $1-\alpha$ 的置信区间为

$$\left[\bar{X} - \frac{\sigma}{\sqrt{n}} z_{\frac{\alpha}{2}}, \ \bar{X} + \frac{\sigma}{\sqrt{n}} z_{\frac{\alpha}{2}} \right], \tag{7-13}$$

通常简写成

$$\left[\bar{X} \pm \frac{\sigma}{\sqrt{n}} z_{\frac{\alpha}{2}} \right]. \tag{7-14}$$

这里 $z_{\frac{\alpha}{2}}$ 是标准正态分布的上 $\frac{\alpha}{2}$ 分位点.

由式(7-14) 知,置信区间的长度为 $2z_{1-\frac{\alpha}{2}} \dfrac{\sigma}{\sqrt{n}}$,通常称为**区间估计精度**,精度自然越高越好,也即区间的长度越短越好,因而 n 越大精度越高. 又 z_α 随 α 的减小而增大,或 $1-\alpha$ 越大 z_α 越大,于是置信度 $1-\alpha$ 越大,区间长度就越长,从而精度降低. 在实际问题中,精度和可信度二者常常不能兼顾,一般地,先照顾可信度.

由例 1 可得,求未知参数 θ 的置信区间的具体步骤:

第一步,先根据点估计或抽样分布求出未知参数 θ 的一个估计量

$$Z = Z(X_1, X_2, \cdots, X_n; \theta),$$

它包含待估参数 θ,并且 Z 的分布已知,不依赖于任何未知参数.

第二步,对于给定的置信度 $1-\alpha$,根据常用分布的 α 分位点的定义,确定出两个常数 a, b(对单侧置信区间只要确定一个常数!),使

$$P\{\alpha < Z(X_1, X_2, \cdots, X_n, \theta) < b\} = 1-\alpha.$$

注意   经常取 $P\{Z(X_1, X_2, \cdots, X_n, \theta) < a\} = P\{Z(X_1, X_2, \cdots, X_n, \theta) > b\} = \dfrac{\alpha}{2}$;

第三步,求出与 $\alpha < Z(X_1, X_2, \cdots, X_n, \theta) < b$ 等价的不等式 $\underline{\theta} < \theta < \bar{\theta}$,则 $(\underline{\theta}, \bar{\theta})$ 就是 θ 的置信度为 $1-\alpha$ 的双侧置信区间. 这里的 $\underline{\theta}, \bar{\theta}$ 都是样本的函数.

二、单个正态总体期望与方差的区间估计

设总体 $X \sim N(\mu, \sigma^2)$,给定的置信度为 $1-\alpha$,$X_1, X_2, \cdots, X_n$ 为总体 X 的一个样本,$\bar{X}, S^2$ 分别为样本均值与样本方差,求 μ 和 σ^2 的置信区间.

1. 均值 μ 的置信区间

(1) σ^2 已知的情形.

μ 的置信水平为 $1-\alpha$ 的置信区间为

$$\left[\overline{X} \pm \frac{\sigma}{\sqrt{n}} z_{\frac{\alpha}{2}}\right].$$

(2) σ^2 未知的情形.

由于 σ^2 未知,此时不能使用式(7-14)给出的区间估计,因为式(7-14)中含有未知参数 σ. 由于 S^2 是 σ^2 的无偏估计量,根据抽样分布,有

$$T = \frac{\overline{X} - \mu}{\frac{S}{\sqrt{n}}} \sim t(n-1).$$

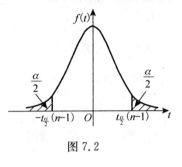

图 7.2

由自由度为 $n-1$ 的 t 分布的分位点(图 7.2)的定义有

$$P\{\mid T \mid < t_{\frac{\alpha}{2}}(n-1)\} = 1 - \alpha,$$

即

$$P\left\{\overline{X} - \frac{s}{\sqrt{n}}t_{\frac{\alpha}{2}}(n-1) < \mu < \overline{X} + \frac{s}{\sqrt{n}}t_{\frac{\alpha}{2}}(n-1)\right\} = 1 - \alpha.$$

所以,μ 的置信度为 $1 - \alpha$ 的置信区间为

$$\left[\overline{X} \pm \frac{s}{\sqrt{n}}t_{\frac{\alpha}{2}}(n-1)\right]. \tag{7-15}$$

这里 $t_{\frac{\alpha}{2}}$ 是 t 分布的上 $\frac{\alpha}{2}$ 分位点.

例2 设某种电子管的使用寿命 X(单位:h)服从正态分布 $N(\mu, 300^2)$,抽取 16 个进行检验,得平均使用寿命为 1 980 h,试在 $\alpha = 0.05$ 下,求该种电子管平均使用寿命的双侧置信区间.

解 由题设条件,得

$$\sigma = 300, \quad \overline{x} = 1 980, \quad n = 16, \quad \alpha = 0.05.$$

查表得 $z_{0.025} = 1.96$.所以,电子管平均使用寿命的置信度为 0.95 的双侧置信区间为

$$\left[1 980 \pm \frac{300}{\sqrt{16}} \times 1.96\right] = (1 833, 2 127).$$

例3 有一大批糖果,现从中随机地取 16 袋,称得重量(以 g 计)如下:

506　508　499　503　504　510　497　512

$$514 \quad 505 \quad 493 \quad 496 \quad 506 \quad 502 \quad 509 \quad 496$$

设袋装糖果的重量近似服从正态分布,试求总体均值 μ 的置信水平为 0.95 的置信区间.

解 这里 $1-\alpha = 0.95$,$\dfrac{\alpha}{2} = 0.025$,$n-1 = 15$,$t_{0.025}(15) = 2.1315$. 由给出的数据计算得到

$$\bar{x} = 503.75, \quad s = 6.2022,$$

所以,糖果的平均重量的置信度为 0.95 的置信区间为

$$\left(503.75 \pm \frac{6.2022}{\sqrt{16}} \times 2.1315 \right) = (500.4,\ 507.1).$$

2. 方差 σ^2 的置信区间

在此只考虑 μ 未知的情形. 由抽样分布知

$$\frac{(n-1)S^2}{\sigma^2} \sim \chi^2(n-1).$$

由自由度为 $n-1$ 的 χ^2 分布的分位点(图 7.3)的定义有

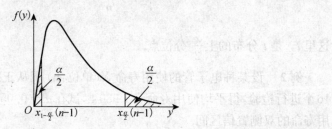

图 7.3

$$P\left\{ \chi^2_{1-\frac{\alpha}{2}}(n-1) < \frac{(n-1)S^2}{\sigma^2} < \chi^2_{\frac{\alpha}{2}}(n-1) \right\} = 1-\alpha,$$

即

$$P\left\{ \frac{(n-1)S^2}{\chi^2_{\frac{\alpha}{2}}(n-1)} < \sigma^2 < \frac{(n-1)S^2}{\chi^2_{1-\frac{\alpha}{2}}(n-1)} \right\} = 1-\alpha.$$

于是,σ^2 的置信度为 $1-\alpha$ 的置信区间为

$$\left(\frac{(n-1)S^2}{\chi^2_{1-\frac{\alpha}{2}}(n-1)},\ \frac{(n-1)S^2}{\chi^2_{\frac{\alpha}{2}}(n-1)} \right). \tag{7-16}$$

进一步,还可以得到 σ 的置信度为 $1-\alpha$ 的置信区间为

$$\left(\frac{\sqrt{n-1}S}{\sqrt{\chi_{1-\frac{\alpha}{2}}^2(n-1)}}, \frac{\sqrt{n-1}S}{\sqrt{\chi_{\frac{\alpha}{2}}^2(n-1)}}\right). \tag{7-17}$$

注意　虽然 χ^2 分布与 F 分布的密度函数是不对称的,但仍然像标准正态分布和 t 分布那样取对称的分位点,这只是为了简便而采取的习惯做法.

三、单侧置信区间

在前面讨论的置信区间问题中,对于未知参数 θ,总是给出两个统计量 $\underline{\theta}$, $\overline{\theta}$,得到 θ 的双侧置信区间 $(\underline{\theta}, \overline{\theta})$. 在实际问题中,对有些参数往往只需要估计它的上限或下限. 例如,产品的平均废品率,我们当然希望寿命越大越好;产品的废品率,我们当然希望废品率越小越好,这些问题都属于未知参数的单侧区间估计问题.

定义 2　设总体 X 的分布函数 $F(x; \theta)$ 含有未知参数 θ,对于给定的 $\alpha(0 < \alpha < 1)$,若由样本 $(X_1, X_2, \cdots, X_n)$ 确定的统计量 $\underline{\theta} = \underline{\theta}(X_1, X_2, \cdots, X_n)$,对于任意的 $\theta \in \Theta$ 满足

$$P\{\theta > \underline{\theta}(X_1, X_2, \cdots, X_n)\} \geqslant 1-\alpha,$$

则称随机区间 $(\underline{\theta}, \infty)$ 为 θ 的置信度为 $1-\alpha$ 的**单侧置信区间**, $\overline{\theta}$ 称为 θ 的置信水平为 $1-\alpha$ **置信下限**. 又若统计量 $\overline{\theta} = \overline{\theta}(X_1, X_2, \cdots, X_n)$,对于任意的 $\theta \in \Theta$ 满足

$$P\{\theta < \overline{\theta}\} \geqslant 1-\alpha,$$

则称随机区间 $(-\infty, \overline{\theta})$ 为 θ 的置信度为 $1-\alpha$ 的**单侧置信区间**, $\overline{\theta}$ 称为 θ 的置信水平为 $1-\alpha$ **置信上限**.

求单侧置信区间的方法与双侧置信区间类似,只是需要注意两点:一是要将双侧置信区间中 $\frac{\alpha}{2}$ 改为 α;二是单侧置信区间 $(-\infty, \overline{\theta})$ 的下限不一定是 $-\infty$,可以是 0 或其他的数,例如,时间一类的参数的置信区间的下限一般为 0.

类似地,总体 $X \sim N(\mu, \sigma^2)$ 的未知参数的置信水平为 $1-\alpha$ 的单侧置信区间如下:

(1) 当 σ^2 已知时, μ 的置信水平为 $1-\alpha$ 的单侧置信区间(图 7.4,图 7.5)为

$$\left[\overline{X} - \frac{\sigma}{\sqrt{n}}z_\alpha, +\infty\right) \quad 或 \quad \left(-\infty, \overline{X} + \frac{\sigma}{\sqrt{n}}z_\alpha\right]. \tag{7-22}$$

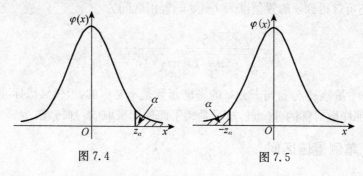

图 7.4   图 7.5

(2) 当 σ^2 未知时,μ 的置信水平为 $1-\alpha$ 的单侧置信区间(图 7.6,图 7.7) 为

$$\left[\bar{X}-\frac{s}{\sqrt{n}}t_\alpha(n-1),\ +\infty\right] \quad 或 \quad \left[-\infty,\ \bar{X}+\frac{s}{\sqrt{n}}t_\alpha(n-1)\right]. \tag{7-23}$$

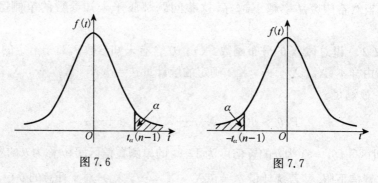

图 7.6   图 7.7

(3) 当 μ 未知时,σ^2 的置信度为 $1-\alpha$ 的单侧置信区间(图 7.8) 为

$$\left(0,\ \frac{(n-1)S^2}{\chi_\alpha^2(n-1)}\right); \tag{7-24}$$

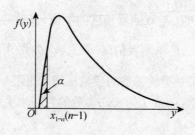

图 7.8

σ 的置信度为 $1-\alpha$ 的单侧置信区间为

$$\left(0, \frac{\sqrt{(n-1)}S}{\sqrt{\chi_a^2(n-1)}}\right]. \tag{7-25}$$

例 18 从一批电子产品中随机抽取 5 只作寿命分析,测得寿命(以 h 计)为

1 050   1 100   1 120   1 250   1 280.

假设该产品的寿命服从正态分布,求该产品寿命平均值的置信度为 0.95 的单侧置信下限.

解 由题设条件,得

$n = 5, \quad \alpha = 0.05, \quad \bar{x} = 1\,160, \quad s^2 = 9\,950, \quad t_a(n-1) = t_{0.05}(4) = 2.131\,8.$

所以,该电子产品的平均使用寿命的置信度为 0.95 的单侧置信下限为

$$u = \bar{x} - \frac{s}{\sqrt{n}} t_a(n-1) = 1\,065.$$

7.4 多总体的区间估计

在实际工作中,常常遇到下面的问题:已知产品的某一质量指标服从正态分布,但由于原料、设备条件、操作人员不同,或工艺过程的改变等因素,引起总体均值、总体方差有所改变,要知道这些变化有多大,这就需要考虑新老两个正态总体均值差或方差比的估计问题.

设总体 $X \sim N(\mu_1, \alpha_1^2)$,$Y \sim N(\mu_2, \alpha_2^2)$,$X_1, X_2, \cdots, X_n$ 是 X 的一个样本,$Y_1, Y_2, \cdots, Y_{n_2}$ 是 Y 的一个样本,且二者相互独立,$\bar{X}, \bar{Y}, S_1^2, S_2^2$ 分别为总体 X 与 Y 的样本均值和样本方差,给定置信度为 $1 - \alpha$.

一、两个正态总体期望的区间估计

下面分不同情形来讨论 $\mu_1 - \mu_2$ 的置信水平为 $1 - \alpha$ 的置信区间问题.

1. σ_1^2, σ_2^2 均为已知的情形

由于 $\bar{X}, \bar{Y}$ 分别是 μ_1, μ_2 的无偏估计量,所以 $\bar{X} - \bar{Y}$ 是 $\mu_1 - \mu_2$ 的无偏估计量,且由抽样分布知

$$U = \frac{(\bar{X} - \bar{Y}) - (\mu_1 - \mu_2)}{\sqrt{\frac{\sigma_1^2}{n_1} + \frac{\sigma_2^2}{n_2}}} \sim N(0, 1), \tag{7-18}$$

所以,根据标准正态分布的 α 分位点的定义有

$$P\{\,|\,U\,|\leqslant z_{\frac{\alpha}{2}}\} = 1-\alpha,$$

即

$$P\left\{\bar{X}-\bar{Y}-z_{\frac{\alpha}{2}}\sqrt{\frac{\sigma_1^2}{n_1}+\frac{\sigma_2^2}{n_2}} \leqslant \mu_1-\mu_2 \leqslant \bar{X}-\bar{Y}+z_{\frac{\alpha}{2}}\sqrt{\frac{\sigma_1^2}{n_1}+\frac{\sigma_2^2}{n_2}}\right\} = 1-\alpha.$$

于是,$\mu_1-\mu_2$ 的置信度为 $1-\alpha$ 的置信区间为

$$\left(\bar{X}-\bar{Y}-z_{\frac{\alpha}{2}}\sqrt{\frac{\sigma_1^2}{n_1}+\frac{\sigma_2^2}{n_2}},\ \bar{X}-\bar{Y}+z_{\frac{\alpha}{2}}\sqrt{\frac{\sigma_1^2}{n_1}+\frac{\sigma_2^2}{n_2}}\right),$$

通常简写成

$$\left(\left(\bar{X}-\bar{Y}\right)\pm z_{\frac{\alpha}{2}}\sqrt{\frac{\sigma_1^2}{n_1}+\frac{\sigma_2^2}{n_2}}\right). \tag{7-19}$$

2. $\sigma_1^2 = \sigma_2^2 = \sigma^2$,但 σ^2 为未知的情形

由抽样分布知

$$T = \frac{\left(\bar{X}-\bar{Y}\right)-(\mu_1-\mu_2)}{S_w\sqrt{\dfrac{1}{n_1}+\dfrac{1}{n_2}}} \sim t(n_1+n_2-2),$$

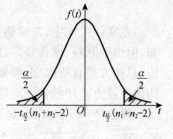

其中 $S_w^2 = \dfrac{(n_1-1)S_1^2+(n_2-1)S_2^2}{(n_1+n_2-2)}$. 所以,根据 t 分

图 7.9

布的 α 分位点(图7.9)的定义有

$$P\{\,|\,T\,|\leqslant t_{\frac{\alpha}{2}}(n_1+n_2-2)\} = 1-\alpha.$$

于是,$\mu_1-\mu_2$ 的可信度为 $1-\alpha$ 的置信区间为

$$\left(\left(\bar{X}-\bar{Y}\right)\pm t_{\frac{\alpha}{2}}(n_1+n_2-2)S_w\sqrt{\frac{1}{n_1}+\frac{1}{n_2}}\right). \tag{7-20}$$

3. σ_1^2,σ_2^2 均未知,但 n_1,n_2 均较大的情形

由于 n_1,n_2 均较大,所以,此时可用 S_1^2 和 S_2^2 分别代替式(7-18)中总体方差 σ_1^2,σ_2^2,于是,$\mu_1-\mu_2$ 的可信度为 $1-\alpha$ 的近似置信区间为

$$\left[(\bar{X}-\bar{Y}) \pm z_{\frac{\alpha}{2}} \sqrt{\frac{S_1^2}{n_1}+\frac{S_2^2}{n_2}}\right]. \tag{7-21}$$

在实际问题中,如果所求得的 $\mu_1-\mu_2$ 的置信区间包含零,就认为两个总体的均值没有什么区别;如果求得的置信区间的下限大于零,就认为 $\mu_1 > \mu_2$.

例 1 为比较 Ⅰ,Ⅱ 两种型号的步枪子弹的枪口速度,随机抽 Ⅰ 型子弹 10 发,得到枪口速度的平均值为 $\bar{x}_1 = 500 \text{ m/s}$,标准差为 $S_1 = 1.10 \text{ m/s}$,随机抽 Ⅱ 型子弹 20 发,得到枪口速度的平均值为 $\bar{x}_2 = 496 \text{ m/s}$,标准差为 $S_2 = 1.20 \text{ m/s}$,假设两总体都可认为近似服从正态分布.且由生产过程可认为方差相等,求两总体均值差 $\mu_1-\mu_2$ 的一个置信水平为 0.95 的置信区间.

解 按实际情况,可认为分别来自两个总体的样本是相互独立的.又因由假设两总体的方差相等.但是数值未知,故可用式(7-19)求均值差的置信区间.由于 $1-\alpha=0.95$,$\frac{\alpha}{2}=0.025$,$n_1=10$,$n_2=20$,$n_1+n_2-2=28$,$t_{0.025}(28)=2.048\,4$,$S_w^2=(9\times1.10^2+19\times1.20^2)/28$,$S_w=\sqrt{S_w^2}=1.168\,8$.故所求的两总体均值差 $\mu_1-\mu_2$ 的一个置信水平为 0.95 的置信区间是

$$\left[\bar{x}_1-\bar{x}_2 \pm S_w t_{0.025}(28)\sqrt{\frac{1}{10}+\frac{1}{20}}\right] = (4\pm0.93) = (3.07,\ 4.93).$$

例 2 为提高某一化学生产过程的得率,试图采用一种新的催化剂.为慎重起见,在实验工厂先进行试验.设采用原来的催化剂进行了 $n_1=8$ 次试验,得到得率的平均值为 $\bar{x}_1=91.73$,样本方差为 $S_1^2=3.89$;采用新催化剂进行了 $n_2=8$ 次试验,得到得率的平均值为 $\bar{x}_2=93.75$,样本方差为 $S_2^2=4.02$;设两总体都可认为服从正态分布.且方差相等,两样本独立.试求两总体均值差 $\mu_1-\mu_2$ 的一个置信水平为 0.95 的置信区间.

解 现在

$$S_w^2 = \frac{(n_1-1)S_1^2+(n_2-1)S_2^2}{n_1+n_2-2} = 3.96, \quad S_w = \sqrt{3.96}.$$

由式(7-19)得所求所的置信区间为

$$\left[\bar{x}_1-\bar{x}_2 \pm S_w t_{0.025}(14)\sqrt{\frac{1}{8}+\frac{1}{8}}\right] = (-2.02\pm2.13) = (-4.15,\ 0.11).$$

由于所得的置信区间包含零,在实际中我们就认为采用这两种催化剂所得的得率的均值没有显著差别.

例3 设总体 X，Y 分别表示两种同一型号的产品的寿命，且 X 与 Y 相互独立，今从总体 $X \sim N(\mu_1, 64)$ 和总体 $Y \sim N(\mu_2, 36)$ 中分别抽取容量为 $n_1 = 75$，$n_2 = 50$ 的独立样本，测得样本均值分别为 $\bar{x} = 82$，$\bar{y} = 76$. 求 $\mu_1 - \mu_2$ 的置信水平为 95% 的置信区间.

解 由题设条件，得

$$n_1 = 75, \quad n_2 = 50, \quad \sigma_1^2 = 64, \quad \sigma_2^2 = 36, \quad \alpha = 0.05, \quad \bar{x} = 82,$$

$$\bar{y} = 76, \quad z_{\frac{\alpha}{2}} = z_{0.025} = 1.96,$$

所以

$$z_{\frac{\alpha}{2}}\sqrt{\frac{\sigma_1^2}{n_1} + \frac{\sigma_2^2}{n_2}} = 1.96\sqrt{\frac{64}{75} + \frac{36}{50}} = 2.458\,5,$$

于是，$\mu_1 - \mu_2$ 的 95% 的置信区间为

$$((82-76) - 2.458\,5, (82-76) + 2.458\,5) = (3.541\,5, 8.458\,5).$$

例4 为比较甲、乙两种包装的袋装食用盐的平均重量（单位：克），随机地取甲种包装的袋装食用盐 16 袋，得到平均重量为 $\bar{x} = 500$，标准差 $s_1 = 1.10$，取乙种包装的袋装食用盐 20 袋，得到平均重量为 $\bar{y} = 496$，标准差 $s_2 = 1.20$，假设两种包装的袋装食用盐的重量都可认为近似地服从正态分布，且由包装工艺可认为它们的方差相等，求两总体均值差 $\mu_1 - \mu_2$ 的置信度为 0.95 的置信区间.

解 由题设条件，得

$$n_1 = 16, \quad n_2 = 20, \quad s_1^2 = 1.10^2, \quad s_2^2 = 1.20^2,$$

$$\alpha = 0.05, \quad \bar{x} = 500, \quad \bar{y} = 496, \quad n_1 + n_2 - 2 = 34,$$

$$t_{\frac{\alpha}{2}}(n_1 + n_2 - 2) = t_{0.025}(34) = 2.032\,2,$$

于是，

$$\bar{x} - \bar{y} = 4,$$

$$S_w^2 = (15 \times 1.10^2 + 19 \times 1.20^2)/34 = 45.51/34 = 1.338\,5,$$

$$S_w = \sqrt{1.338\,5} = 1.157,$$

$$\sqrt{\frac{1}{n_1} + \frac{1}{n_2}} = \sqrt{\frac{1}{16} + \frac{1}{20}} = \sqrt{0.112\,5} = 0.335.$$

所以，$\mu_1 - \mu_2$ 的置信度为 0.95 的置信区间为

$(4 - 2.032\ 2 \times 1.338\ 5 \times 0.335,\ 4 + 2.032\ 2 \times 1.338\ 5 \times 0.335)$
$= (3.089, 4.911).$

二、两个正态总体方差比的区间估计

我们仅讨论总体均值 μ_1，μ_2，σ_1^2，σ_2^2 均未知的情况（其他情形不作讨论）.

由于 S_1^2 和 S_2^2 分别总体方差 σ_1^2，σ_2^2 无偏估计，且

$$\frac{(n_1 - 1)S_1^2}{\sigma_1^2} \sim \chi^2(n_1 - 1), \qquad \frac{(n_1 - 1)S_2^2}{\sigma_2^2} \sim \chi^2(n_2 - 1),$$

二者相互独立. 由 F 分布知

$$F = \frac{\dfrac{(n_1 - 1)S_1^2}{\sigma_1^2}}{\dfrac{(n_1 - 1)}{(n_2 - 1)S_2^2}} = \frac{\dfrac{S_1^2}{\sigma_1^2}}{\dfrac{S_2^2}{\sigma_2^2}} \sim F(n_1 - 1,\ n_2 - 1).$$

由 F 分布的分位点（图 7.10）的定义，得

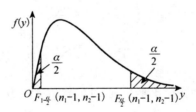

图 7.10

$$P\{F_{1-\frac{\alpha}{2}}(n_1 - 1,\ n_2 - 1) < F < F_{\frac{\alpha}{2}}(n_1 - 1,\ n_2 - 1)\} = 1 - \alpha,$$

即

$$P\left\{\frac{\dfrac{S_1^2}{S_2^2}}{F_{\frac{\alpha}{2}}(n_1 - 1,\ n_2 - 1)} < \frac{\sigma_1^2}{\sigma_2^2} < \frac{\dfrac{S_1^2}{S_2^2}}{F_{1-\frac{\alpha}{2}}(n_1 - 1,\ n_2 - 1)}\right\} = 1 - \alpha.$$

于是，$\dfrac{\sigma_1^2}{\sigma_2^2}$ 的置信水平为 $1-\alpha$ 的置信区间为

$$\left(\frac{S_1^2}{S_2^2}\frac{1}{F_{\frac{\alpha}{2}}(n_1-1,\ n_2-1)},\ \frac{S_1^2}{S_2^2}\frac{1}{F_{1-\frac{\alpha}{2}}(n_1-1,\ n_2-1)}\right). \qquad (7\text{-}21)$$

在实际问题中，如果求得的 $\dfrac{\sigma_1^2}{\sigma_2^2}$ 的置信水平为 $1-\alpha$ 的置信区间包含了 1，可以认为 σ_1^2 与 σ_2^2 没有多大的区别；如果置信区间的上限小于 1，可以认为总体 X 的波动性小于总体 Y 的波动性；如果置信区间的下限大于 1，可以认为总体 X 的波动性大于总体 Y 的波动性.

例 5 某机械厂为研究技术革新前后生产的钢轴质量情况，作革新前后生产的钢轴的直径的对比试验. 随机的取革新前后生产的钢轴 16 只，测得钢轴直径的标准差 $s_1=1.10$ mm；随机地取革新前后生产的钢轴 21 只，测得钢轴直径的标准差 $s_2=1.20$ mm，假设技术革新前后生产的钢轴的直径分别服从正态分布 $N(\mu_1,\ \sigma_1^2)$，$N(\mu_2,\ \sigma_2^2)$，其中 μ_1，μ_2，σ_1^2，σ_2^2 均未知，求技术革新前后生产的钢轴的直径的方差比 $\dfrac{\sigma_1^2}{\sigma_2^2}$ 的置信水平为 0.90 的置信区间.

解 由题设条件，得

$$n_1=16,\quad n_2=21,\quad s_1^2=1.10^2,\quad s_2^2=1.20^2,\quad \alpha=0.10.$$

查表得

$$F_{\frac{\alpha}{2}}(n_1-1,\ n_2-1)=F_{0.05}(15,\ 20)=2.20,$$

$$F_{1-\frac{\alpha}{2}}(n_1-1,\ n_2-1)=F_{0.95}(15,\ 20)=\frac{1}{F_{0.05}(20,\ 15)}=\frac{1}{2.33}=0.429.$$

于是，所求的方差比 $\dfrac{\sigma_1^2}{\sigma_2^2}$ 的置信水平为 0.90 的置信区间为

$$\left(\frac{1.10^2}{1.20^2}\times\frac{1}{2.20},\ \frac{1.10^2}{1.20^2}\times\frac{1}{0.429}\right)=(0.382,\ 1.957).$$

由于 $\dfrac{\sigma_1^2}{\sigma_2^2}$ 的置信区间包含 1. 故认为二者没有显著差别.

习 题 7

1. 假设总体 $X\sim B(n,\ p)$，n 已知，X_1，X_2，$\cdots$，X_n 为来自总体 X 的样本，求参数 p 的矩

估计.

2. 设总体 X 的密度函数

$$f(x;\theta) = \begin{cases} \dfrac{2}{\theta^2}(\theta-x), & 0 < x < \theta, \\ 0, & \text{其他}, \end{cases}$$

X_1, X_2, $\cdots$, X_n 为来自总体 X 的样本,试求参数 θ 的矩估计.

3. 设总体 X 的概率分布如下表所示,其中 $\theta \left(0 < \theta < \dfrac{1}{2}\right)$ 是未知参数,利用总体的样本值:3, 1, 3, 0, 3, 1, 2, 3,求 θ 的矩估计值和极大似然估计值.

X	0	1	2	3
p	θ^2	$2\theta(1-\theta)$	θ^2	$1-2\theta$

4. 设总体 X 的密度函数 $f(x;\theta)$, X_1, X_2, $\cdots$, X_n 为其样本,求 θ 的极大似然估计.

(1) $f(x;\theta) = \begin{cases} \theta e^{-\theta x}, & x \geqslant 0, \\ 0, & x < 0; \end{cases}$

(2) $f(x;\theta) = \begin{cases} \theta x^{\theta-1}, & 0 < x < 1, \\ 0, & \text{其他}. \end{cases}$

5. 设总体 X 的概率密度为

$$f(x) = \begin{cases} (\theta+1)x^{\theta}, & 0 < x < 1, \\ 0, & \text{其他}. \end{cases}$$

其中 $\theta > -1$ 是未知参数,X_1, X_2, $\cdots$, X_n 是来自总体 X 的一个容量为 n 的简单随机样本,分别用矩估计法和极大似然估计法求 θ 的估计量.

6. 设某种电子元件的适用寿命 X 的概率密度函数为

$$f(x;\theta) = \begin{cases} 2e^{-2(x-\theta)}, & x > 0, \\ 0, & x \leqslant 0. \end{cases}$$

其中 θ 未知,又设 x_1, x_2, $\cdots$, x_n 是总体 X 的一组样本观察值,求 θ 的极大似然估计.

7. 设总体 X 的分布函数为

$$F(x;\beta) = \begin{cases} 1 - \dfrac{\alpha^{\beta}}{x^{\beta}}, & x > \alpha, \\ 0, & x \leqslant \alpha. \end{cases}$$

其中未知参数 $\beta > 0$, $\alpha > 0$. 又设 X_1, X_2, $\cdots$, X_n 是来自总体 X 的样本,求
(1) 当 $\alpha = 1$ 时,β 的矩估计量;
(2) 当 $\sigma = 1$ 时,β 的极大似然估计量;

(3) 当 $\beta = 2$ 时，α 的极大似然估计量.

8. 设总体 X 的概率密度为

$$f(x;\theta) = \begin{cases} \theta, & 0 < x < 1, \\ 1-\theta, & 1 \leqslant x < 2, \\ 0, & \text{其他}. \end{cases}$$

其中 θ 是未知参数，X_1，X_2，$\cdots$，X_n 是来自总体 X 的随机样本，记 N 为样本值 x_1，x_2，$\cdots$，x_n 中小于 1 的个数. 求 θ 的矩估计和极大似然估计.

9. 设总体 X 的概率密度为

$$f(x) = \begin{cases} \lambda^2 x e^{-\lambda x}, & x > 0, \\ 0, & \text{其他}. \end{cases}$$

其中参数 $\lambda(\lambda > 0)$ 未知，X_1，X_2，$\cdots$，X_n 是来自总体 X 的简单随机样本，求参数 λ 的矩估计量和极大似然估计量.

10. 设 X_1，X_2，$\cdots$，X_n 为来自总体 $N(\mu_0, \sigma^2)$ 的简单随机样本. 其中 μ_0 已知，$\sigma^2 > 0$ 未知. $\bar{X}$ 和 S^2 分别表示样本均值和样本方差.

(1) 求参数 σ^2 的极大似然估计 $\hat{\sigma}^2$；(2) 计算 $E\left(\hat{\sigma}^2\right)$.

11. 设总体 X 的概率密度为

$$f(x) = \begin{cases} \dfrac{\theta^2}{x^3} e^{-\frac{\theta}{x}}, & x > 0, \\ 0, & \text{其他}. \end{cases}$$

其中参数 $\theta > 0$ 未知，X_1，X_2，$\cdots$，X_n 为来自总体的简单随机样本. 求 θ 的矩估计和极大似然估计.

12. 设总体 X 的分布函数为

$$F(x;\theta) = \begin{cases} 1 - e^{-\frac{x^2}{\theta}}, & x \geqslant 0, \\ 0, & x < 0. \end{cases}$$

其中参数 $\theta > 0$ 未知，X_1，X_2，$\cdots$，X_n 为来自总体的简单随机样本. 求

(1) $E(X)$ 和 $E(X^2)$；

(2) θ 的极大似然估计 $\hat{\theta}_n$；

(3) 是否存在实数 a，使得对任何 $\varepsilon > 0$，都有 $\lim\limits_{n \to \infty} P\left\{ \left| \hat{\theta}_n - a \right| \geqslant \varepsilon \right\} = 0$?

13. 设随机变量 X 和 Y 相互独立且服从正态分布 $N(\mu, \sigma^2)$ 和 $N(\mu, 2\sigma^2)$，其中 $\sigma > 0$ 为未知参数，记 $Z = X - Y$.

(1) Z 的概率密度 $f(x;\sigma^2)$；

(2) 设 Z_1，Z_2，$\cdots$，Z_n 为来自总体 Z 的简单随机样本，求 σ^2 的极大似然估计 $\hat{\sigma}^2$；

(3) 证明: $\hat{\sigma}^2$ 为 σ^2 的无偏估计量.

14. 随机变量 X 服从 $[0, \theta]$ 上的均匀分布, 今得 X 的样本观测值: $0.9, 0.8, 0.2, 0.8, 0.4,$ $0.4, 0.7, 0.6$, 求 θ 的矩估计值和极大似然估计值; 相应的矩估计量和极大似然估计量是否为 θ 的无偏估计量?

15. 设总体 $X \sim N(\mu, \sigma^2)$, $X_1, X_2, \cdots, X_n$ 是来自总体 X 的一个样本, 试确定常数 C, 使 $Y = C \sum_{i=1}^{n-1}(X_{i+1} - X_i)^2$ 为 σ^2 的无偏估计.

16. 设 $X_1, X_2, \cdots, X_n$ 是来自总体 X 的样本, $E(X) = \mu$, $D(X) = \sigma^2$, $\hat{\sigma}^2 = K \sum_{i=1}^{n-1}(X_{i+1} - X_i)^2$, 问 k 为何值时, $\hat{\sigma}^2$ 为 σ^2 的无偏估计?

17. 设分别在总体 $N(\mu_1, \sigma^2)$, $N(\mu_2, \sigma^2)$ 中抽取容量为 n_1, n_2 的两独立样本, 其样本方差分别为 S_1^2, S_2^2. 试证: 对于任意常数 $a, b(a + b = 1)$, $Z = a S_1^2 + b S_2^2$ 都是 σ^2 的无偏估计. 并确定常数 a, b, 使 $D(Z)$ 达到最小.

18. 设总体 X 的概率密度为

$$
f(x; \theta) = \begin{cases} \dfrac{1}{2\theta}, & 0 < x < \theta, \\ \dfrac{1}{2(1-\theta)}, & \theta \leqslant x < 1, \\ 0, & \text{其他}. \end{cases}
$$

其中参数 $\theta(0 < \theta < 1)$ 未知, $X_1, X_2, \cdots, X_n$ 是来自总体 X 的简单随机样本, $\overline{X}$ 是样本均值. 求

(1) 参数 θ 的矩估计 $\hat{\theta}$;

(2) 判断 $4\overline{X}^2$ 是否为 θ^2 的无偏估计, 并说明理由.

19. 设总体 X 的概率分布如下表所示.

X	1	2	3
p_k	$1 - \theta$	$\theta - \theta^2$	θ^2

其中参数 $\theta \in (0, 1)$ 未知. 以 N_i 表示来自总体 X 的简单随机样本(样本容量为 n)中等于 i 的个数($i = 1, 2, 3$), 试求常数 a_1, a_2, a_3, 使 $T = \sum_{i=1}^{3} a_i N_i$ 为 θ 的无偏估计, 并求 T 的方差.

20. 设 X_1, X_2 是从正态总体 $N(\mu, \sigma^2)$ 中抽取的样本.

$$
\hat{\mu}_1 = \frac{2}{3}X_1 + \frac{1}{3}X_2, \qquad \hat{\mu}_2 = \frac{1}{4}X_1 + \frac{3}{4}X_2, \qquad \hat{\mu}_3 = \frac{1}{2}X_1 + \frac{1}{2}X_2.
$$

试证: $\hat{\mu}_1, \hat{\mu}_2, \hat{\mu}_3$ 都是 μ 的无偏估计量, 并求每一估计量的方差.

21. 某车间生产螺钉, 其直径 $X \sim N(\mu, \sigma^2)$, 由过去的经验知 $\sigma^2 = 0.06$, 今抽取 6 枚, 测得长

度如下(单位:mm):

$$14.7 \quad 15.0 \quad 14.8 \quad 14.9 \quad 15.1 \quad 15.2$$

试求 μ 的置信水平为 0.95 的置信区间.

22. 总体 $X \sim N(\mu, \sigma^2)$, σ^2 已知,问需要抽取容量 n 为多大的样本,才能使 μ 的置信水平为 $1-\alpha$,且置信区间长度不大于 L?

23. 设某种清漆的 9 个样品,其干燥时间为(以 h 计) 分别为

$$6.0 \quad 5.7 \quad 5.8 \quad 6.5 \quad 7.0 \quad 6.3 \quad 5.6 \quad 6.1 \quad 5.0$$

设干燥时间总体服从正态分布 $N(\mu, \sigma^2)$,求 μ 的置信度为 0.95 的置信区间.

(1) 若由以往经验知 $\sigma = 0.6(h)$;

(2) 若 σ 为未知.

24. 设某种砖头的抗压强度 $X \sim N(\mu, \sigma^2)$,今随机的抽取20块砖头测得抗压强度数据如下(单位:kg • cm^{-2}):

64, 69, 49, 92, 55, 97, 41, 84, 88, 99, 84, 66, 100, 98, 72, 74, 87, 84, 48, 81,

求(1)μ 的置信水平为 0.95 的置信区间;(2)σ^2 的置信水平为 0.95 的置信区间.

25. 对某种型号的飞机的飞行速度进行 15 次独立试验,测得飞机的最大飞行速度(单位:m/s) 如下:

$$422.2 \quad 418.7 \quad 425.6 \quad 420.3 \quad 425.8$$
$$423.1 \quad 431.5 \quad 428.2 \quad 438.3 \quad 434.0$$
$$412.3 \quad 417.2 \quad 413.5 \quad 441.3 \quad 423.7$$

根据长期的经验,可以认为最大飞行速度服从正态分布,试求最大飞行速度的均值和方差的置信度为 $1-\alpha = 0.95$ 的置信区间.

26. 有 A, B 两种水稻种子,设其发芽率均服从正态分布. 并且已知发芽率的标准差为 0.1,取样本容量 $n_1 = n_2 = 10$ 的两处水稻发芽率的样本均值分别为 0.8, 0.7,求两种种子总体均值差 $\mu_1 - \mu_2$ 的置信度为 0.99 的置信区间.

27. 生产某一种产品有两种不同的工艺流程. 设两种流程的产品的长度服从正态分布,各取这两种流程生产的产品 10 件,其样本方差分别为 $S_A^2 = 1.302$ 和 $S_B^2 = 1.953$,求方差比 (σ_A^2/σ_B^2) 的置信度为 0.9 的置信区间.

28. 在一批货物的容量为 100 的样本中,经检验发现有 16 只次品,试求这批货物次品率的置信度为 0.95 的置信区间.

29. 已知某种木材横纹抗压力的实验值服从正态分布,对 10 个试件作横纹抗压力实验,得数据如下(单位:kg/cm^2)

$$482 \quad 493 \quad 457 \quad 471 \quad 510$$
$$446 \quad 435 \quad 418 \quad 394 \quad 468$$

试求该木材平均横纹抗压力的单侧置信上限($\alpha = 0.05$).

30. 为了估计灯泡使用时数的均值 μ,测试10个灯泡,得 $\bar{x} = 1\,500$ h, $s = 20$ h. 如果已知灯

炮使用时数是服从正态分布的,求 μ 的单侧置信下限($1-\alpha = 0.95$).

31. 设两位化验员 A, B 独立地对某种聚合物含氯量用相同的方法各作 10 次测定,其测定值的样本方差依次为 $S_A^2 = 0.541\,9$ 和 $S_B^2 = 0.606\,5$,设 σ_A^2, σ_B^2 分别为 A, B 所测定的测定值总体的方差,设总体均为正态的,求方差比 σ_A^2/σ_B^2 的置信度为 0.95 的单侧置信上限.

第8章 假设检验

统计推断的另一类重要问题是假设检验.在实际生活中我们也经常碰到这样的问题,对于某个总体我们根据已有的知识信息可以判断它应该服从某种类型的分布,但缺少令人信服的理由;或者是对某个已知分布的参数可以认为它是某个固定值,但也缺少令人信服的理由.面临这样的情况时,我们就要从总体中抽取样本,根据样本对刚才提出的那种初步判断进行检验,以决定是接受还是拒绝这种初步判断.这类问题就是本章所要讨论的假设检验问题.

8.1 概 述

一、统计假设

当总体的分布函数未知或者已知分布形式但其中含有未知参数的情况下,为了推断总体是否具有某些性质,我们常常需要先对总体的分布类型或总体分布的参数提出某些假设.例如,提出总体服从二项分布的假设,假设某地区的成年男子的身高服从正态分布且平均身高是 $\mu_0 = 170$ cm.然后根据样本对所提出的假设作出判断:是接受还是拒绝.这个过程称为**假设检验**。

例1 设某厂用包装机包装糖果,额定标准为每袋重 0.5 kg,设包装机包装袋装糖果重量 $X \sim N(\mu, \sigma^2)$,根据长期的经验知其标准差 $\sigma = 0.015$(kg).为了检验某台包装机工作是否正常,随机抽取包袋的糖果 9 袋,称得重量为

　　0.499　0.515　0.508　0.512　0.498　0.515　0.516　0.513　0.524

问该包装机的工作是否正常?

由于长期实践表明标准差比较稳定,于是我们可以假设 $X \sim N(\mu, 0.015^2)$.如果糖果重量的 X 的均值 μ 等于 0.5 kg,我们说包装机的工作是正常的.于是提出假设:

$$H_0 : \mu = \mu_0 = 0.5;$$

$$H_1: \mu \neq \mu_0 = 0.5.$$

并根据随机抽取的 10 袋的重量数据来决定接受还是拒绝 H_0. 类似这种根据样本观测值来判断一个有关总体的假设是否成立的问题,就是假设检验的问题. 我们将关于总体 X 的分布或分布中的一些参数的各种论断,统称为**统计假设**,简称**假设**,用 H 表示.

如在例 1 中,可以提出两个假设:$H_0: \mu = \mu_0 = 0.5$,称为**原假设**或**零假设**;另一个称为**备择假设**或**对立假设**,记为 $H_1: \mu \neq \mu_0 = 0.5$. 可见,原假设与备择假设相互对立,两者有且只有一个正确.

在处理实际问题时,将哪个假设作为原假设,哪个作为备择假设,要看实际问题的目的,通常把希望拒绝的陈述作为备择假设,而把这一陈述的否定作为原假设. 例如:

(1) 对于检验某个总体 X 的分布,可以提出假设:

$$H_0: X \text{ 服从正态分布}; H_1: X \text{ 不服从正态分布}.$$

$$H_0: X \text{ 服从泊松分布}; H_1: X \text{ 不服从泊松分布}.$$

(2) 对于总体 X 的分布的函数,若检验均值,可以提出假设:

$$H_0: \mu = \mu_0; H_1: \mu \neq \mu_0.$$

$$H_0: \mu \leqslant \mu_0; H_1: \mu > \mu_0.$$

(3) 对于总体 X 的分布的函数,若检验标准差,可以提出假设:

$$H_0: \sigma = \sigma_0; H_1: \sigma \neq \sigma_0.$$

$$H_0: \sigma \leqslant \sigma_0; H_1: \sigma > \sigma_0.$$

这里 μ_0, σ_0 是已知数,而 $\mu = E(X)$, $\sigma^2 = D(X)$ 是未知参数.

提出统计假设之后,我们关心的是它的真伪. 所谓对假设 H_0 的检验,就是根据来自总体的样本,按照一定的规则对 H_0 作出判断:是接受还是拒绝. 若拒绝原假设,就接受备择假设. 这个用来对假设作出判断的规则叫做**检验准则**,简称**检验**. 如何对统计假设进行检验呢?下面我们结合例 1 来说明假设检验的基本思想.

二、假设检验的基本思想

在例 1 中所做的假设为

$$H_0: \mu = \mu_0 = 0.5 (\text{备择假设 } H_1: \mu \neq \mu_0).$$

要判断原假设 H_0 是否成立,我们能利用的信息只有样本,由于假设中涉及总

体均值 μ,故选用 μ 的无偏估计量 $\bar{X}$ 来进行判断.从抽样的结果来看,样本均值 $\bar{X}$ 的观察值

$$\bar{x} = \frac{1}{9}(0.499 + 0.515 + 0.508 + 0.512 + 0.498 + 0.515 + 0.516 + 0.513 + 0.524)$$

$$= 0.511\,0.$$

这与 $\mu_0 = 0.5$ 之间有差异.对于 $\bar{X}$ 与 μ_0 之间的差异可以有两种不同的解释.

(1) 统计假设 H_0 是正确的,即 $\mu = \mu_0 = 0.5$,只是由于抽样的随机性造成了 $\bar{X}$ 与 μ_0 之间的差异;

(2) 统计假设 H_1 是正确的,即 $\mu \neq \mu_0 = 0.5$,由于系统误差,也就是包装机工作不正常造成了 $\bar{X}$ 与 μ_0 之间的差异.

对于这两种解释,到底是哪一种比较合理?若是第一种,那么 $|\bar{x} - \mu|$ 就不能太大,否则 $|\bar{x} - \mu|$ 大到一定程度,就应怀疑 H_0 不真.也就是说,根据 $|\bar{x} - \mu|$ 的大小就能对 H_0 作检验.

适当地选取一个常数 k 作为界,当 $|\bar{x} - \mu| > k$ 时,就认为 H_0 不真,而接受 H_1;反之,若 $|\bar{x} - \mu| \leqslant k$,则接受 H_0,这就是**假设检验的基本思想**.那么又如何确定 k 呢?我们可以适当地选择一个小的正数 α,通常取 $\alpha = 0.1$, 0.05 等,称正数 α 为**显著水平**,使得当 H_0 为真时,事件 $\{|\bar{X} - \mu| > k\}$ 为一个小概率事件,即

$$P\{|\bar{X} - \mu| > k\} \leqslant \alpha. \tag{8-1}$$

由于 $\bar{x}$ 是 $\bar{X}$ 的观察值,自然想到应由 $\bar{X}$ 的分布来确定 k.当 H_0 为真时,有 $X \sim N(\mu_0, \sigma^2)$,于是 $\bar{X} \sim N\left(\mu_0, \dfrac{\sigma^2}{n}\right)$,则

$$U = \frac{\bar{X} - \mu_0}{\sigma\sqrt{n}} \sim N(0, 1).$$

U 统计量可用来检验 H_0,常称它为**检验统计量**.

当 H_0 为真时,由 $P\left\{|U| > z_{\frac{\alpha}{2}}\right\} = \alpha$,即 $P\left\{|\bar{X} - \mu_0| > \dfrac{0.015}{\sqrt{9}}z_{\frac{\alpha}{2}}\right\} = \alpha$ 来确定

$k = \dfrac{\sigma}{\sqrt{n}}z_{\frac{\alpha}{2}}$.对于确定的 k 值,由样本观察值算出检验统计量 U 的观察值 $u = \dfrac{\bar{x} - \mu_0}{\dfrac{\sigma}{\sqrt{n}}}$,

只要 $|u| > z_\alpha$,则认为"小概率事件在一次观察下就发生了",实际上是不可能的,于

是就认为假设 H_0 不成立,从而从接受 H_1;反之,若 $|u| \leqslant z_\alpha$,则接受 H_0.由此可见,假设检验的基本思想是小概率事件原理,它是一种概率意义上的反证法.

对于例 1,取 $\alpha = 0.05$,有

$$|\bar{x} - \mu_0| = |0.511\ 0 - 0.5| = 0.011\ 0,$$

$$\frac{\sigma}{\sqrt{n}} z_{\frac{\alpha}{2}} = \frac{\sigma}{\sqrt{n}} z_{0.025} = \frac{0.015}{\sqrt{9}} \times 1.96 = 0.009\ 8.$$

于是,有 $|\bar{x} - \mu_0| = 0.011\ 0 > 0.009\ 8$,也就是说,小概率事件 $\{|X - \mu_0| > 0.009\ 8\}$ 在一次抽样中发生了,抽样得到的结果与假设 H_0 不相符,因而假设 H_0 不正确.所以在显著性水平 $\alpha = 0.05$ 下,我们拒绝 H_0,接受 H_1,即认为这一天包装机的工作不正常.

根据上例的分析,我们知道假设检验的基本思想是小概率事件原理,检验的一般处理步骤如下:

第一步,根据实际问题提出原假设 H_0 及备择假设 H_1;

第二步,选择适当的显著性水平 α(通常 $\alpha = 0.10, 0.05$)以及样本容量 n;

第三步,构造一个合适的检验统计量,如 U 统计量,当 H_0 为真时,U 的分布要已知,找到临界值 $z_{\frac{\alpha}{2}}$,使 $P\{|U| > z_{\frac{\alpha}{2}}\} \leqslant \alpha$,我们称 $|U| > z_{\frac{\alpha}{2}}$ 所确定的区域为 H_0 的拒绝域,记为 W;

第四步,取样,根据样本观察值,计算统计量 U 的观察值 U_0;

第五步,作出判断,将 U_0 与临界值 $z_{\frac{\alpha}{2}}$ 比较,若 U_0 落入拒绝域 W 内,则拒绝 H_0 接受 H_1;否则接受 H_0.

三、假设检验的两类错误

根据上面的讨论,按小概率事件原理确定 H_0 的拒绝域而达到检验 H_0 的目的是有些武断,因为做出这种推断的基础是一个样本,是以部分来推断总体,而样本具有随机性,因此,进行判断时,不可避免地会犯两类错误.

第一类错误 当 H_0 为真时,由于统计量的观测值落到拒绝域内而拒绝 H_0,这类错误称为**弃真错误**,犯这类错误的概率或弃真概率通常记为 α,显然,α 就是检验的显著性水平,即

$$P\{拒绝\ H_0 \mid H_0\ 为真\} = \alpha. \tag{8-2}$$

第二类错误 当 H_0 不真时,由于统计量的观测值落到拒绝域之外而接受 H_0,这类错误称为**取伪错误**,犯这类错误的概率或取伪概率通常记为 β,即

$$P\{接受\ H_0 \mid H_0\ 为假\} = \beta. \tag{8-3}$$

检验的两类错误,具体如表 8.1 所示.

表 8.1 检验的两类错误

H_0	判断结论		犯错误的概率
真	接受	正确	0
	拒绝	犯第一类错误	α
假	接受	犯第二类错误	β
	拒绝	正确	0

在进行假设检验时,自然希望犯两类错误的概率都很小,但是,实际研究表明,当样本容量固定时,α 与 β 是此消彼长的,即若减少犯一类错误的概率,则犯另一类错误的概率往往增大. 若要使犯两类错误的概率都减小,则必须增加样本容量,而增加样本容量往往要增加工作量和经费. 实际上,在给定样本容量的情况下,一般总是先控制犯第一类错误的概率不超过 α,即令 $P\{$拒绝 $H_0 \mid H_0$ 为真$\} \leqslant \alpha$,再考虑使 β 尽可能小. 这种是只对犯第一类错误的概率加以控制.

8.2 单个正态总体的假设检验

对总体 $X \sim N(\mu, \sigma^2)$ 的假设检验是最常见的检验,正态总体有两个参数——均值 μ 和方差 σ^2,关于这两个参数有多种假设检验,我们对其各种情形加以讨论.

一、方差 σ^2 已知,关于均值 μ 的假设检验

设 X_1,X_2,…,X_n 是总体 $X \sim N(\mu, \sigma^2)$ 的一个样本,其中方差 σ^2 已知. 检验假设为

$$H_0 : \mu = \mu_0 ; \ H_1 : \mu \neq \mu_0. \tag{8-4}$$

在 H_0 为真的条件下,$\overline{X} \sim N\left(\mu_0, \dfrac{\sigma^2}{n}\right)$,$\dfrac{\overline{X} - \mu_0}{\dfrac{\sigma}{\sqrt{n}}} \sim N(0, 1)$,我们选择统计量

$$U = \frac{\overline{X} - \mu_0}{\dfrac{\sigma}{\sqrt{n}}} \tag{8-5}$$

作为检验统计量.

当假设 $H_0:\mu = \mu_0$ 成立时,$U \sim N(0,1)$. 对于给定的显著性水平 α,查标准正态分布表(见附表 4),可得 $z_{\frac{\alpha}{2}}$(图 8.1),根据

$$P\{|U| > z_{\frac{\alpha}{2}}\} \leqslant \alpha$$

求得拒绝域为 $|U| > z_{\frac{\alpha}{2}}$. 然后由样本观测值 x_1,x_2,$\cdots$,x_n 计算出统计量 U 的观测值 $|u|$. 对 $|u|$ 和 $z_{\frac{\alpha}{2}}$ 作比较,若 $|u| > z_{\frac{\alpha}{2}}$,则拒绝假设 H_0,否则接受假设 H_0. 因为检验统

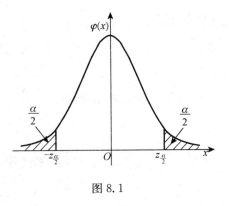

图 8.1

计量 U 服从标准正态分布,所以,称这种检验法为 **U 检验法**或 **Z 检验法**.

例 1 根据长期经验和资料的分析,某砖厂生产的砖的强度 X 服从正态分布,方差 $\sigma^2 = 1.21$,随机抽查 6 块,测得强度(单位:$\mathrm{kg \cdot cm^{-2}}$)如下:

$$32.56 \quad 29.66 \quad 31.64 \quad 30.00 \quad 31.87 \quad 31.03$$

检验这批砖的平均强度为 $32.50 \ \mathrm{kg \cdot cm^{-2}}$ 是否成立?(取显著性水平 $\alpha = 0.05$,并假设砖的强度方差不会有什么变化)

解 提出假设

$$H_0:\mu = \mu_0 = 32.50; \quad H_1:\mu \neq \mu_0.$$

选取统计量 $Z = \dfrac{\overline{X} - \mu_0}{\dfrac{\sigma}{\sqrt{n}}}$,若 H_0 为真,则 $Z \sim N(0,1)$.

对给定的显著性水平 $\alpha = 0.05$,$z_{\frac{\alpha}{2}} = z_{0.025} = 1.96$.

计算统计量 Z 的观察值:

$$|z_0| = \frac{|\overline{x} - \mu_0|}{\dfrac{\sigma}{\sqrt{n}}} = \frac{|31.13 - 32.50|}{\dfrac{1.1}{\sqrt{6}}} = 3.05.$$

由于 $|z_0| = 3.05 > z_{0.025} = 1.96$,因此拒绝接受假设 $H_0:\mu = \mu_0 = 32.50$,即不能认为这批产品的平均强度为 $32.50 \ \mathrm{kg \cdot cm^{-2}}$.

二、方差 σ^2 未知,关于均值 μ 的假设检验

设 X_1,X_2,$\cdots$,X_n 是来自总体 $X \sim N(\mu,\sigma^2)$ 的一个样本,其中方差 σ^2 未知.

检验假设为

$$H_0:\mu=\mu_0;\ H_1:\mu\neq\mu_0.$$

由于方差 σ^2 未知,所以 $Z=\dfrac{\overline{X}-\mu_0}{\dfrac{\sigma}{\sqrt{n}}}$ 不是统计量. 此时,我们利用 σ^2 的无偏估计

量 $S^2=\dfrac{1}{n-1}\sum_{i=1}^{n}\left(X_i-\overline{X}\right)^2$ 来代替 σ^2,由于在 H_0 为真的条件下,

$$\frac{\overline{X}-\mu_0}{\dfrac{S}{\sqrt{n}}}\sim t(n-1),$$

因此选择统计量

$$T=\frac{\overline{X}-\mu_0}{\dfrac{S}{\sqrt{n}}} \tag{8-8}$$

作为检验统计量.

当假设 $H_0:\mu=\mu_0$ 成立时, $T\sim t(n-1)$. 对于给定的显著性水平 α,查 t 分布表,可得 $t_{\frac{\alpha}{2}}(n-1)$(图 8.2),根据

$$P\{|T|>t_{\frac{\alpha}{2}}(n-1)\}=\alpha,$$

求得拒绝域为 $|T|>t_{\frac{\alpha}{2}}(n-1)$. 然后由样本观测值 $x_1,x_2,\cdots,x_n$ 计算出统计量 T 的观测值 $|t|$. 对 $|t|$ 和 $t_{\frac{\alpha}{2}}(n-1)$ 作比较,若 $|t|>t_{\frac{\alpha}{2}}(n-1)$,

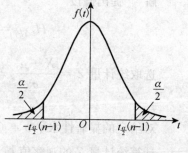

图 8.2

则拒绝假设 H_0,否则接受假设 H_0. 因为检验统计量 T 服从 t 分布,所以,称这种检验法为 **T 检验法**.

在实际中,正态总体的方差常为未知,所以我们常用 t 检验法来检验正态总体的均值问题.

例2 用某仪器间接测量温度,重复 5 次,测得数据如下(单位:℃):

$$1\ 250\quad 1\ 265\quad 1\ 245\quad 1\ 260\quad 1\ 275$$

采用另一种精确测量法得到温度(单位:℃)1 277(可看作温度的真值),试问

仪器间接测量有无系统误差?假设测量值 $X \sim N(\mu, \sigma^2)$, μ, σ^2 未知.

解 提出假设

$$H_0: \mu = \mu_0 = 1\ 277; \quad H_1: \mu \neq \mu_0.$$

这是正态总体在方差 σ^2 未知的情形下, 关于均值 μ 的假设检验. 选用统计量

$$T = \frac{\overline{X} - \mu_0}{\dfrac{S}{\sqrt{n}}}.$$

$$\overline{x} = \frac{1}{5}(1\ 250 + 1\ 265 + 1\ 245 + 1\ 260 + 1\ 275) = 1\ 259;$$

$$|t_0| = \frac{|\overline{x} - \mu_0|}{\dfrac{s}{\sqrt{n}}} = \frac{|1\ 259 - 1\ 277|}{\sqrt{570/(4 \times 5)}} = \left|\frac{-18}{5.339}\right| = 3.371\ 4;$$

$$t_{\frac{\alpha}{2}}(n-1) = t_{0.025}(4) = 2.776.$$

于是有 $|t_0| = 3.371\ 4 > t_{0.025}(4) = 2.776$, 故拒绝假设 $H_0: \mu = \mu_0 = 1\ 277$, 即认为该仪器测量有系统误差.

三、双边检验与单边检验

在前面的讨论中, 原假设为 $H_0: \mu = \mu_0$, 而备择假设为 $H_1: \mu \neq \mu_0$, 意思是 μ 可能大于 μ_0, 也可能小于 μ_0, 称为双边备择假设. 称形如 $H_0: \mu = \mu_0$, $H_1: \mu \neq \mu_0$ 的假设检验为**双边检验**. 有时我们只需考察总体均值是否增大, 例如, 检验某种新工艺是否可以提高材料的强度, 这时所考虑的总体的均值应该越大越好, 如果我们能够判断在新工艺下总体的均值较往年正常生产的大, 则可以考虑采用新工艺. 此时, 我们需要检验假设:

$$H_0: \mu \leqslant \mu_0; \quad H_1: \mu > \mu_0 (这里假设新工艺不可能比旧工艺更差),$$

形如上式的假设检验称为**右边检验**. 类似的, 有时我们需要检验假设:

$$H_0: \mu \geqslant \mu_0; \quad H_1: \mu < \mu_0$$

形如上式的假设检验称为**左边检验**. 右边检验和左边检验统称为**单边检验**.

下面我们来讨论单边检验的拒绝域.

(1) 设 X_1, X_2, $\cdots$, X_n 是来自总体 $X \sim N(\mu, \sigma^2)$ 的一个样本, 其中方差 σ^2 已知. 给定显著性水平 α, 我们先求检验假设为

$$H_0: \mu \leqslant \mu_0; \quad H_1: \mu > \mu_0$$

的拒绝域.

选择统计量

$$Z = \frac{\overline{X} - \mu_0}{\frac{\sigma}{\sqrt{n}}}.$$

当假设 H_0 为真时,Z 值不应太大,而在 H_1 为真时,由于 $\overline{X}$ 是 μ 的无偏估计量,当 μ 偏大时,$\overline{X}$ 也偏大,从而 Z 往往偏大,因此拒绝域的形式为

$$Z = \frac{\overline{X} - \mu_0}{\frac{\sigma}{\sqrt{n}}} \geqslant k, \quad k \text{ 待定}.$$

我们知道 $Z = \dfrac{\overline{X} - \mu}{\frac{\sigma}{\sqrt{n}}} \sim N(0,1)$,当假设 H_0 为真时,$\mu \leqslant \mu_0$,因此在 H_0 为真

的条件下,$\dfrac{\overline{X} - \mu}{\frac{\sigma}{\sqrt{n}}}$ 不一定等于 $\dfrac{\overline{X} - \mu_0}{\frac{\sigma}{\sqrt{n}}}$,我们也就不能得到 $\dfrac{\overline{X} - \mu_0}{\frac{\sigma}{\sqrt{n}}} \sim N(0,1)$ 的

结论.

但是,因为在 H_0 为真的条件下有 $\dfrac{\overline{X} - \mu}{\frac{\sigma}{\sqrt{n}}} \geqslant \dfrac{\overline{X} - \mu_0}{\frac{\sigma}{\sqrt{n}}}$,所以有

$$P\{\text{拒绝 } H_0 \mid H_0 \text{ 为真}\} = P\left\{\frac{\overline{X} - \mu_0}{\frac{\sigma}{\sqrt{n}}} \geqslant k \mid \mu \leqslant \mu_0\right\} \leqslant P\left\{\frac{\overline{X} - \mu}{\frac{\sigma}{\sqrt{n}}} \geqslant k \mid \mu \leqslant \mu_0\right\}.$$

取 $k = z_\alpha$,则一定有 $P\left\{\dfrac{\overline{X} - \mu}{\frac{\sigma}{\sqrt{n}}} \geqslant k \mid \mu \leqslant \mu_0\right\} \leqslant \alpha$,从而 $P\left\{\dfrac{\overline{X} - \mu_0}{\frac{\sigma}{\sqrt{n}}} \geqslant k \mid \mu \leqslant \mu_0\right\} \leqslant \alpha$,

故选择拒绝为 $Z = \dfrac{\overline{X} - \mu_0}{\frac{\sigma}{\sqrt{n}}} \geqslant z_\alpha$(图 8.3).

类似的左边检验问题(图 8.4)

$$H_0 : \mu \geqslant \mu_0 ; \quad H_1 : \mu < \mu_0$$

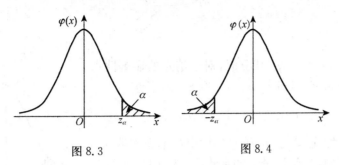

图 8.3   图 8.4

的拒绝域为

$$Z = \frac{\overline{X} - \mu_0}{\frac{\sigma}{\sqrt{n}}} \leqslant - z_a, \quad P\{U < - z_a\} \leqslant \alpha.$$

(2) 设 X_1，X_2，$\cdots$，X_n 是来自总体 $X \sim N(\mu,$ $\sigma^2)$ 的一个样本，其中方差 σ^2 未知. 检验假设为 $H_0 : \mu \leqslant \mu_0$; $H_1 : \mu > \mu_0$. 选择统计量

$$T = \frac{\overline{X} - \mu_0}{\frac{S}{\sqrt{n}}}.$$

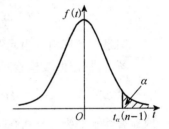

图 8.5

当假设 $H_0 : \mu \leqslant \mu_0$ 成立时，对于给定的显著性水平 α，查 t 分布表，可得 $t_a(n-1)$（图 8.5），根据

$$P\{T > t_a(n-1) \mid \mu \leqslant \mu_0\} \leqslant P\left\{\frac{\overline{X} - \mu}{\frac{S}{\sqrt{n}}} > t_a(n-1) \mid \mu \leqslant \mu_0\right\} \leqslant \alpha,$$

选择拒绝域为 $T > t_a(n-1)$. 然后由样本观测值 x_1，x_2，$\cdots$，x_n 计算出统计量 T 的观测值 t. 对 t 和 $t_a(n-1)$ 作比较，若 $t > t_a(n-1)$，则拒绝假设 H_0，否则接受假设 H_0.

类似地，检验假设为

$$H_0 : \mu \geqslant \mu_0 ; \quad H_1 : \mu < \mu_0,$$

选择统计量

$$T = \frac{\bar{X} - \mu_0}{\frac{S}{\sqrt{n}}}.$$

当假设 $H_0 : \mu \geqslant \mu_0$ 成立时,对于给定的显著性水平 α,查 t 分布表,可得 $t_\alpha(n-1)$(图 8.6),根据

$$P\{T < t_\alpha(n-1)\} \leqslant \alpha,$$

求得拒绝域为 $T < t_\alpha(n-1)$. 然后由样本观测值 x_1, $x_2, \cdots, x_n$ 计算出统计量 T 的观测值 t. 对 t 和 $-t_\alpha(n-1)$ 作比较,若 $t < t_\alpha(n-1)$,则拒绝假设 H_0,否则接受假设 H_0.

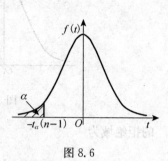

图 8.6

例 3 某元件的寿命 X(以 h 计) 服从正态分布 $N(\mu, \sigma^2)$,μ, σ^2 均未知. 现测得 16 只元件的寿命如下:

$$
\begin{array}{cccccccc}
159 & 280 & 101 & 212 & 224 & 379 & 179 & 264 \\
222 & 362 & 168 & 250 & 149 & 260 & 485 & 170
\end{array}
$$

问是否有理由认为元件的平均寿命大于 225 h?

解 提出假设检验问题

$$H_0 : \mu \leqslant \mu_0 = 225; \quad H_1 : \mu > 225.$$

取显著性水平为 $\alpha = 0.05$,此问题的拒绝域为

$$t = \frac{\bar{x} - \mu_0}{\frac{S}{\sqrt{n}}} \geqslant t_\alpha(n-1).$$

现在 $n = 16$,$t_{0.05}(15) = 1.753\,1$,$\bar{x} = 241.5$,$s = 98.725\,9$,即有

$$t = \frac{\bar{x} - \mu_0}{\frac{S}{\sqrt{n}}} = 0.668\,5 < 1.753\,1.$$

t 没有落在拒绝域中,故接受 H_0,即认为元件的平均寿命大于 225 h.

例 4 某厂对废水进行处理,要求某种有害物质的浓度不超过 19 mg/L,假设废水中含该种有害物质的浓度服从正态分布. 抽样检测得到 10 个数据,其样本均值 $\bar{x} = 19.5$ mg/L,样本方差 $s^2 = 1.25 (\text{mg/L})^2$. 问在显著性水平 $\alpha = 0.10$ 下能否认为处理后的废水符合标准?

解 设废水中含该种有害物质的浓度为 X,则 $X \sim N(\mu, \sigma^2)$.

根据题意,提出假设

$$H_0 : \mu \leqslant \mu_0 = 19; \quad H_1 : \mu > \mu_0 = 19.$$

这是正态总体在方差 σ^2 未知情形,关于均值 μ 的右侧检验问题. 又

$$n = 10, \quad \alpha = 0.10, \quad \bar{x} = 19.5, \quad s^2 = 1.25,$$

于是

$$t = \frac{\bar{x} - \mu_0}{\frac{s}{\sqrt{n}}} = \frac{19.5 - 19}{\sqrt{1.25/10}} = 1.414\ 2,$$

$$t_\alpha(n-1) = t_{0.10}(9) = 1.383\ 0.$$

所以,$t - 1.414\ 2 > t_{0.10}(9) = 1.383\ 0$,故拒绝假设 $H_0 : \mu \leqslant \mu_0 = 19$,即认为处理后的废水不符合标准.

根据上面的讨论,正态总体 $N(\mu, \sigma^2)$ 关于均值 μ 的假设检验的各种情形如表 8.2 所示.

表 8.2 正态总体均值的检验

条件	原假设 H_0	统计量	统计量分布	备择假设 H_1	拒绝域
σ^2 已知	$\mu = \mu_0$	$U = \dfrac{\bar{X} - \mu_0}{\dfrac{\sigma}{\sqrt{n}}}$	$U \sim N(0, 1)$	$\mu \neq \mu_0$	$\|u\| > z_{\frac{\alpha}{2}}$
	$\mu \leqslant \mu_0$			$\mu > \mu_0$	$u > z_\alpha$
	$\mu \geqslant \mu_0$			$\mu < \mu_0$	$u < -z_\alpha$
σ^2 未知	$\mu = \mu_0$	$T = \dfrac{\bar{X} - \mu_0}{\dfrac{S}{\sqrt{n}}}$	$T \sim t(n-1)$	$\mu \neq \mu_0$	$\|t\| > t_{\frac{\alpha}{2}}(n-1)$
	$\mu \leqslant \mu_0$			$\mu > \mu_0$	$t > t_\alpha(n-1)$
	$\mu \geqslant \mu_0$			$\mu < \mu_0$	$t < -t_\alpha(n-1)$

四、单个正态总体的方差 σ^2 的假设检验

设总体 $X \sim N(\mu, \sigma^2)$,μ, σ^2 均未知,$X_1, X_2, \cdots, X_n$ 是来自 X 的样本. 要求检验假设(显著性水平为 α)

$$H_0 : \sigma^2 = \sigma_0^2, \ H_1 : \sigma^2 \neq \sigma_0^2, \quad \sigma_0^2 \text{ 为已知常数.}$$

由于 $S^2 = \dfrac{1}{n-1} \sum_{i=1}^{n} (X_i - \bar{X})^2$ 是 σ^2 的无偏估计量,它集中了样本中所含 σ^2 的信息. 当 H_0 为真时,观察值 s^2 与 σ_0^2 的比值 $\dfrac{s^2}{\sigma_0^2}$ 一般在1附近摆动,且摆动的幅度不应

太大. 由抽样分布知

$$\frac{(n-1)S^2}{\sigma_0^2} \sim \chi^2(n-1).$$

因此, 选择统计量

$$\chi^2 = \frac{(n-1)S^2}{\sigma_0^2}$$

图 8.7

作为检验 σ^2 的统计量.

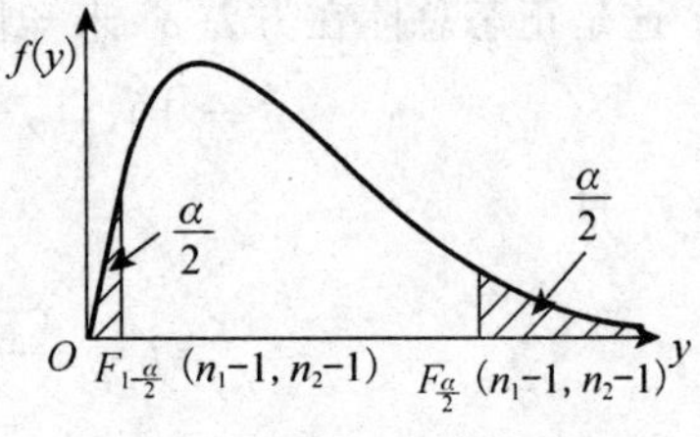

当假设 $H_0 : \sigma^2 = \sigma_0^2$ 成立时, $\chi^2 \sim \chi^2(n-1)$. 对于给定的显著性水平 α, 查 χ^2 分布表, 可得 $\chi_{\frac{\alpha}{2}}^2(n-1)$, $\chi_{1-\frac{\alpha}{2}}^2(n-1)$(图 8.7), 根据

$$P\left\{\chi^2 > \chi_{\frac{\alpha}{2}}^2(n-1)\right\} = P\left\{\chi^2 < \chi_{1-\frac{\alpha}{2}}^2(n-1)\right\} \leqslant \frac{\alpha}{2},$$

求得拒绝域为

$$\chi^2 > \chi_{\frac{\alpha}{2}}^2(n-1) \quad \text{或} \quad \chi^2 < \chi_{1-\frac{\alpha}{2}}^2(n-1).$$

由样本观测值 $x_1, x_2, \cdots, x_n$ 计算出统计量 χ^2 的观测值 χ^2. 对 χ^2 和 $\chi_{\frac{\alpha}{2}}^2(n-1)$, $\chi_{1-\frac{\alpha}{2}}^2(n-1)$ 作比较, 若 $\chi^2 > \chi_{\frac{\alpha}{2}}^2(n-1)$ 或 $\chi^2 < \chi_{1-\frac{\alpha}{2}}^2(n-1)$, 则拒绝假设 H_0, 否则接受假设 H_0. 因为检验统计量 χ^2 服从 χ^2 分布, 所以, 称这种检验法为 **χ^2 检验法**.

关于方差 σ^2 的单侧检验及均值 μ 已知时的假设检验, 可用类似的方法进行讨论, 其结果列于表 8.3.

表 8.3　　　　　　　　　正态总体方差的检验

条件	原假设 H_0	统计量	统计量分布	备择假设 H_1	拒绝域
μ 未知	$\sigma^2 = \sigma_0^2$	$\chi^2 = \dfrac{(n-1)S^2}{\sigma_0^2}$	$\chi^2 \sim \chi^2(n-1)$	$\sigma^2 \neq \sigma_0^2$	$\chi^2 > \chi_{\frac{\alpha}{2}}^2(n-1)$
	$\sigma^2 \leqslant \sigma_0^2$			$\sigma^2 > \sigma_0^2$	$\chi^2 > \chi_{\alpha}^2(n-1)$
	$\sigma^2 \geqslant \sigma_0^2$			$\sigma^2 < \sigma_0^2$	$\chi^2 < \chi_{1-\alpha}^2(n-1)$
μ 已知	$\sigma^2 = \sigma_0^2$	$\chi^2 = \dfrac{\sum\limits_{i=1}^{n}(X_i-\mu)^2}{\sigma_0^2}$	$\chi^2 \sim \chi^2(n)$	$\sigma^2 \neq \sigma_0^2$	$\chi^2 > \chi_{\frac{\alpha}{2}}^2(n)$ 或 $x^2 < x_{1-\frac{x}{2}}^2(n)$
	$\sigma^2 \leqslant \sigma_0^2$			$\sigma^2 > \sigma_0^2$	$\chi^2 > \chi_{\alpha}^2(n)$
	$\sigma^2 \geqslant \sigma_0^2$			$\sigma^2 < \sigma_0^2$	$\chi^2 < \chi_{1-\alpha}^2(n)$

例5 某场生产某种型号的电池,其寿命(以 h 计)长期以来服从方差 $\sigma^2 = 5\,000$ 的正态分布,现有一批这种电池,从它的生产情况来看,寿命的波动性有所改变.现随机抽取 26 只电池,测出其寿命的样本方差 $s^2 = 9\,200$.试根据这一数据能否推断这批电池的寿命的波动性较以往的有显著的改变?(取 $\alpha = 0.02$)

解 提出检验假设

$$H_0 : \sigma^2 = 5\,000; \ H_1 : \sigma^2 \neq 5\,000.$$

现在 $\alpha = 0.02$,$n = 26$,$\chi^2_{\frac{\alpha}{2}}(n-1) = \chi^2_{0.01}(25) = 44.314$,$\chi^2_{1-\frac{\alpha}{2}}(n-1) = \chi^2_{0.99}(25) = 11.524$,$\sigma_0^2 = 5\,000$,有拒绝域公式

$$\frac{(n-1)s^2}{\sigma_0^2} > \chi^2_{\frac{\alpha}{2}}(n-1) \quad \text{或} \quad \frac{(n-1)s^2}{\sigma_0^2} < \chi^2_{1-\frac{\alpha}{2}}(n-1).$$

由观察值 $s^2 = 9\,200$,得 $\dfrac{(n-1)s^2}{\sigma_0^2} = 46 > 44.314$,所以拒绝 H_0,认为这批电池寿命的波动性较以往的有显著的变化.

例6 今进行某项工艺革新,从革新后的产品中抽取 25 个零件,测量其直径,计算样本方差 $s^2 = 0.000\,66$,已知革新前零件直径的方差 $\sigma^2 = 0.001\,2$,设零件直径服从正态分布,问革新后生产的零件直径的方差是否显著减小?($\alpha = 0.05$)

解 根据题意,提出假设

$$H_0 : \sigma^2 \geqslant \sigma_0^2 = 0.001\,2; \ H_1 : \sigma^2 < \sigma_0^2.$$

选取统计量

$$\chi^2 = \frac{(n-1)s^2}{\sigma_0^2}.$$

拒绝域为 $\chi^2 < \chi^2_{1-\alpha}(n-1)$.

又 $n = 25$,$\alpha = 0.10$,$s^2 = 0.000\,66$,$\sigma_0^2 = 0.001\,2$,故

$$\chi^2_{1-\alpha}(n-1) = \chi^2_{0.95}(24) = 13.848.$$

计算观察值

$$\chi^2 = \frac{(n-1)s^2}{\sigma_0^2} = \frac{24 \times 0.000\,66}{0.001\,2} = 13.2 < 13.848.$$

即 χ^2 落入拒绝域中,因此拒绝 $H_0 : \sigma^2 \geqslant \sigma_0^2 = 0.001\,2$,即认为革新后生产的零件直径的方差小于革新前的零件直径的方差.

例7 某纺纱厂生产的某种细纱支数的均方差为 $\sigma_0 = 1.31$.从某日生产的一

批细纱中随机地抽取 15 缕进行支数检测,测得样本均方差为 $s = 1.98$. 假定所生产的细纱支数服从正态分布. 问在显著性水平 $\alpha = 0.05$ 下,该厂生产的细纱均匀度是否变劣?

解 设该厂生产的细纱均匀度为 X,则 $X \sim N(\mu, \sigma^2)$.

根据题意,提出假设

$$H_0 : \sigma^2 \leqslant \sigma_0^2 = 1.31^2; \quad H_1 : \sigma^2 > \sigma_0^2 = 1.31^2.$$

这是正态总体在均值 μ 未知情形,关于方差 σ^2 的右侧检验问题. 又

$$n = 15, \quad \alpha = 0.05, \quad s^2 = 1.98^2,$$

于是

$$\chi^2 = \frac{14 \times 1.98^2}{1.31^2} = 31.982\ 8,$$

$$\chi_\alpha^2(n-1) = \chi_{0.05}^2(14) = 23.685,$$

所以

$$\chi^2 = 31.982\ 8 > \chi_{0.05}^2(14) = 23.685.$$

故拒绝假设 $H_0 : \sigma^2 \leqslant \sigma_0^2 = 1.31^2$,即认为该厂生产的细纱均匀度变劣.

8.3 两个正态总体的假设检验

8.2 节中介绍了单个正态总体的期望和方差的假设检验问题,在实际工作中,还常常遇到两个正态总体的参数假设检验问题. 与单个正态总体的参数假设检验不同的是,我们所关注的不是单一数值的假设检验,而是考虑两个总体间的差异,即两个正态总体的参数比较的假设检验问题.

设总体 $X \sim N(\mu_1, \sigma_1^2)$, $Y \sim N(\mu_2, \sigma_2^2)$,且 X, Y 相互独立. $X_1, X_2, \cdots, X_{n_1}$ 是 X 的一个样本,$Y_1, Y_2, \cdots, Y_{n_2}$ 是 Y 的一个样本,$\overline{X}, \overline{Y}, S_1^2, S_2^2$ 分别为总体 X 与 Y 的样本均值与样本方差,给定显著性水平为 α. 下面分不同情形来讨论它们的均值的假设检验问题.

一、σ_1^2, σ_2^2 已知,关于数学期望的假设检验(Z 检验或 U 检验)的情形

检验假设为

$$H_0 : \mu_1 = \mu_2; \quad H_1 : \mu_1 \neq \mu_2.$$

由于

$$\overline{X} \sim N\left(\mu_1, \frac{\sigma_1^2}{n_1}\right), \quad \overline{Y} \sim N\left(\mu_2, \frac{\sigma_2^2}{n_2}\right),$$

$$E(\overline{X} - \overline{Y}) = E(\overline{X}) - E(\overline{Y}) = \mu_1 - \mu_2,$$

$$D(\overline{X} - \overline{Y}) = D(\overline{X}) + D(\overline{Y}) = \frac{\sigma_1^2}{n_1} + \frac{\sigma_2^2}{n_2},$$

所以 $\overline{X} - \overline{Y} \sim N\left(\mu_1 - \mu_2, \frac{\sigma_1^2}{n_1} + \frac{\sigma_2^2}{n_2}\right)$，从而有

$$U = \frac{(\overline{X} - \overline{Y}) - (\mu_1 - \mu_2)}{\sqrt{\dfrac{\sigma_1^2}{n_1} + \dfrac{\sigma_2^2}{n_2}}} \sim N(0, 1).$$

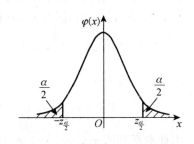

图 8.8

故选择统计量

$$U = \frac{\overline{X} - \overline{Y}}{\sqrt{\dfrac{\sigma_1^2}{n_1} + \dfrac{\sigma_2^2}{n_2}}}$$

对于给定显著性水平 α，查标准正态分布表，可得 $z_{\frac{\alpha}{2}}$（图 8.8）. 根据

$$P\{|U| > z_{\frac{\alpha}{2}}\} \leqslant \alpha,$$

求得拒绝域为 $|U| > z_{\frac{\alpha}{2}}$. 然后由样本观测值 $x_1, x_2, \cdots, x_n$ 计算出统计量 U 的观测值 $|u|$. 对 $|u|$ 和 $z_{\frac{\alpha}{2}}$ 作比较，若 $|u| > z_{\frac{\alpha}{2}}$，则拒绝假设 H_0，否则接受假设 H_0. 因为检验统计量 U 服从标准正态分布，所以，仍称这种检验法为 **U 检验法（Z 检验法）**.

二、$\sigma_1^2 = \sigma_2^2 = \sigma^2$，但 σ^2 未知，关于均值的假设检验（T 检验法）的情形

检验假设为

$$H_0 : \mu_1 = \mu_2; \quad H_1 : \mu_1 \neq \mu_2.$$

由于 $\sigma_1^2 = \sigma_2^2 = \sigma^2$，$\sigma^2$ 为未知，与单个正态总体的 T 检验类似，我们利用 σ^2 的无偏估计量

$$S_w^2 = \frac{(n_1 - 1)S_1^2 + (n_2 - 1)S_2^2}{(n_1 + n_2 - 2)}$$

来选取统计量.

由抽样分布知

$$T = \frac{(\bar{X} - \bar{Y}) - (\mu_1 - \mu_2)}{S_w\sqrt{\dfrac{1}{n_1} + \dfrac{1}{n_2}}} \sim t(n_1 + n_2 - 2).$$

当假设 $H_0: \mu_1 = \mu_2$ 成立时，$T \sim t(n_1 + n_2 - 2)$. 对于给定的显著性水平 α，查 t 分布表，可得 $t_{\frac{\alpha}{2}}(n_1 + n_2 - 2)$（图 8.9），根据

$$P\{|T| > t_{\frac{\alpha}{2}}(n_1 + n_2 - 2)\} \leqslant \alpha,$$

求得拒绝域为

$$|T| > t_{\frac{\alpha}{2}}(n_1 + n_2 - 2).$$

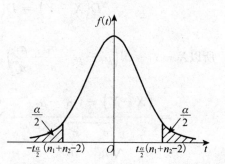

图 8.9

由样本观测值 $x_1, x_2, \cdots, x_n$ 计算出统计量 T 的观测值 $|t|$. 对 $|t|$ 和 $t_{\frac{\alpha}{2}}(n_1 + n_2 - 2)$ 作比较，若 $|t| > t_{\frac{\alpha}{2}}(n_1 + n_2 - 2)$，则拒绝假设 H_0，否则接受假设 H_0. 因为检验统计量 T 服从 t 分布，所以，仍称这种检验法为 T 检验法.

关于两个正态总体均值的单侧检验问题，可类似与 8.2 节进行讨论. 若 σ_1^2，σ_2^2 均未知，但只要 n_1，n_2 很大（一般大于 50 即可），可用 S_1^2，S_2^2 来分别替代 σ_1^2，σ_2^2，仍用 U 检验法进行假设检验. 结果列于表 8.4.

表 8.4　　　　　　　　　　两个正态总体均值的单侧检验

条件	原假设 H_0	统计量	统计量分布	备择假设 H_1	拒绝域
σ_1^2，σ_2^2 已知	$\mu_1 = \mu_2$	$U = \dfrac{\bar{X} - \bar{Y}}{\sqrt{\dfrac{\sigma_1^2}{n_1} + \dfrac{\sigma_2^2}{n_2}}}$	$U \sim N(0, 1)$	$\mu_1 \neq \mu_2$	$|u| > z_{\frac{\alpha}{2}}$
	$\mu_1 \leqslant \mu_2$			$\mu_1 > \mu_2$	$u > z_\alpha$
	$\mu_1 \geqslant \mu_2$			$\mu_1 < \mu_2$	$u < -z_\alpha$
$\sigma_1^2 = \sigma_2^2 = \sigma^2$ 未知	$\mu_1 = \mu_2$	$T = \dfrac{\bar{X} - \bar{Y}}{S_w\sqrt{\dfrac{1}{n_1} + \dfrac{1}{n_2}}}$ $S_w^2 = \dfrac{(n_1-1)S_1^2 + (n_2-1)S_2^2}{n_1 + n_2 - 2}$	$T \sim t(n_1 + n_2 - 2)$	$\mu_1 \neq \mu_2$	$|t| > t_{\frac{\alpha}{2}}(n_1 + n_2 - 2)$
	$\mu_1 \leqslant \mu_2$			$\mu_1 > \mu_2$	$t > t_\alpha(n_1 + n_2 - 2)$
	$\mu_1 \geqslant \mu_2$			$\mu_1 < \mu_2$	$t < -t_\alpha(n_1 + n_2 - 2)$

例1 设甲、乙两厂生产同一型号电子产品,其寿命(单位:h)分别记为 X, Y,假设 $X \sim N(\mu_1, \sigma_1^2)$, $Y \sim N(\mu_2, \sigma_2^2)$. 从两厂生产的产品中随机抽取一些样品,测得它们的寿命为

甲　2 053　1 985　1 977　2 045　2 017　2 009　1 903　1 996

乙　1 975　2 082　2 053　1 985　1 943　2 061　1 925

假设 $\sigma_1^2 = 640$, $\sigma_2^2 = 360$,试问在显著性水平 $\alpha = 0.05$ 下,两厂生产的电子产品的平均寿命有无显著的变化?

解　根据题意,提出假设

$$H_0 : \mu_1 = \mu_2; \quad H_1 : \mu_1 \neq \mu_2.$$

由题设条件得

$$n_1 = 8, \quad n_2 = 7, \quad \sigma_1^2 = 640, \quad \sigma_2^2 = 360,$$
$$\alpha = 0.05, \quad \bar{x} = 1\,998.125, \quad \bar{y} = 2\,003.429.$$

又检验统计量 $U = \dfrac{\bar{X} - \bar{Y}}{\sqrt{\dfrac{\sigma_1^2}{n_1} + \dfrac{\sigma_2^2}{n_2}}}$ 的观测值为

$$|u| = \frac{|\bar{x} - \bar{y}|}{\sqrt{\dfrac{\sigma_1^2}{n_1} + \dfrac{\sigma_2^2}{n_2}}} = \frac{|1\,998.125 - 2\,003.429|}{\sqrt{\dfrac{640}{8} + \dfrac{360}{7}}} = 0.690\,9,$$

查表得

$$z_{\frac{\alpha}{2}} = z_{0.025} = 1.96,$$

于是,有 $|u| = 0.690\,9 < z_{0.025} = 1.96$,故接受假设 $H_0 : \mu_1 = \mu_2$,即认为两厂生产的电子产品的平均寿命无显著的变化.

例2　从在两种工艺条件下纺得的细纱中各抽取 100 个试样,测得其强力数据,经计算得(单位:g)

甲工艺　$n_1 = 100$, $\bar{x} = 280$, $s_1 = 28$

乙工艺　$n_2 = 100$, $\bar{y} = 286$, $s_2 = 28.5$

假设甲乙两工艺下,细纱的平均强力服从正态分布,试问在显著性水平 $\alpha = 0.05$ 下,细纱的平均强力有无明显的差异?

解 设两种工艺下的细纱的平均强力分别为 μ_1，μ_2，根据题意，提出假设

$$H_0 : \mu_1 = \mu_2 ; \quad H_1 : \mu_1 \neq \mu_2.$$

这是 σ_1^2，σ_2^2 未知. 由题设条件得

$$n_1 = 100, \quad n_2 = 100, \quad s_1^2 = 28^2, \quad s_2^2 = 28.5^2,$$
$$\alpha = 0.05, \quad \bar{x} = 280, \quad \bar{y} = 286.$$

又检验统计量 $U = \dfrac{\bar{X} - \bar{Y}}{\sqrt{\dfrac{S_1^2}{n_1} + \dfrac{S_2^2}{n_2}}}$ 的观测值为

$$|u| = \frac{|\bar{x} - \bar{y}|}{\sqrt{\dfrac{s_1^2}{n_1} + \dfrac{s_2^2}{n_2}}} = \frac{|280 - 286|}{\sqrt{\dfrac{28^2}{100} + \dfrac{28.5^2}{100}}} = 1.5018,$$

查表得

$$z_{\frac{\alpha}{2}} = z_{0.025} = 1.96.$$

于是，有 $|u| = 1.5018 < z_{0.025} = 1.96$，故接受假设 $H_0 : \mu_1 = \mu_2$，即认为两种工艺下的细纱的平均强力无明显的差异.

例3 用两种方法（A，B）测定冰自 $-0.72\ ℃$ 转变为 $0\ ℃$ 的水的融化热（以 cal/g 计）. 测得以下的数据：

方法 A　79.98，80.04，80.02，80.04，80.03，80.03，
　　　　 80.04，79.97，80.05，80.03，80.02，80.00，80.02

方法 B　80.02，79.94，79.98，79.97，79.97，80.03，79.95，79.97

设这两个样本相互独立，且分别来自正态总体 $N(\mu_1, \sigma^2)$ 和 $N(\mu_2, \sigma^2)$，μ_1，μ_2，σ^2 均未知. 试检验假设（显著性水平 $\alpha = 0.05$）$H_0 : \mu_1 - \mu_2 \leqslant 0$，$H_1 : \mu_1 - \mu_2 > 0$.

解 由题设知

$$n_1 = 13, \quad \bar{x}_1 = 80.02, \quad s_1^2 = 0.024^2,$$
$$n_2 = 8, \quad \bar{x}_2 = 79.98, \quad s_2^2 = 0.031^2,$$
$$t_\alpha(13 + 8 - 2) = t_{0.05}(19) = 1.7291.$$

选取统计量

$$T = \frac{\bar{X} - \bar{Y}}{S_w\sqrt{\dfrac{1}{n_1} + \dfrac{1}{n_2}}}, \quad S_w^2 = \frac{(n_1 - 1)S_1^2 + (n_2 - 1)S_2^2}{(n_1 + n_2 - 2)},$$

拒绝域为

$$T > t_\alpha(n_1 + n_2 - 2),$$

计算 T 的观察值

$$t = \frac{\bar{x}_1 - \bar{x}_2}{S_w\sqrt{\dfrac{1}{n_1} + \dfrac{1}{n_2}}} = 3.333 > 1.729\,1,$$

故拒绝 $H_0 : \mu_1 - \mu_2 \leqslant 0$,认为方法 A 比方法 B 测得的融化热要大.

三、两个正态总体方差的假设检验(F 检验),μ_1,μ_2,σ_1^2,σ_2^2 均未知

检验假设为

$$H_0 : \sigma_1^2 = \sigma_2^2; \ H_1 : \sigma_1^2 \neq \sigma_2^2.$$

由于 S_1^2 和 S_2^2 分别总体方差 σ_1^2,σ_2^2 无偏估计,当假设 $H_0 : \sigma_1^2 = \sigma_2^2$ 成立时,两个样本方差的比应该在 1 附近摆动,且摆动的幅度不应太大,所以,选择统计量

$$F = \frac{S_1^2}{S_2^2}$$

作为检验统计量. 显然,只有当 F 接近 1 时,认为 $\sigma_1^2 = \sigma_2^2$.

因为

$$\frac{(n_1 - 1)S_1^2}{\sigma_1^2} \sim \chi^2(n_1 - 1), \quad \frac{(n_2 - 1)S_2^2}{\sigma_2^2} \sim \chi^2(n_2 - 1),$$

且二者相互独立,所以,由 F 分布定义,知

$$F = \frac{\dfrac{(n_1 - 1)S_1^2}{\sigma_1^2} \Big/ (n_1 - 1)}{\dfrac{(n_2 - 1)S_2^2}{\sigma_2^2} \Big/ (n_2 - 1)} = \frac{\dfrac{S_1^2}{\sigma_1^2}}{\dfrac{S_2^2}{\sigma_2^2}} \sim F(n_1 - 1, \ n_2 - 1).$$

当假设 $H_0 : \sigma_1^2 = \sigma_2^2$ 成立时,$F = \dfrac{S_1^2}{S_2^2} \sim F(n_1 - 1, \ n_2 - 1)$. 对于给定的显著性

水平 α,查 F 分布表,可得 $F_{\frac{\alpha}{2}}(n_1-1, \ n_2-1)$,
$F_{1-\frac{\alpha}{2}}(n_1-1, n_2-1)$(图 8.10).

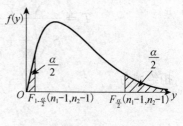

根据 $P\{F>F_{\frac{\alpha}{2}}(n_1-1, n_2-1)\}=P\{F<$

$F_{1-\frac{\alpha}{2}}(n_1-1, n_2-1)\}\leqslant\dfrac{\alpha}{2}$,求得拒绝域为

$$F>F_{\frac{\alpha}{2}}(n_1-1, \ n_2-1)$$

或　　$F<F_{1-\frac{\alpha}{2}}(n_1-1, \ n_2-1).$

图 8.10

由样本观测值 x_1, x_2, $\cdots$, x_n 计算出统计量 F 的观测值 F. 对 F 和 $F_{\frac{\alpha}{2}}(n_1-1,$ $n_2-1)$, $F_{1-\frac{\alpha}{2}}(n_1-1, n_2-1)$ 作比较,若 $F>F_{\frac{\alpha}{2}}(n_1-1, \ n_2-1)$ 或 $F<F_{1-\frac{\alpha}{2}}$ $(n_1-1, \ n_2-1)$,则拒绝假设 H_0,否则接受假设 H_0. 因为检验统计量 F 服从 F 分布,所以,称这种检验法为 F 检验法.

关于方差 σ_1^2, σ_2^2 的单侧检验及均值 μ_1, μ_2 已知时,σ_1^2, σ_2^2 的假设检验,可用类似的方法进行讨论,其结果列于表 8.5.

表 8.5　　　　　　　　　　　　　两个正态总体方差之比的检验

条件	原假设 H_0	统计量	统计量分布	备择假设 H_1	拒绝域
μ_1, μ_2 未知	$\sigma_1^2=\sigma_2^2$	$F=\dfrac{S_1^2}{S_2^2}$	$F\sim F$ $(n_1-1, \ n_2-1)$	$\sigma_1^2\neq\sigma_2^2$	$F>F_{\frac{\alpha}{2}}$ $(n_1-1, \ n_2-1)$ 或 $F>F_{1-\frac{\alpha}{2}}$ $(n_1-1, \ n_2-1)$
	$\sigma_1^2\leqslant\sigma_2^2$			$\sigma_1^2>\sigma_2^2$	$F>F_\alpha$ $(n_1-1, \ n_2-1)$
	$\sigma_1^2\geqslant\sigma_2^2$			$\sigma_1^2<\sigma_2^2$	$F<F_{1-\alpha}$ $(n_1-1, \ n_2-1)$
μ_1, μ_2 已知	$\sigma_1^2=\sigma_2^2$	$F=\dfrac{\frac{1}{n_1}\sum\limits_{i=1}^{n_1}(X_i-\mu_1)^2}{\frac{1}{n_2}\sum\limits_{i=1}^{n}(Y_i-\mu_2)^2}$	$F\sim F$ $(n_1, \ n_2)$	$\sigma_1^2\neq\sigma_2^2$	$F>F_{\frac{\alpha}{2}}(n_1, n_2)$ 或 $F<F_{1-\frac{\alpha}{2}}$ $(n_1-1, \ n_2-1)$
	$\sigma_1^2\leqslant\sigma_2^2$			$\sigma_1^2>\sigma_2^2$	$F>F_{1-\alpha}(n_1, n_2)$
	$\sigma_1^2\geqslant\sigma_2^2$			$\sigma_1^2<\sigma_2^2$	$F<F_{1-\alpha}(n_1, n_2)$

例 4　为研究矽肺患者肺功能的变化情况,某医院对 Ⅰ、Ⅱ 期矽肺患者各 31 名测其肺活量,得到 Ⅰ 期患者的平均数 2 710 ml,标准差为 147 ml;Ⅱ 期患者的平均数为 2 830 ml,标准差为 118 ml. 假定 Ⅰ、Ⅱ 期患者的肺活量服从正态分布 $N(\mu_1, \sigma_1^2)$, $N(\mu_2, \sigma_2^2)$,试问在显著性水平 $\alpha = 0.05$ 下,第 Ⅰ、Ⅱ 期矽肺患者的肺活量有无显著差异?

解　设 X, Y 分别表示第 Ⅰ、Ⅱ 期矽肺患者的肺活量,则 $X \sim N(\mu_1, \sigma_1^2)$, $Y \sim N(\mu_2, \sigma_2^2)$,其中 μ_1, μ_2, σ_1^2, σ_2^2 均未知,肺活量的差异反映在均值和方差两个方面,因此,要进行关于 σ_1^2, σ_2^2 和关于 μ_1, μ_2 的双侧假设检验.

由题设条件得

$$n_1 = 31, \quad n_2 = 31, \quad \alpha = 0.05, \quad \bar{x} = 2\,710,$$

$$\bar{y} = 2\,830, \ s_1 = 147, \ s_2 = 118.$$

在显著性水平 $\alpha = 0.05$ 下,首先检验假设

$$H_0 : \sigma_1^2 = \sigma_2^2; \ H_1 : \sigma_1^2 \neq \sigma_2^2.$$

检验统计量 $F = \dfrac{S_1^2}{S_2^2}$ 的观测值为

$$F = \frac{S_1^2}{S_2^2} = \frac{147^2}{118^2} = 1.551\,9,$$

查表得

$$F_{\frac{\alpha}{2}}(n_1 - 1, \ n_2 - 1) = F_{0.025}(30, \ 30) = 2.07,$$

$$F_{1-\frac{\alpha}{2}}(n_1 - 1, \ n_2 - 1) = F_{0.975}(30, \ 30) = \frac{1}{F_{0.025}(30, \ 30)} = \frac{1}{2.07} = 0.483\,1.$$

于是,有

$$F_{0.975}(30, \ 30) = 0.483\,1 < F = 1.551\,9 < F_{0.025}(7, \ 6) = 2.07,$$

故接受假设 $H_0 : \sigma_1^2 = \sigma_2^2$,即认为第 Ⅰ、Ⅱ 期矽肺患者的肺活量的方差无显著差异.

然后在显著性水平 $\alpha = 0.05$ 下,再检验假设

$$H_0 : \mu_1 = \mu_2; \ H_1 : \mu_1 \neq \mu_2.$$

由于 $\sigma_1^2 = \sigma_2^2$,故可选统计量为 $T = \dfrac{\bar{X} - \bar{Y}}{S_w \sqrt{\dfrac{1}{n_1} + \dfrac{1}{n_2}}}.$ 而

$$|\bar{x} - \bar{y}| = 120,$$

$$s_w^2 = \frac{(n_1 - 1)s_1^2 + (n_2 - 1)s_2^2}{n_1 + n_2 - 2} = \frac{(30 \times 147^2 + 30 \times 118^2)}{60} = 17\,766.5,$$

$$\sqrt{\frac{1}{n_1} + \frac{1}{n_2}} = \sqrt{\frac{1}{31} + \frac{1}{31}} = 0.254\,0,$$

则检验统计量 $T = \dfrac{\bar{X} - \bar{Y}}{S_w\sqrt{\dfrac{1}{n_1} + \dfrac{1}{n_2}}}$ 的观测值为

$$|t| = \frac{|\bar{x} - \bar{y}|}{S_w\sqrt{\dfrac{1}{n_1} + \dfrac{1}{n_2}}} = \frac{120}{133.291 \times 0.254\,0} = 3.544\,4.$$

查表得

$$t_{\frac{\alpha}{2}}(n_1 + n_2 - 2) = t_{0.025}(60) \approx z_{0.025} = 1.96,$$

于是,有

$$|t| = 3.544\,4 > t_{0.025}(60) = 1.96,$$

故拒绝假设 $H_0 : \mu_1 = \mu_2$,即认为第 Ⅰ、Ⅱ 期矽肺患者的肺活量存在显著差异.

8.4   总体分布的假设检验

在前几节中,我们在总体分布形式已知的前提下,讨论了参数的检验问题. 但在实际问题中,有时无法确知总体分布的类型,此时就需要根据经验对总体的分布提出某种假设,例如,假设"总体服从正态分布"等,然后从样本提供的信息出发,对所提假设进行检验,这就是**总体分布的假设检验问题**. 由于这种检验是针对总体分布本身而不是针对总体分布中的参数进行检验,所以,这种检验又称为**非参数检验**. 非参数统计的内容十分丰富,在本节中主要介绍 χ^2 拟合优度检验法. 所谓 χ^2 拟合优度检验法是在总体分布为未知时,根据样本值 x_1, x_2, $\cdots$, x_n 来检验关于总体分布的假设.

设总体 X 的分布函数 $F(x)$ 未知,$F_0(x)$ 是一个给定函数,根据总体 X 的一个样本 X_1, X_2, $\cdots$, X_n 来检验关于总体 X 分布的假设

$$H_0:F(x) = F_0(x); \ H_1:F(x) \neq F_0(x) \qquad (8\text{-}18)$$

是否成立,这种检验方法称为 χ^2 **拟合优度检验法**,又称为 χ^2 **检验法**.

当总体 X 是离散型时,检验假设(8-18)转化为关于分布律的检验,即

$$H_0:P\{X = x_i\} = p_{0i}, \quad i = 1, 2, \cdots,$$
$$H_1:P\{X = x_i\} \neq p_{0i}, \quad i = 1, 2, \cdots. \qquad (8\text{-}19)$$

其中 $p_{0i}(i = 1, 2, \cdots)$ 已知,且 $\sum\limits_{i=1}^{\infty} p_{0i} = 1$.

当总体 X 是连续型时,检验假设(8-18)转化为关于概率密度函数的检验,即

$$H_0:f(x) = f_0(x); \ H_1:f(x) \neq f_0(x). \qquad (8\text{-}20)$$

其中 $f_0(x)$ 是一个给定概率密度函数.

若 $F_0(x)$ 中含有未知参数,则要先利用极大似然估计法估计出参数值,然后再进行检验.

χ^2 检验法的基本思想与方法如下:

(1) 将随机试验的样本空间 S 分为 k 个互不相容的事件 $A_1, A_2, \cdots, A_k$,即

$$\bigcup_{i=1}^{k} A_i = S, \quad A_i A_j = \phi, \quad i, j = 1, 2, \cdots, k; i \neq j,$$

在假设 H_0 成立的条件下,计算概率 $\hat{p}_i = P(A_i)(i = 1, 2, \cdots, k)$.

(2) 寻找用于检验的统计量及相应的分布,在 n 次试验中,以 f_i 表示在 n 次试验中事件 A_i 出现的次数,一般地,事件 A_i 出现的频率 $\dfrac{f_i}{n}$ 与概率 $\hat{p}_i(i = 1, 2, \cdots, k)$ 存在差异,但由大数定律知,如果试验次数 n 充分大(一般要求 n 至少为 50,最好在 100 以上),在假设 H_0 成立的条件下,则频率 $\dfrac{f_i}{n}$ 与概率 $\hat{p}_i(i = 1, 2, \cdots, k)$ 的绝对差异是很小的. 由此,英国数学家卡尔·皮尔逊(K. Penrson) 首先提出用统计量

$$\chi^2 = \sum_{i=1}^{k} \frac{(f_i - n\hat{p}_i)^2}{n\hat{p}_i} \qquad (8\text{-}21)$$

来检验假设 H_0,并证明了如下的定理,因而这种方法又称为**皮尔逊检验法**.

定理(皮尔逊定理) 若样本容量 n 充分大($n \geqslant 50$),则不论 $F_0(x)$ 是什么分布,当 $H_0:F(x) = F_0(x)$ 为真时,统计量

$$\chi^2 = \sum_{i=1}^{k} \frac{(f_i - n\hat{p}_i)^2}{n\hat{p}_i}$$

总是近似服从自由度为 $k-r-1$ 的 χ^2 分布,其中 r 是 $F_0(x)$ 所含参数的个数.

　　注意　一般要求 $n\hat{p}_i \geqslant 5$,否则通过合并,即减小 k 来使得 $n\hat{p}_i \geqslant 5$.

　　(3) 对于给定的显著性水平 α,查 χ^2 分布表,可得 $\chi_\alpha^2(k-r-1)$(图 8.11),根据

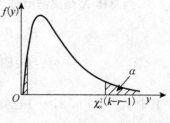

图 8.11

$$P\{\chi^2 > \chi_\alpha^2(k-r-1)\} = \alpha,$$

求得拒绝域为

$$\chi^2 > \chi_\alpha^2(k-r-1).$$

　　(4) 由样本观测值 $x_1, x_2, \cdots, x_n$ 计算出统计量 χ^2 的观测值 χ^2. 对 χ^2 和 $\chi_\alpha^2(k-r-1)$ 作比较,若 $\chi^2 > \chi_\alpha^2(k-r-1)$,则拒绝假设 H_0,接受假设 H_1.

　　例 1　一本书的一页印刷错误字符的个数 X 是一个随机变量,先检查了一本书的 100 页,记录每页中印刷错误字符的个数,其结果如下表所示,其中 f_i 是观察到有 i 个错误的页数,问是否能够认为一页书中印刷错误字符的个数 X 服从泊松分布?($\alpha = 0.05$)

错误个数 i	0	1	2	3	4	5	6	$\geqslant 7$
页数 f_i	36	40	19	2	0	2	1	0
A_i	A_0	A_1	A_2	A_3	A_4	A_5	A_6	A_7

　　解　由题意首先提出假设:

H_0:总体 X 服从泊松分布.

$$P\{X = i\} = \frac{e^{-\lambda}\lambda^i}{i!}, \quad i = 0, 1, 2, \cdots,$$

这里 H_0 中参数 λ 未知,需要先估计参数. 由最大似然估计法,得

$$\hat{\lambda} = \bar{x} \frac{0 \times 36 + 1 \times 40 + \cdots + 6 \times 1 + 7 \times 0}{100} = 1.$$

将试验结果的全体分为 $A_1, A_2, \cdots, A_7$ 两两不相交的子集. 若 H_0 为真,则 $P\{X =$

i} 有估计值

$$\widehat{p} = \widehat{P}\{X = i\} = \frac{e^{-1}1^i}{i!}, \quad i = 0, 1, 2, \cdots.$$

计算结果如下表(将 $n\widehat{p}_i < 5$ 的项适当合并,使新的每一组 $n\widehat{p}_i \geqslant 5$):

A_i	f_i	$\widehat{p}_i$	$n\widehat{p}_i$	$f_i - n\widehat{p}_i$	$(f_i - n\widehat{p}_i)^2 / n\widehat{p}_i$
A_0	36	e^{-1}	36.788	-0.788	0.017
A_1	40	e^{-1}	36.788	3.212	0.280
A_2	19	$e^{-1}/2$	18.394	0.606	0.020
A_3	2	$e^{-1}/6$	6.131		
A_4	0	$e^{-1}/24$	1.533		
A_5	2	$e^{-1}/120$	0.307	-3.03	1.143
A_6	1	$e^{-1}/720$	0.051		
A_7	0	$1 - \sum\limits_{i=1}^{6} \widehat{p}_i$	0.008		
$\sum$			1.460		

从上表可知,合并后 $k = 4$,在计算概率时估计了一个未知参数 λ,故

$$\chi^2 = \sum_{i=1}^{4} \frac{(f_i - n\widehat{p}_i)^2}{n\widehat{p}_i} \sim \chi^2(4-1-1).$$

计算统计量的观察值 $\chi^2 = 1.460$,查表 $\chi^2_{0.05}(2) = 5.991$,$1.460 < 5.991$.

所以在显著性水平 $\alpha = 0.05$ 下接受 H_0,认为总体服从泊松分布.

例 2 某蓄电池厂对所生产蓄电池的使用寿命作试验,随机地在一批蓄电池中抽取 400 只,测得它们的寿命(单位:h)如下:

寿命 t(h)	$0 \leqslant t < 10$	$10 \leqslant t < 20$	$20 \leqslant t < 30$	$30 \leqslant t < 40$
蓄电池只数 f_i	281	78	33	8

试在水平 $\alpha = 0.05$ 下,检验这批蓄电池的寿命 T 是否服从指数分布?

解 设 T 表示蓄电池的使用寿命,则 $T \sim E(\theta)(\theta > 0)$,即 T 的概率密度函数为

$$f(t) = \begin{cases} \dfrac{1}{\theta} e^{-\frac{t}{\theta}}, & t > 0, \\ 0, & t \leqslant 0. \end{cases}$$

先用极大似然估计法求出 θ 的估计值,再用 χ^2 检验法.

以 x_i, $i = 1, 2, 3, 4$ 表示区间的中点(即组中值),则

$$\bar{x} = \frac{1}{400} \sum_{i=1}^{4} x_i \cdot f_i = \frac{1}{400}(5 \times 281 + 15 \times 78 + 25 \times 33 + 35 \times 8) = 9.2.$$

由极大似然估计法得 $\hat{\theta} = \bar{x} = 9.2.$ 记

$$f_0(t) = \begin{cases} \dfrac{1}{9.2} e^{-\frac{t}{9.2}}, & t > 0, \\ 0, & t \leqslant 0. \end{cases}$$

故由题意提出假设

$$H_0 : T \text{ 的概率密度函数 } f(t) = f_0(t); \quad H_1 : f(x) \neq f_0(x).$$

这是含有一个未知参数的问题.

将 $(-\infty, +\infty)$ 划分为 $(-\infty, 10) \bigcup [10, 20) \bigcup [20, 30) \bigcup [30, +\infty)$ 四个区间,当 H_0 成立时,有

$$\hat{p}_1 = P\{-\infty < X < 10\} = \int_{-\infty}^{10} f_0(t)\mathrm{d}t = \int_{0}^{10} \frac{1}{9.2} e^{-\frac{t}{9.2}} \mathrm{d}t$$

$$= -e^{-\frac{t}{9.2}} \Big|_{0}^{10} = 0.6628,$$

$$\hat{p}_2 = P\{10 \leqslant X < 20\} = \int_{10}^{20} f_0(t)\mathrm{d}t = \int_{10}^{20} \frac{1}{9.2} e^{-\frac{t}{9.2}} \mathrm{d}t$$

$$= -e^{-\frac{t}{9.2}} \Big|_{10}^{20} = 0.2235,$$

$$\hat{p}_3 = P\{20 \leqslant X < 30\} = \int_{20}^{30} f_0(t)\mathrm{d}t = \int_{20}^{30} \frac{1}{9.2} e^{-\frac{t}{9.2}} \mathrm{d}t$$

$$= -e^{-\frac{t}{9.2}} \Big|_{20}^{30} = 0.0754,$$

$$\hat{p}_4 = P\{30 \leqslant X < +\infty\} = \int_{30}^{+\infty} f_0(t)\mathrm{d}t = \int_{30}^{+\infty} \frac{1}{9.2} e^{-\frac{t}{9.2}} \mathrm{d}t$$

$$=-\mathrm{e}^{-\frac{t}{9.2}}\Big|_{30}^{+\infty}=0.038\ 3.$$

计算结果如下表.

事件	f_i	$n\hat{p}_i$	$f_i-n\hat{p}_i$	$(f_i-n\hat{p}_i)^2/n\hat{p}_i$
$(-\infty, 10)$	281	265.12	15.88	0.951 2
$[10, 20)$	78	89.4	-11.4	1.453 7
$[20, 30)$	33	30.16	2.84	0.267 4
$[30, +\infty)$	8	15.32	-7.32	3.497 5
$\sum$	400	400		6.169 8

因而,检验统计量 $\chi^2=\sum\limits_{i=1}^{k}\dfrac{(f_i-n\hat{p}_i)^2}{n\hat{p}_i}$ 的观测值为 $\chi^2=6.169\ 8$,因为 $k=4$,$r=1$,查表得

$$\chi_\alpha^2(k-r-1)=\chi_{0.05}^2(4-1-4)=\chi_{0.05}^2(2)=5.991.$$

于是有 $\chi^2=6.169\ 8>5.991$,故拒绝假设 H_0,即认为这批蓄电池的寿命不服从指数分布.

例 3　为了研究小学生身体的发育状态,对某小学四年级的 100 名学生的身高进行了测量,获得如下数据(单位:cm):

```
136  149  143  141  137  140  132  142  147  139  141  136  140
134  142  142  145  135  142  139  144  142  139  142  142  130
134  137  136  137  134  137  137  144  145  132  148  140
145  139  146  139  153  136  148  140  139  138  140  136  145
150  143  138  143  141  148  139  145  137  137  139  145  131
141  144  144  142  147  135  136  140  138  135  142  143  142
142  142  140  141  137  137  127  137  138  142  134
143  142  141  141  144  148  155  137  139
```

试在水平 $\alpha=0.05$ 下,检验这些数据是否服从正态分布?

解　上述数据中的最小为 $x_1^*=127$,最大为 $x_{100}^*=155$,所以,取区间 $(a, b]=(127.5, 155.5]$,将 $(a, b]$ 分为长度为 3 的 10 个小区间,列出频数分布表如下.

序号	区间 $(a_{i-1}, a_i]$	组中值 x_i	事件	频数 f_i	$x_i \cdot f_i$
1	(127.5, 130.5]	129	$(-\infty, 130.5] = A_1$	2	258
2	(130.5, 133.5]	132	$(130.5, 133.5] = A_2$	3	396
3	(133.5, 136.5]	135	$(133.5, 136.5] = A_3$	14	1 890
4	(136.5, 139.5]	138	$(136.5, 139.5] = A_4$	24	3 312
5	(139.5, 142.5]	141	$(139.5, 142.5] = A_5$	29	4 089
6	(142.5, 145.5]	144	$(142.5, 145.5] = A_6$	16	2 304
7	(145.5, 148.5]	147	$(145.5, 148.5] = A_7$	8	1 176
8	(148.5, 151.5]	150	$(148.5, 151.5] = A_8$	2	300
9	(151.5, 154.5]	153	$(151.5, 154.5] = A_9$	1	153
10	(154.5, 157.5]	155	$(154.5, +\infty) = A_{10}$	1	155
$\sum$				100	14 033

设 X 表示学生身高,则 $X \sim N(\mu, \sigma^2)$, μ, σ^2 均未知. 由题意提出假设

$$H_0 : X \text{ 的分布函数 } F(x) = \Phi\left(\frac{x-\mu}{\sigma}\right); \quad H_1 : F(x) \neq \Phi\left(\frac{x-\mu}{\sigma}\right).$$

其中, Φ 是 $N(0, 1)$ 的分布函数.

这是含有两个未知参数的拟合优度检验问题. 先用极大似然估计法求出 μ, σ^2 的估计值,再用 χ^2 检验法.

以 x_i, $i = 1, 2, \cdots, 10$ 表示区间的中点(即组中值),由第 7 章知识知, μ, σ^2 的极大似然估计值为

$$\hat{\mu} = \bar{x} = \frac{1}{100}\sum_{i=1}^{10} x_i \cdot f_i = \frac{14\ 033}{100} = 140.33,$$

$$\hat{\sigma}^2 = \frac{1}{100}\sum_{i=1}^{10} f_i \cdot (x_i - \bar{x})^2 = B_2 = \frac{2\ 140.11}{100} = 21.401\ 1,$$

于是

$$\hat{\sigma} = \sqrt{\hat{\sigma}^2} = 4.626\ 1.$$

当 H_0 成立时, X 的分布函数 $F(x) = \Phi\left(\dfrac{x-140.33}{4.626\ 1}\right)$,则

$$\hat{p}_1 = P(A_1) = \Phi\left(\frac{130.5 - 104.33}{4.626\,1}\right) = \Phi(-2.124\,9)$$
$$= 1 - \Phi(2.124\,9) = 0.017,$$

$$\hat{p}_2 = P(A_2) = \Phi\left(\frac{133.5 - 104.33}{4.626\,1}\right) - \Phi\left(\frac{130.5 - 104.33}{4.626\,1}\right) = 0.054,$$

$$\hat{p}_3 = P(A_3) = \Phi\left(\frac{136.5 - 104.33}{4.626\,1}\right) - \Phi\left(\frac{133.5 - 104.33}{4.626\,1}\right) = 0.133,$$

$$\hat{p}_4 = P(A_4) = \Phi\left(\frac{139.5 - 104.33}{4.626\,1}\right) - \Phi\left(\frac{136.5 - 104.33}{4.626\,1}\right) = 0.249,$$

$$\hat{p}_5 = P(A_5) = \Phi\left(\frac{142.5 - 104.33}{4.626\,1}\right) - \Phi\left(\frac{139.5 - 104.33}{4.626\,1}\right) = 0.229,$$

$$\hat{p}_6 = P(A_6) = \Phi\left(\frac{145.5 - 104.33}{4.626\,1}\right) - \Phi\left(\frac{142.5 - 104.33}{4.626\,1}\right) = 0.188,$$

$$\hat{p}_7 = P(A_7) = \Phi\left(\frac{148.5 - 104.33}{4.626\,1}\right) - \Phi\left(\frac{145.5 - 104.33}{4.626\,1}\right) = 0.093,$$

$$\hat{p}_8 = P(A_8) = \Phi\left(\frac{151.5 - 104.33}{4.626\,1}\right) - \Phi\left(\frac{148.5 - 104.33}{4.626\,1}\right) = 0.030,$$

$$\hat{p}_9 = P(A_9) = \Phi\left(\frac{154.5 - 104.33}{4.626\,1}\right) - \Phi\left(\frac{151.5 - 104.33}{4.626\,1}\right) = 0.003,$$

$$\hat{p}_{10} = P(A_{10}) = \Phi\left(\frac{157.5 - 104.33}{4.626\,1}\right) - \Phi\left(\frac{154.5 - 104.33}{4.626\,1}\right) = 0.003.$$

计算结果如下表.

事件	f_i	$n\hat{p}_i$	$f_i - n\hat{p}_i$	$(f_i - n\hat{p}_i)^2 / n\hat{p}_i$
$(-\infty, 130.5] = A_1$ $(130.5, 133.5] = A_2$	$\left.\begin{matrix}2\\3\end{matrix}\right\}5$	$\left.\begin{matrix}1.7\\5.4\end{matrix}\right\}7.1$	-2.1	0.63
$(133.5, 136.5] = A_3$	14	13.3	0.7	0.368
$(136.5, 139.5] = A_4$	24	24.9	0.9	0.032 5
$(139.5, 142.5] = A_5$	29	22.9	6.1	1.624 9
$(142.5, 145.5] = A_6$	16	18.8	-2.8	0.417 0
$(145.5, 148.5] = A_7$	8	9.3	-1.3	0.181 7

续表

事件	f_i	$n\hat{p}_i$	$f_i - n\hat{p}_i$	$(f_i - n\hat{p}_i)^2 / n\hat{p}_i$
$(148.5, 151.5] = A_8$	2 ⎫	3 ⎫		
$(151.5, 154.5] = A_9$	1 ⎬ 4	0.3 ⎬ 3.6	0.4	0.044 4
$(154.5, +\infty] = A_{10}$	1 ⎭	0.3 ⎭		
$\sum$	100			3.298 5

因而,检验统计量 $\chi^2 = \sum_{i=1}^{k} \dfrac{(f_i - n\hat{p}_i)^2}{n\hat{p}_i}$ 的观测值为 $\chi^2 = 3.298\ 5$,因为 $k = 7$,$r = 2$,查表得

$$\chi_\alpha^2(k - r - 1) = \chi_{0.05}^2(7 - 2 - 1) = \chi_{0.05}^2(4) = 9.488.$$

于是有 $\chi^2 = 3.298\ 5 < 9.488$,故接受 H_0,即认为这些数据是否服从正态分布.

习 题 8

1. 某批矿砂的 5 个样品中的镍含量,经测定为(%)

$$3.25 \quad 3.27 \quad 3.24 \quad 3.26 \quad 3.24$$

设测定值总体服从正态分布,问在 $\alpha = 0.01$ 下能否接受假设:这批矿砂的镍含量的均值为 3.25.

2. 要求一种元件使用寿命不得低于 1 000 h,今从一批这种元件中随机抽取 25 件,测得其寿命的平均值为 950 h,已知该种元件寿命服从标准差为 $\sigma = 100$ h 的正态分布,试在显著性水平 $\alpha = 0.05$ 下确定这批元件是否合格?

3. 已知某炼铁厂的铁水含碳量在正常情况下服从正态分布 $N(4.55, 0.108^2)$. 现在测了 5 炉铁水,其含碳量(%)分别为

$$4.28 \quad 4.40 \quad 4.42 \quad 4.35 \quad 4.37$$

问若标准差不改变,总体平均值有无显著性变化?($\alpha = 0.05$)

4. 在正常状态下,某种牌子的香烟一支平均 1.1 g,若从这种香烟堆中任取 36 支作为样本,测得样本均值为 1.008(h),样本方差 $s^2 = 0.1(g^2)$. 问这堆香烟是否处于正常状态. 已知香烟(支)的重量(克)近似服从正态分布(取 $\alpha = 0.05$).

5. 某公司宣称由他们生产的某种型号的电池其平均寿命为 21.5 h. 在实验室测试了该公司生产的 6 只电池,得到它们的寿命(以 h 计)为

$$19 \quad 18 \quad 20 \quad 22 \quad 16 \quad 25$$

问这些结果是否表明这种电池的平均寿命比该公司宣称的平均寿命要短?设电池寿命近似地服从正态分布(取 $\alpha = 0.05$).

6. 在 20 世纪 70 年代后期人们发现,在酿造啤酒时,在麦芽干燥过程中形成致癌物质亚硝

基二甲铵(DNMA). 到了 80 年代初期开发了一种新的麦芽干燥过程. 下面给出分别在新老两过程中形成的(NDMA) 含量(以 10 亿份中的份数计).

老过程	6	4	5	5	6	5	5	6	4	6	7	4
新过程	2	1	2	2	1	0	3	2	1	0	1	3

设两样本分别来自正态总体,且两总体的方差相等,两样本独立,分别以 μ_1, μ_2 记对应于老、新过程的总体的均值,试检验假设 $H_0: \mu_1 - \mu_2 = 2$, $H_1: \mu_1 - \mu_2 > 2(\alpha = 0.05)$.

7. 一工厂的两个化验室每天同时从工厂的冷却水中取样,测量水中含氯量(ppm) 一次,下面是 7 天的记录.

日 期	1	2	3	4	5	6	7
化验室 A(x_i)	1.15	1.86	0.75	1.82	1.14	1.65	1.90
化验室 B(y_i)	1.00	1.90	0.90	1.80	1.20	1.70	1.95

设各对数据的差 $d_i = x_i - y_i$, $i = 1, 2, \cdots, 7$ 来自正态总体,问两化验室测定的结果之间有无显著差异?($\alpha = 0.01$)

8. 有两批棉纱,为比较其断裂强度,从中各取一个样本,测试得到:

$$第一批棉纱样本 \quad n_1 = 200, \bar{x} = 0.532 \text{ kg}, s_1 = 0.218 \text{ kg};$$
$$第二批棉纱样本 \quad n_2 = 200, \bar{y} = 0.57 \text{ kg}, s_2 = 0.176 \text{ kg}.$$

设两强度总体服从正态分布,方差未知但相等,两批强度均值有无显著差异?($\alpha = 0.05$)

9. 某种导线的电阻服从正态分布 $N(\mu, 0.005\, 2)$. 今从新生产的一批导线中抽取 9 根,测其电阻,得 $s = 0.008$ Ω. 对于 $\alpha = 0.05$,能否认为这批导线电阻的标准差仍为 0.005?

10. 某种导线,要求其电阻的标准差不得超过 0.005(Ω). 今在生产的一批导线中取样品 9 根,测得 $S = 0.007$(Ω),设总体为正态分布,问在水平 $\alpha = 0.05$ 下能否认为这批导线的标准差显著地偏大?

11. 测定某种溶液中的水分,它的 10 个测定值给出 $S = 0.037\%$,设测定值总体为正态分布,σ^2 为总体方差,试在水平 $\alpha = 0.05$ 下检验假设 $H_0: \sigma = 0.04\%$, $H_1: \sigma < 0.04\%$.

12. 测得两批电子器件的样品的电阻(Ω) 为

A 批(x)	0.140	0.138	0.143	0.142	0.144	0.137
B 批(y)	0.135	0.140	0.142	0.136	0.138	0.140

设这两批器材的电阻值总体分别服从 $N(\mu_1, \sigma_1^2)$, $N(\mu_2, \sigma_2^2)$ 分布,且两样本独立.

(1) 检验假设 $H_0: \sigma_1^2 = \sigma_2^2$, $H_1: \sigma_1^2 \neq \sigma_2^2 (\alpha = 0.05)$;

(2) 在(1)的基础上检验 $H_1': \mu_1 = \mu_2$, $H_1': \mu_1 \neq \mu_2 (\alpha = 0.05)$.

13. 两位化验员 A,B 对一种矿砂的含铁量各自独立地用同一方法做了 5 次分析,得到样本

方差分别为 $0.4322(\%^2)$ 与 $0.5006(\%^2)$. 若 A,B 所得的测定值的总体都是正态分布,其方差分别为σ_A^2, σ_B^2,试在水平 $\alpha = 0.05$ 下检验方差齐性的假设

$$H_0 : \sigma_A^2 = \sigma_B^2; \quad H_1 : \sigma_A^2 \neq \sigma_B^2.$$

14. 有两台机器生产金属部件,分别在两台机器所生产的部件中各取一容量 $n_1 = 60$, $n_2 = 40$ 的样本,测得部件质量的样本方差分别为 $S_1^2 = 15.46$, $S_2^2 = 9.66$,设两样本相互独立,两总体分别服从 $N(\mu_1, \sigma_1^2)$, $N(\mu_2, \sigma_2^2)$ 分布,试在水平 $\alpha = 0.05$ 下,检验假设

$$H_0 : \sigma_1^2 = \sigma_2^2; \quad H_1 : \sigma_1^2 > \sigma_2^2.$$

附　　表

附表 1　常用分布、记号及数字特征一览表

1. 离散型分布

名　称	记　号	概 率 函 数	均　值	方　差
$0-1$ 分布	$B(1,p)$	$P(X=k)=p^k(1-p)^{1-k}$ $k=0,1$	p	$p(1-p)$
二项分布	$B(n,p)$	$P(X=k)=\binom{n}{k}p^k(1-p)^{n-k}$ $k=0,1,\cdots,n$	np	$np(1-p)$
几何分布	$/$	$P(X=k)=p(1-p)^{k-1}$，$k=1,2,\cdots$	$\dfrac{1}{p}$	$\dfrac{1-p}{p^2}$
泊松分布	$P(\lambda)$	$P(X=k)=\mathrm{e}^{-\lambda}\cdot\dfrac{\lambda^k}{k!}$ $k=0,1,2,\cdots$	λ	λ
超几何分布	$/$	$P(X=k)=\dfrac{\binom{M}{k}\binom{N-M}{n-k}}{\binom{N}{n}}$ $k=0,1,\cdots,n$	$n\dfrac{M}{N}$	$n\dfrac{M}{N}\left(1-\dfrac{M}{N}\right)\dfrac{N-n}{N-1}$

2. 连续型分布

名　称	记　号	密 度 函 数	均　值	方　差
均匀分布	$R(a,b)$	$f(x)=\begin{cases}\dfrac{1}{b-a},& a<x<b,\\ 0,& \text{其他}\end{cases}$	$\dfrac{a+b}{2}$	$\dfrac{(b-a)^2}{12}$
指数分布	$E(\lambda)$	$f(x)=\begin{cases}\lambda\mathrm{e}^{-\lambda x},& x>0,\\ 0,& \text{其他}\end{cases}$	$\dfrac{1}{\lambda}$	$\dfrac{1}{\lambda^2}$
正态分布	$N(\mu,\sigma^2)$	$f(x)=\dfrac{1}{\sqrt{2\pi}\sigma}\exp\left\{-\dfrac{(x-\mu)^2}{2\sigma^2}\right\}$ $-\infty<x<\infty$	μ	σ^2

附表 2 二项分布的概率函数值表

本表列出了二项分布的概率函数值

$$P(X=k)=\binom{n}{k}p^k(1-p)^{n-k}.$$

n	k	0.05	0.10	0.20	0.25	0.30	0.40	0.50
2	0	0.9025	0.8100	0.6400	0.5625	0.4900	0.3600	0.2500
	1	0.0950	0.1800	0.3200	0.3750	0.4200	0.4800	0.5000
	2	0.0025	0.0100	0.0400	0.0625	0.0900	0.1600	0.2500
3	0	0.8574	0.7290	0.5120	0.4219	0.3430	0.2160	0.1250
	1	0.1354	0.2430	0.3840	0.4219	0.4410	0.4320	0.3750
	2	0.0071	0.0270	0.0960	0.1406	0.1890	0.2880	0.3750
	3	0.0001	0.0010	0.0080	0.0156	0.0270	0.640	0.1250
4	0	0.8145	0.6561	0.4096	0.3164	0.2401	0.1296	0.0625
	1	0.1715	0.2916	0.4096	0.4219	0.4116	0.3456	0.2500
	2	0.0135	0.0486	0.1536	0.2109	0.2646	0.3456	0.3750
	3	0.0005	0.0036	0.0256	0.0469	0.0756	0.1536	0.2500
	4	0.0000	0.0001	0.0016	0.0039	0.0081	0.0256	0.0625
5	0	0.7738	0.5905	0.3277	0.2373	0.1681	0.0778	0.0312
	1	0.2036	0.3280	0.4096	0.3955	0.3602	0.2592	0.1562
	2	0.0214	0.0729	0.2048	0.2637	0.3087	0.3456	0.3125
	3	0.0011	0.0081	0.0512	0.0879	0.1323	0.2304	0.3125
	4	0.0000	0.004	0.0064	0.0146	0.0284	0.0768	0.1562
	5	0.0000	0.0000	0.0003	0.0010	0.0024	0.0102	0.0312
6	0	0.7351	0.5314	0.2621	0.1780	0.1176	0.0467	0.0156
	1	0.2321	0.3543	0.3932	0.3560	0.3025	0.1866	0.0938
	2	0.0305	0.0984	0.2458	0.2966	0.3241	0.3110	0.2344
	3	0.0021	0.0146	0.0819	0.1318	0.1852	0.2765	0.3125
	4	0.0001	0.0012	0.0154	0.0330	0.0595	0.1382	0.2344

续表

n	k	p 0.05	0.10	0.20	0.25	0.30	0.40	0.50
	5	0.0000	0.0001	0.0015	0.0044	0.0102	0.0369	0.0938
	6	0.0000	0.0000	0.001	0.0002	0.0007	0.0041	0.0156
7	0	0.6983	0.4783	0.2097	0.1335	0.0824	0.0280	0.0078
	1	0.2573	0.3720	0.3670	0.3115	0.2471	0.1306	0.0547
	2	0.0406	0.1240	0.2753	0.3115	0.3177	0.2613	0.1641
	3	0.0036	0.0230	0.1147	0.1730	0.2269	0.2903	0.2734
	4	0.0002	0.0026	0.0287	0.0577	0.0972	0.1935	0.2734
	5	0.0000	0.0002	0.0043	0.0115	0.0250	0.0774	0.1641
	6	0.0000	0.0000	0.0004	0.0013	0.0036	0.0172	0.0547
	7	0.0000	0.0000	0.0000	0.0001	0.0002	0.0016	0.0078
8	0	0.6634	0.4305	0.1678	0.1001	0.0576	0.0168	0.0039
	1	0.2793	0.3826	0.3355	0.2670	0.1977	0.0896	0.0312
	2	0.0515	0.1488	0.2936	0.3115	0.2965	0.2090	0.1094
	3	0.0054	0.0331	0.1468	0.2076	0.2541	0.2787	0.2188
	4	0.0004	0.0046	0.0459	0.0865	0.1361	0.2322	0.2734
	5	0.0000	0.0004	0.0092	0.0231	0.0467	0.1239	0.2188
	6	0.0000	0.0000	0.0011	0.0038	0.0100	0.0413	0.1094
	7	0.0000	0.0000	0.0001	0.0004	0.0012	0.0079	0.0312
	8	0.0000	0.0000	0.0000	0.0000	0.0001	0.0007	0.0039
9	0	0.6302	0.3874	0.1342	0.0751	0.0404	0.0101	0.0020
	1	0.2985	0.3874	0.3020	0.2253	0.1556	0.0605	0.0176
	2	0.0529	0.1722	0.3020	0.3003	0.2668	0.1612	0.0703
	3	0.0077	0.0446	0.1762	0.2336	0.2668	0.2508	0.1641
	4	0.0006	0.0074	0.0661	0.1168	0.1715	0.2508	0.2461
	5	0.0000	0.0008	0.0165	0.0389	0.0735	0.1672	0.2461
	6	0.0000	0.0001	0.0028	0.0087	0.0210	0.0743	0.1641
	7	0.0000	0.0000	0.0003	0.0012	0.0039	0.0212	0.0703
	8	0.0000	0.0000	0.0000	0.0001	0.0004	0.0035	0.0176

续表

n	k	0.05	0.10	0.20	0.25	0.30	0.40	0.50
	9	0.0000	0.0000	0.0000	0.0000	0.0000	0.0003	0.0020
10	0	0.5987	0.3487	0.1074	0.0563	0.0282	0.0060	0.0010
	1	0.3151	0.3874	0.2684	0.1877	0.1211	0.0403	0.0098
	2	0.0746	0.1937	0.3020	0.2816	0.2335	0.1209	0.0439
	3	0.0105	0.0574	0.2013	0.2503	0.2668	0.2150	0.1172
	4	0.0010	0.0112	0.0881	0.1460	0.2001	0.2508	0.2051
	5	0.0001	0.0015	0.0264	0.0584	0.1029	0.2007	0.2461
	6	0.0000	0.0001	0.0055	0.0162	0.0368	0.1115	0.2051
	7	0.0000	0.0000	0.0008	0.0031	0.0090	0.0045	0.1172
	8	0.0000	0.0000	0.0001	0.0004	0.0014	0.0106	0.0439
	9	0.0000	0.0000	0.0000	0.0000	0.0001	0.0016	0.0098
	10	0.0000	0.0000	0.000	0.0000	0.0000	0.0001	0.0010

附表3　泊松分布的概率函数值表

本表列出了泊松分布的概率函数值

$$P(X=k)=\mathrm{e}^{-\lambda}\frac{\lambda^{k}}{k!}.$$

k	0.1	0.2	0.3	0.4	0.5	0.6
0	0.904837	0.818731	0.740818	0.670320	0.606531	0.548812
1	0.090484	0.163746	0.222245	0.268128	0.303265	0.329287
2	0.004524	0.016375	0.033337	0.053626	0.075816	0.098786
3	0.000151	0.001092	0.003334	0.007150	0.012636	0.019757
4	0.000004	0.000055	0.000250	0.000715	0.001580	0.002964
5		0.000002	0.000015	0.000057	0.000158	0.000356
6			0.000001	0.000004	0.000013	0.000036
7					0.000001	0.000003

续表

k \ λ	1.0	2.0	3.0	4.0	5.0	6.0
0	0.367879	0.135335	0.049787	0.018316	0.006738	0.002479
1	0.367879	0.270671	0.149361	0.073263	0.033690	0.014873
2	0.183940	0.270671	0.224042	0.146525	0.084224	0.044618
3	0.061313	0.180447	0.224042	0.195367	0.140374	0.089235
4	0.015328	0.090224	0.168031	0.195367	0.175467	0.133853
5	0.003066	0.036089	0.100819	0.156293	0.175467	0.160623
6	0.000511	0.012030	0.050409	0.104196	0.146223	0.160623
7	0.000073	0.003437	0.021604	0.059540	0.104445	0.137677
8	0.000009	0.000859	0.008102	0.029770	0.065278	0.103258
9	0.000001	0.000191	0.002701	0.013231	0.036266	0.068838
10		0.000038	0.000810	0.005292	0.018133	0.041303
11		0.000007	0.000221	0.001925	0.008242	0.022529
12		0.000001	0.000055	0.000642	0.003434	0.011264
13			0.000013	0.000197	0.001321	0.005199
14			0.000003	0.000056	0.000472	0.002228
15			0.000001	0.000015	0.000157	0.000891
16				0.000004	0.000049	0.000334
17				0.000001	0.000014	0.000118
18					0.000004	0.000039
19					0.000001	0.000012
20						0.000004
21						0.000001

附表4 标准正态分布函数值及分位数表

本表列出了标准正态分布函数值

$$\Phi(x) = \int_{-\infty}^{x} \frac{1}{\sqrt{2\pi}} e^{-\frac{t^2}{2}} \, dt.$$

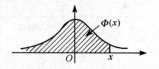

x	0.00	0.01	0.02	0.03	0.04	0.05	0.06	0.07	0.08	0.09
0.0	0.5000	0.5040	0.0580	0.5120	0.5160	0.5199	0.5239	0.5279	0.5319	0.5359
0.1	0.5398	0.5438	0.5478	0.5517	0.5557	0.5596	0.5636	0.5675	0.5714	0.5753
0.2	0.5793	0.5832	0.5871	0.5910	0.5948	0.5987	0.6026	0.6064	0.6103	0.6141
0.3	0.6179	0.6217	0.6255	0.6293	0.6331	0.6368	0.6406	0.6443	0.6480	0.6517
0.4	0.6554	0.6591	0.6628	0.6664	0.6700	0.6736	0.6772	0.6808	0.6844	0.6879
0.5	0.6915	0.6950	0.6985	0.7019	0.7054	0.7088	0.7123	0.7157	0.7190	0.7224
0.6	0.7257	0.7291	0.7324	0.7357	0.7389	0.7422	0.7454	0.7486	0.7517	0.7549
0.7	0.7580	0.7611	0.7642	0.7673	0.7704	0.7734	0.7764	0.7794	0.7823	0.7852
0.8	0.7881	0.7910	0.7939	0.7967	0.7995	0.8023	0.8051	0.8078	0.8106	0.8133
0.9	0.8159	0.8186	0.8212	0.8238	0.8264	0.8289	0.8315	0.8340	0.8365	0.8389
1.0	0.8413	0.8438	0.8461	0.8485	0.8508	0.8531	0.8554	0.8577	0.8599	0.8621
1.1	0.8643	0.8665	0.8686	0.8708	0.8729	0.8749	0.8770	0.8790	0.8810	0.8830
1.2	0.8849	0.8869	0.8888	0.8907	0.8925	0.8944	0.8962	0.8980	0.8997	0.9015
1.3	0.9032	0.9049	0.9066	0.9082	0.9099	0.9115	0.9131	0.9147	0.9162	0.9177
1.4	0.9192	0.9207	0.9222	0.9236	0.9251	0.9265	0.9279	0.9292	0.9306	0.9319
1.5	0.9332	0.9345	0.9357	0.9370	0.9382	0.9394	0.9406	0.9418	0.9429	0.9441
1.6	0.9452	0.9463	0.9474	0.9484	0.9495	0.9505	0.9515	0.9525	0.9535	0.9545
1.7	0.9554	0.9564	0.9573	0.9582	0.9591	0.9599	0.9608	0.9616	0.9625	0.9633
1.8	0.9641	0.9649	0.9656	0.9664	0.9671	0.9678	0.9686	0.9693	0.9699	0.9706
1.9	0.9713	0.9719	0.9726	0.9732	0.9738	0.9744	0.9750	0.9756	0.9761	0.9767
2.0	0.9772	0.9778	0.9783	0.9788	0.9793	0.9798	0.9803	0.9808	0.9812	0.9817
2.1	0.9821	0.9826	0.9830	0.9834	0.9838	0.9842	0.9846	0.9850	0.9854	0.9857
2.2	0.9861	0.9864	0.9868	0.9871	0.9875	0.9878	0.9881	0.9884	0.9887	0.9890
2.3	0.9893	0.9896	0.9898	0.9901	0.9904	0.9906	0.9909	0.9911	0.9913	0.9916
2.4	0.9918	0.9920	0.9922	0.9925	0.9927	0.9929	0.9931	0.9932	0.9934	0.9936
2.5	0.9938	0.9940	0.9941	0.9943	0.8945	0.9946	0.9948	0.9949	0.9951	0.9952
2.6	0.9953	0.9955	0.9956	0.9957	0.9959	0.9960	0.9961	0.9962	0.9963	0.9964
2.7	0.9965	0.9966	0.9967	0.9968	0.9969	0.9970	0.9971	0.9972	0.9973	0.9974
2.8	0.9974	0.9975	0.9976	0.9977	0.9977	0.9978	0.9979	0.9979	0.9980	0.9931
2.9	0.9981	0.9982	0.9982	0.9983	0.9984	0.9984	0.9985	0.9985	0.9986	0.9986

续表

x	0.00	0.01	0.02	0.03	0.04	0.05	0.06	0.07	0.08	0.09
3.0	0.9987	0.9987	0.9987	0.9988	0.9988	0.9989	0.9989	0.9989	0.9990	0.9996
3.1	0.9990	0.9991	0.9991	0.9991	0.9992	0.9992	0.9992	0.9992	0.9993	0.9996
3.2	0.9993	0.9993	0.9994	0.9994	0.9994	0.9994	0.9994	0.9995	0.9995	0.9995
3.3	0.9995	0.9995	0.9995	0.9996	0.9996	9.9996	0.9996	0.9996	0.9996	9.9997
3.4	0.9997	0.9997	0.9997	0.9997	0.9997	0.9997	0.9997	0.9997	0.9997	0.9993

下表列出了几个常用的 p 分位数 u_p，它满足

$$\Phi(u_p) = p.$$

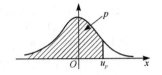

p	0.90	0.95	0.975	0.99	0.995	0.999
u_p	1.282	1.645	1.960	2.326	2.576	3.090

附表 5　χ^2 分布的分位数表

本表列出了 $\chi^2(n)$ 分布的 p 分位数 $\chi^2_p(n)$，它满足

$$P(\chi^2(n) \leqslant \chi^2_p(n)) = p.$$

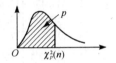

p / n	0.005	0.01	0.025	0.05	0.10	0.90	0.95	0.975	0.99	0.995
1	—	—	0.001	0.004	0.016	2.706	3.841	5.024	6.535	7.879
2	0.010	0.020	0.051	0.103	0.211	4.605	5.991	7.378	9.210	10.597
3	0.072	0.115	0.216	0.352	0.584	6.251	7.815	9.348	11.345	12.830
4	0.207	0.297	0.484	0.711	1.064	7.779	9.488	11.143	13.277	14.860
5	0.412	0.554	0.831	1.145	1.610	9.236	11.071	12.832	15.086	16.750
6	0.676	0.872	1.237	1.635	2.204	10.645	12.592	14.449	16.812	18.548
7	0.989	1.239	1.690	2.167	2.833	12.017	14.067	16.013	18.475	20.278
8	1.344	1.646	2.180	2.733	3.499	13.362	15.507	17.535	20.090	21.955
9	1.735	2.088	2.700	3.325	4.168	14.684	16.919	19.023	21.666	23.589
10	2.156	2.558	3.247	3.940	4.865	15.987	18.307	20.483	23.209	25.188
11	2.603	3.053	3.816	4.575	5.578	17.275	19.675	21.920	24.725	26.757
12	3.074	3.571	4.404	5.226	6.304	18.549	21.026	23.337	26.217	28.299
13	3.565	4.107	5.009	5.892	7.042	19.812	22.362	24.736	27.688	29.819
14	4.075	4.660	5.629	6.571	7.790	21.064	23.685	26.119	29.141	31.319
15	4.601	5.229	6.262	7.261	8.547	22.307	24.996	27.488	30.578	32.801
16	5.142	5.812	6.908	7.962	9.312	23.542	26.296	28.845	32.000	34.267
17	5.697	6.408	7.564	8.672	10.085	24.769	27.587	30.191	33.409	35.718

续表

n\p	0.005	0.01	0.025	0.05	0.10	0.90	0.95	0.975	0.99	0.995
18	6.265	6.015	8.342	9.390	10.065	25.989	28.869	31.526	34.805	37.156
19	6.844	7.633	8.907	10.117	11.651	27.204	30.144	32.852	36.191	38.582
20	7.434	8.260	9.591	10.851	12.443	28.412	31.410	34.170	37.566	39.997
21	8.034	8.897	10.283	11.591	13.240	29.615	32.671	36.479	38.932	41.691
22	8.643	9.542	10.982	12.336	14.042	30.813	33.924	36.781	40.293	42.796
23	9.260	10.196	11.689	13.091	14.848	32.007	35.172	38.076	41.639	44.181
24	9.886	10.856	12.481	13.848	15.659	33.196	36.415	39.364	42.900	45.559
25	10.520	11.524	13.128	14.611	16.473	34.382	37.652	40.646	44.314	46.920
26	11.160	12.198	13.844	15.379	17.292	36.563	38.885	41.923	45.642	48.290
27	11.808	12.879	14.573	16.151	18.114	36.741	40.113	43.194	46.963	49.645
28	12.461	13.565	15.308	16.928	18.939	37.916	41.337	44.461	48.278	50.993
29	13.121	14.257	16.047	17.708	19.768	39.087	42.557	45.722	49.588	52.336
30	13.787	14.954	16.791	18.493	20.599	40.256	43.773	46.773	50.892	53.672
31	14.458	15.655	17.539	19.281	21.434	41.422	44.985	48.232	52.191	55.003
32	15.134	16.362	18.291	20.072	22.271	42.585	46.194	49.480	53.486	56.328
33	15.815	17.074	19.047	20.867	23.110	43.745	47.400	50.725	54.776	57.648
34	16.501	17.789	19.806	21.664	23.952	44.903	48.602	51.966	56.061	58.946
35	17.192	18.509	20.569	22.465	24.797	49.802	49.802	52.203	57.342	40.275
36	17.887	19.233	21.336	23.269	25.643	47.212	50.998	54.437	58.619	61.581
37	18.586	19.960	22.106	24.075	26.492	48.363	52.192	55.668	59.892	62.883
38	19.289	20.691	22.878	24.884	27.343	49.513	53.384	56.896	61.162	64.181
39	19.996	21.426	23.654	25.605	28.196	50.600	54.572	58.120	62.428	65.476
40	20.707	22.164	24.433	26.509	29.051	51.805	55.758	59.342	63.691	66.766
41	21.421	20.906	25.215	27.326	29.907	52.949	56.942	60.561	64.950	68.053
42	22.138	23.650	25.999	28.144	30.765	54.090	58.124	61.777	66.296	69.336
43	22.859	24.398	26.785	28.965	31.625	55.230	59.304	62.990	67.459	70.616
44	23.584	25.148	27.575	29.787	32.487	56.369	60.481	64.201	68.710	71.893
45	24.311	25.901	29.366	30.612	33.350	57.505	61.656	65.410	69.957	73.166

附表6　*t*分布的分位数表

本表列出了 $t(n)$ 分布的 p 分位数 $t_p(n)$，它满足

$$P(t(n) \leqslant t_p(n)) = p.$$

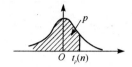

p \ n	0.90	0.95	0.975	0.99	0.995
1	3.0777	6.3138	12.7062	31.8207	63.6574
2	1.8556	2.9200	4.3027	6.9646	9.9248
3	1.6377	2.3534	3.1824	4.5407	5.8409
4	1.5332	2.1318	2.7764	3.7469	4.6041
5	1.4759	2.0150	2.5706	3.3649	4.0322
6	1.4398	1.9432	2.4669	3.1427	3.7074
7	1.4149	1.8946	2.3646	2.9980	3.4995
8	1.3968	1.8595	2.3060	2.8965	3.3554
9	1.3830	1.8331	2.2622	2.8214	3.2498
10	1.3722	1.8125	2.2281	2.7638	3.1693
11	1.3634	1.7959	2.2010	2.7181	3.1058
12	1.3562	1.7823	2.1788	2.6810	3.0545
13	1.3502	1.7709	2.1604	2.6503	3.0123
14	1.3450	1.7613	2.1448	2.6245	2.9768
15	1.3406	1.7531	2.1315	2.6025	2.9467
16	1.3368	1.7459	2.1199	2.5835	2.9208
17	1.3334	1.7396	2.1098	2.5669	2.8982
18	1.3304	1.7341	2.1009	2.5524	2.8784
19	1.3277	1.7291	2.0930	2.5395	2.8609
20	1.3253	1.7247	2.0860	2.5280	2.8453
21	1.3232	1.7207	2.0796	2.5177	2.8314
22	1.3212	1.7171	2.0739	2.5083	2.8188
23	1.3195	1.7139	2.0687	2.4999	2.8073
24	1.3178	1.7109	2.0639	2.4922	2.7969
25	1.3163	1.7081	2.0595	2.4851	2.7874
26	1.3150	1.7056	2.0555	2.4786	2.7787
27	1.3137	1.7033	2.0518	2.4727	2.7707
28	1.3125	1.7011	2.0484	2.4671	2.7633
29	1.3114	1.6991	2.0452	2.4620	2.7564
30	1.3104	1.6973	2.0423	2.4573	2.7500

续表

n \ p	0.90	0.95	0.975	0.99	0.995
31	1.3095	1.6955	2.0395	2.4528	2.7440
32	1.3086	1.6939	2.0369	2.4487	2.7385
33	1.3077	1.6924	2.0345	2.4448	2.7333
34	1.3070	1.6909	2.0322	2.4411	2.7284
35	1.3062	1.6896	2.0301	2.4377	2.7238
36	1.3055	1.6883	2.0281	2.4345	2.7195
37	1.3049	1.6871	2.0262	2.4314	2.7154
38	1.3042	1.6860	2.0244	2.4286	2.7116
39	1.3036	1.6849	2.0227	2.4258	2.7079
40	1.3031	1.6839	2.0211	2.4233	2.7045
41	1.3025	1.6829	2.0195	2.4208	2.7012
42	1.3020	1.6820	2.0181	2.4185	2.6981
43	1.3016	1.6811	2.0167	2.4163	2.6951
44	1.3011	1.6802	2.0154	2.4141	2.6923
45	1.3006	1.6794	2.0141	2.4121	2.6896

附表 7 F 分布的分位数表

本表列出了 $F(m,n)$ 分布的分位数 $F_p(m,n)$，它满足

$$P(F(m,n) \leqslant F_p(m,n)) = p.$$

(1) $p = 0.75$.

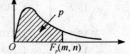

n \ m	1	2	3	4	5	6	7	8	9	10	12	15	20	24	30	40	60
1	5.83	7.50	8.20	8.58	8.82	8.98	9.10	9.19	9.26	9.32	9.41	9.49	9.58	9.63	9.67	9.71	9.76
2	2.57	3.00	3.15	2.23	3.28	3.31	3.34	3.35	3.37	3.38	3.39	3.41	3.43	3.43	3.44	3.45	3.46
3	2.02	2.28	3.36	2.39	2.41	2.42	2.43	2.44	2.44	2.44	2.45	2.46	2.46	2.46	2.47	2.47	2.47
4	1.81	2.00	2.05	2.06	2.07	2.08	2.08	2.08	2.08	2.08	2.08	2.08	2.08	2.08	2.08	2.08	2.08
5	1.69	1.85	1.88	1.89	1.89	1.89	1.89	1.89	1.89	1.89	1.89	1.89	1.88	1.88	1.88	1.88	1.87
6	1.62	1.76	1.78	1.79	1.79	1.78	1.78	1.78	1.77	1.77	1.77	1.76	1.76	1.75	1.75	1.75	1.74
7	1.57	1.70	1.72	1.72	1.71	1.71	1.70	1.70	1.69	1.69	1.68	1.68	1.67	1.67	1.66	1.66	1.65
8	1.54	1.66	1.67	1.66	1.66	1.65	1.64	1.64	1.63	1.63	1.62	1.62	1.61	1.60	1.60	1.59	1.59
9	1.51	1.62	1.63	1.63	1.62	1.61	1.60	1.60	1.59	1.59	1.58	1.57	1.56	1.56	1.55	1.54	1.54
10	1.49	1.60	1.60	1.59	1.59	1.58	1.57	1.56	1.56	1.55	1.54	1.53	1.52	1.52	1.51	1.51	1.50
12	1.46	1.56	1.56	1.55	1.54	1.53	1.52	1.51	1.51	1.50	1.49	1.48	1.47	1.46	1.45	1.45	1.44
15	1.43	1.52	1.52	1.51	1.49	1.48	1.47	1.46	1.46	1.45	1.44	1.43	1.41	1.41	1.40	1.39	1.38
20	1.40	1.49	1.48	1.47	1.45	1.44	1.43	1.42	1.41	1.40	1.39	1.37	1.36	1.35	1.34	1.33	1.32
24	1.39	1.47	1.46	1.44	1.43	1.41	1.40	1.39	1.38	2.38	1.36	1.35	1.33	1.32	1.31	1.30	1.29
30	1.38	1.45	1.44	1.42	1.41	1.39	1.38	1.37	1.36	1.35	1.34	1.32	1.30	1.29	1.28	1.27	1.26
40	1.36	1.44	1.42	1.40	1.39	1.37	1.36	1.35	1.34	1.33	1.31	1.30	1.28	1.26	1.25	1.24	1.22
60	1.35	1.42	1.41	1.38	1.37	1.35	1.33	1.32	1.31	1.30	1.29	1.27	1.25	1.24	1.22	1.21	1.19

（2）$p=0.90$.

m\n	1	2	3	4	5	6	7	8	9	10	15	20	30	50
1	39.9	49.5	53.6	55.8	57.2	58.2	58.9	59.4	59.9	60.2	61.2	61.7	62.3	62.7
2	8.53	9.00	9.16	9.24	9.29	9.33	9.35	9.37	9.38	9.39	9.42	9.44	9.46	9.47
3	5.54	5.46	5.39	5.34	5.31	5.28	5.27	5.25	5.24	5.23	5.20	5.18	5.17	5.15
4	4.54	4.32	4.19	4.11	4.05	4.01	3.98	3.95	3.94	3.92	3.87	3.84	3.82	3.80
5	4.06	3.78	3.62	3.52	3.45	3.40	3.37	3.34	3.32	3.30	3.24	3.21	3.17	3.15
6	3.78	3.46	3.29	3.18	3.11	3.05	3.01	2.98	2.96	2.94	2.87	2.84	2.80	2.77
7	3.59	3.26	3.07	2.96	2.38	2.83	2.78	2.75	2.72	2.70	2.63	2.59	2.56	2.52
8	3.46	3.11	2.92	2.81	2.73	2.67	2.62	2.59	2.56	2.54	2.46	2.42	2.38	2.35
9	3.36	3.01	2.81	2.69	2.61	2.55	2.51	2.47	2.44	2.42	2.34	2.30	2.25	2.22
10	3.28	2.92	2.73	2.61	2.52	2.46	2.41	2.38	2.35	2.32	2.24	2.20	2.16	2.12
15	3.07	2.70	2.49	2.36	2.27	2.21	2.16	2.12	2.09	2.06	1.97	1.92	1.87	1.83
20	2.97	2.59	2.38	2.25	2.16	2.09	2.04	2.00	1.96	1.94	1.84	1.79	1.74	1.69
30	2.88	2.49	2.28	2.14	2.05	1.98	1.93	1.88	1.85	1.82	1.72	1.67	1.61	1.55
40	2.84	2.44	2.23	2.09	2.00	1.93	1.87	1.83	1.79	1.76	1.66	1.61	1.54	1.48
50	2.81	2.41	2.20	2.06	1.97	1.90	1.84	1.80	1.76	1.73	1.63	1.57	1.50	1.44

（3）$p=0.95$.

m\n	1	2	3	4	5	6	7	8	9	10	12	14	16	18	20	30	40	50
1	161	200	216	225	230	234	237	239	241	242	244	245	246	247	248	250	251	252
2	18.5	19.0	19.2	19.2	19.3	19.3	19.4	19.4	19.4	19.4	19.4	19.4	19.4	19.4	19.4	19.5	19.5	19.5
3	10.1	9.55	9.28	9.12	9.01	8.94	8.89	8.85	8.81	8.79	8.74	8.71	8.69	8.67	8.66	8.62	8.59	8.58
4	7.71	6.94	6.59	6.39	6.26	6.16	6.09	6.04	6.00	5.96	5.91	5.87	5.84	5.82	5.80	5.75	5.72	5.70
5	6.61	5.79	5.41	5.19	5.05	4.95	4.88	4.82	4.77	4.74	4.68	4.64	4.60	4.58	4.56	4.50	1.16	4.44
6	5.99	5.14	4.76	4.53	4.39	4.28	4.21	4.15	4.10	4.06	4.00	3.96	3.02	3.30	3.87	3.81	3.77	3.75
7	5.59	4.74	4.35	4.12	3.97	3.87	3.79	3.73	3.68	3.64	3.57	3.53	3.49	3.47	3.44	3.38	3.34	3.32
8	5.32	4.46	4.07	3.84	3.69	3.58	3.50	3.44	3.39	3.35	3.28	3.24	3.20	3.17	3.15	3.08	3.04	3.02
9	5.12	4.6	3.86	3.63	3.48	3.37	3.29	3.23	3.18	3.14	3.07	3.03	2.99	2.96	2.94	2.86	2.83	2.80
10	4.96	4.10	3.71	3.48	3.33	3.22	3.10	3.07	3.02	2.98	2.91	2.86	2.83	2.80	2.77	2.70	2.66	2.64
12	4.75	3.89	3.49	3.26	3.11	3.00	2.91	2.85	2.80	2.75	2.69	2.64	2.60	2.57	2.54	2.47	2.43	2.40
14	4.60	3.74	3.34	3.11	2.96	2.85	2.76	2.70	2.65	2.60	2.53	2.48	2.44	2.41	2.39	2.31	2.27	2.24
16	4.49	3.63	3.24	3.01	2.85	2.74	2.66	2.59	2.54	2.49	2.42	2.37	2.33	2.30	2.28	2.19	2.15	2.12
18	4.41	3.55	3.16	2.93	2.77	2.66	2.58	2.51	2.46	2.41	2.34	2.29	2.25	2.22	2.19	2.11	2.06	2.04
20	4.35	3.49	3.10	2.87	2.71	2.60	2.51	2.45	2.39	2.35	2.28	2.22	2.18	2.15	2.12	2.04	1.09	1.97
30	4.17	3.32	2.92	2.69	2.53	2.42	2.33	2.27	2.21	2.16	2.09	2.04	1.99	1.96	1.93	1.84	1.79	1.76
40	4.08	3.23	2.84	2.61	2.45	2.34	2.25	2.18	2.12	2.08	2.00	1.95	1.90	1.87	1.84	1.74	1.69	1.66
50	4.03	3.18	2.79	2.56	2.40	2.29	2.20	2.13	2.07	2.03	1.95	1.89	1.85	1.81	1.78	1.69	1.63	1.60

(4) $p=0.99$.

n \ m	1	2	3	4	5	6	7	8	9	10	12	14	16	18	20	30	40	50
1	405	500	540	563	576	586	593	598	602	606	611	614	617	619	621	626	629	630
2	98.5	99.0	99.2	99.2	99.3	99.3	99.4	99.4	99.4	99.4	99.4	99.4	99.4	99.4	99.4	99.5	99.5	99.5
3	34.1	30.8	29.5	28.7	28.2	27.9	27.7	27.5	27.3	27.2	27.1	26.9	26.8	26.8	26.7	26.5	26.4	26.4
4	21.2	18.0	16.7	16.0	15.5	15.2	15.0	14.8	14.7	14.5	14.4	14.2	14.2	14.1	14.0	13.8	13.7	13.7
5	16.3	13.3	12.1	11.4	11.0	10.7	10.5	10.3	10.2	10.1	9.89	9.77	9.68	9.61	9.55	9.38	9.29	9.24
6	13.7	10.9	9.78	9.15	8.75	8.47	8.26	8.10	7.98	7.87	7.72	7.60	7.52	7.45	7.40	7.23	7.14	7.09
7	12.2	9.55	8.45	7.85	7.46	7.19	6.99	6.84	6.72	6.62	6.47	6.36	6.27	6.21	6.16	5.99	5.91	5.86
8	11.3	8.65	7.59	7.01	6.63	6.37	6.18	6.03	5.91	5.81	5.67	5.56	5.48	5.41	5.36	5.20	5.12	5.07
9	10.6	8.02	6.99	6.42	6.06	5.80	5.61	5.47	5.35	5.26	5.11	5.00	4.92	4.86	4.81	4.65	4.57	4.52
10	10.0	7.56	6.55	5.99	5.64	5.39	5.20	5.06	4.94	4.85	4.71	4.60	4.52	4.46	4.41	4.25	4.17	4.12
12	9.33	6.93	5.95	5.41	5.06	4.87	4.64	4.50	4.39	4.30	4.16	4.05	3.97	3.91	3.86	3.70	3.62	3.57
14	8.86	6.51	5.56	5.04	4.70	4.46	4.28	4.14	4.03	3.94	3.80	3.70	3.62	3.56	3.51	3.35	3.27	3.22
16	8.53	6.23	5.29	4.77	4.44	4.20	4.03	3.89	3.78	3.69	3.55	3.45	3.37	3.31	3.26	3.10	3.02	2.97
18	8.29	6.01	5.09	4.58	4.25	4.01	3.84	3.71	3.60	3.51	3.37	3.27	3.19	3.13	3.08	2.92	2.84	2.78
20	8.10	5.85	4.94	4.43	4.10	3.87	3.70	3.56	3.46	3.37	3.23	3.13	3.05	2.99	2.94	2.78	2.69	2.64
30	7.56	5.39	4.51	4.02	3.70	3.47	3.30	3.17	3.07	2.98	2.84	2.74	2.66	2.60	2.55	2.39	2.30	2.25
40	7.31	5.18	4.31	3.83	3.51	3.29	3.12	2.99	2.89	2.80	2.66	2.56	2.48	2.42	2.37	2.20	2.11	2.06
50	7.17	5.06	4.20	3.72	3.41	3.19	3.02	2.89	2.79	2.70	2.56	2.46	2.38	2.32	2.27	2.10	2.01	1.95

附表 8　相关系数检验的临界值表

本表列出了相关系数检验的临界值,其中,显著性水平为 α,样本大小为 n.

n	α		n	α	
	0.05	0.01		0.05	0.01
3	0.997	1.000	18	0.468	0.590
4	0.950	0.990	19	0.456	0.575
5	0.878	0.959	20	0.444	0.561
6	0.811	0.917	21	0.433	0.549
7	0.754	0.874	22	0.423	0.537
8	0.707	0.834	23	0.413	0.526
9	0.666	0.798	24	0.404	0.515
10	0.632	0.765	25	0.396	0.505
11	0.602	0.735	26	0.388	0.496
12	0.576	0.708	27	0.381	0.487
13	0.553	0.684	28	0.374	0.478
14	0.532	0.661	29	0.364	0.470
15	0.514	0.641	30	0.361	0.463
16	0.497	0.623	31	0.355	0.456
17	0.482	0.606	32	0.349	0.449

参考答案

第1章

1. (1){2, 3, 4,…, 12};(2){10, 11, 12,…}; (3) {0, 1, 2,…};(4){$(x, y) \mid x^2 + y^2 < 1$};
(5){00, 01, 10, 11} 或{(0, 0),(0,1),(1, 0),(1,1)}.

2. (1)0.6;(2)0.4.　**3.** $\dfrac{1}{4}$.

4. 由题意可知,A_1, $A_2 \subset A$,有 $P(A) \geqslant P(A_1 A_2)$,而且 $0 \leqslant P(A_1 \bigcup A_2) \leqslant 1$. 所以 $P(A_3) \geqslant$ $P(A_1 A_2) \geqslant P(A_1) + P(A_2) - 1$.

5. 提示:因为 $A_i \subset A(i = 1, 2, 3)$,所以 $A_1 A_2 A_3 \subset A$,于是

$$P(A) \geqslant P(A_1 A_2 A_3) = P(A_1 A_2) + P(A_3) - P(A_1 A_2 \bigcup A_3)$$
$$\geqslant P(A_1 A_2) + P(A_3) - 1.$$

又

$$P(A_1 A_2) = P(A_1) + P(A_2) - P(A_1 \bigcup A_2) \geqslant P(A_1) + P(A_2) - 1.$$

则

$$P(A) \geqslant P(A_1) + P(A_2) + P(A_3) - 2.$$

6. $\dfrac{3}{16}$.　**7.** (1) $P(A \bigcup B \bigcup C) = 5/8$. (2) $P(A \bigcup B) = 11/15$,$P(\overline{A}B) = 4/15$,$P(A \bigcup B \bigcup C) = 17/20$,$P(\overline{A} \, \overline{B} \, \overline{C}) = 3/20$. $P(\overline{A} \, \overline{B} C) = 7/60$,$P(\overline{A} \, \overline{B} \bigcup C) = 7/20$. (3) (1) $P(A\overline{B}) = 1/2$, (2) $P(A\overline{B}) = 3/8$.

8. 0.6.　**9.** 0.3.　**10.** $\dfrac{19}{40}$.　**11.** $\dfrac{1\,917}{2\,000}$.

12. $1 - \dfrac{8^n + 5^n - 4^n}{9^n}$.　**13.** $\dfrac{2(k-1)(n-k)}{n(n-1)}$.　**14.** $\dfrac{6}{16}$,$\dfrac{9}{16}$,$\dfrac{1}{16}$.　**15.** $\dfrac{17}{36}$,$\dfrac{2}{36}$,$\dfrac{17}{36}$.

16. 0.225.　**17.** (1) $\dfrac{1 \times C_5^2}{C_{10}^3} = 1/12$; (2) $\dfrac{1 \times C_4^2}{C_{10}^3} = 1/20$.　**18.** $\dfrac{3}{8}$.　**19.** $C_{45}^2 C_5^1 / C_{50}^3$.

20. (1)113/126;(2) 1/12;　**21.** 13/21.　**22.** (1) $\dfrac{10}{28}$;(2) $\dfrac{15}{28}$;(3) $\dfrac{3}{4}$.

23. (1) $\dfrac{C_{400}^{90} C_{1\,100}^{110}}{C_{1\,500}^{200}}$;　(2)$1 - \dfrac{C_{1\,100}^{200} + C_{400}^1 C_{1\,100}^{199}}{C_{1\,500}^{200}}$.　**24.** $\dfrac{6}{7}$.　**25.** 0.24, 0.424.　**26.** $\dfrac{C_{n+1}^n}{C_{2n}^n}$.

27. $\dfrac{1}{5}$.　**28.** $\dfrac{1}{3}$.

29. $\dfrac{1}{6}$. **30.** $0.96, \dfrac{1}{2}$. **31.** $\dfrac{12}{13}$. **32.** (1)0.4. (2)0.485 6；

33. (1)$3p/2 - p^2/2$；(2)$2p/(p+1)$. **34.** $\dfrac{2}{3}$. **35.** $\dfrac{1}{2}[1+(2p-1)^{n-1}]$. **36.** 0.5.

37. 证明略. **38.** (1)0.3；(2)$\dfrac{1}{2}$.

39. 0.902. **40.** 0.75. **41.** (1)1/32；(2)13/20.

第 2 章

1. (1)$e^{-\lambda}$；(2)1. **2.** (1)$C = \dfrac{37}{16}$；(2)$P(X < 1 \mid X \neq 0) = 8/25$.

3.

X	3	4	5
p_k	0.1	0.3	0.6

4. (1)

X	0	1	2
p_k	22/35	12/35	1/35

(2)$F(X) = \begin{cases} 0, & x < 0, \\ \dfrac{22}{35}, & 0 \leqslant x < 1, \\ \dfrac{34}{35}, & 1 \leqslant x < 2, \\ 1, & x \geqslant 2; \end{cases}$ (3)$\dfrac{22}{35}, 0, \dfrac{12}{35}, 0$. **5.** $\dfrac{10}{243}$. **6.** $\dfrac{65}{81}$.

7. (1)$P\{X = k\} = 0.2^{k-1} 0.8 (k = 1, 2, \cdots)$； (2)$X \sim B(200, 0.8)$，$P\{X = k\} = C_{200}^{k}$ $0.8^k 0.2^{200-k} (k = 0, 1, 2, \cdots, 200)$； (3)$k = 6$ 或 7；(4)$2e^{-2}/3$.

8. 0.996 9. **9.** 9. **10.** (1)0.163 08；(2)0.352 93. **11.** (1) 0.321；(2) 0.243.

12. (1) 他成功一次的概率是 $\dfrac{1}{C_8^4} = \dfrac{1}{70}$；(2) 有区分能力.

13. (1) $P\{X = 5\} = \dfrac{3^5 e^{-3}}{5!} = 0.100\ 8$；(2)$P\{X \leqslant 5\} = 1 - P\{X \geqslant 6\} = 0.916\ 1$.

14. $\dfrac{2^5 e^{-2}}{5!} = 0.001\ 8$. **15.** (1) $e^{-\frac{3}{2}}$；(2)$1 - e^{-\frac{5}{2}}$. **16.** $1 - e^{-0.1} - 0.1 \times e^{-0.1}$.

17. (1) $1 - \sum\limits_{k=0}^{14} \dfrac{5^k e^{-5}}{k!}$；(2) $\sum\limits_{k=0}^{10} \dfrac{5^k e^{-5}}{k!}$；$\sum\limits_{k=0}^{5} \dfrac{5^k e^{-5}}{k!}$. **18.** (1) $a = 0, b = 1, c = -1, d = 1$；(2)

$A = 1, e^{-x}/(1+e^{-x})^2$. **19.** (1) $P(0 \leqslant X \leqslant 1) = 0.8$；(2) X 的分布律为

X	-1	0	1
p	0.2	0.6	0.2

20. (1) $A = 1$, $B = -1$; (2) $1 - e^{-2\lambda}$, $e^{-3\lambda}$; (3) $F(x) = \begin{cases} \lambda e^{-\lambda x}, & x \geqslant 0, \\ 0, & x < 0. \end{cases}$

21. $F(x) = \begin{cases} 0, & x < 0, \\ \dfrac{x^2}{2}, & 0 \leqslant x < 1, \\ -\dfrac{x^2}{2} + 2x - 1, & 1 \leqslant x < 2, \\ 1, & x \geqslant 2. \end{cases}$

22. (1) $a = \dfrac{\lambda}{2}$, $F(x) = \begin{cases} 1 - \dfrac{1}{2} e^{-\lambda x}, & x > 0, \\ \dfrac{1}{2} e^{\lambda x}, & x \leqslant 0; \end{cases}$

(2) $b = 1$, $F(x) = \begin{cases} 0, & x < 0, \\ \dfrac{x^2}{2}, & 0 \leqslant x < 1, \\ \dfrac{3}{2} - \dfrac{1}{x}, & 1 \leqslant x < 2, \\ 1, & x \geqslant 2. \end{cases}$

23. (1) $A = \dfrac{1}{2}$; (2) $\dfrac{1}{2}(1 - e^{-1})$; (3) $F(x) = \begin{cases} \dfrac{1}{2} e^x, & x < 0, \\ 1 - \dfrac{1}{2} e^{-x}, & x \geqslant 0. \end{cases}$

24. (1) $A = \dfrac{6}{29}$; (2) $F(x) = \begin{cases} 0, & x < 1, \\ \dfrac{2}{29}(x^3 - 1), & 1 \leqslant x < 2, \\ \dfrac{3}{29}x^2 + \dfrac{2}{29}, & 2 \leqslant x < 3, \\ 1, & x \geqslant 3; \end{cases}$ (3) $P(|X| \leqslant 2) = \dfrac{14}{29}$.

25. (1) $\dfrac{8}{27}$; (2) $\dfrac{4}{9}$; (3) $F(x) = \begin{cases} 0, & x < 100, \\ 1 - \dfrac{100}{x}, & x \geqslant 100. \end{cases}$

26. $P\{-1 \leqslant Y \leqslant 2\} = \dfrac{2}{5}$. **27.** $F(x) = \begin{cases} 0, & x < 0, \\ \dfrac{x}{a}, & 0 \leqslant x < a, \\ 1, & x \geqslant a. \end{cases}$ **28.** $\dfrac{20}{27}$.

29. 分布律为

X	1	2	3
p	4/7	2/7	1/7

分布函数为 $F(x) = \begin{cases} 0, & x < 1, \\ \dfrac{4}{7}, & 1 \leqslant x < 2, \\ \dfrac{6}{7}, & 2 \leqslant x < 3, \\ 1, & x \geqslant 3. \end{cases}$

30. Y 的分布律为 $P_k = C_5^k e^{-2k}(1-e^{-2})^{5-k}$，$k = 0, 1, 2, 3, 4, 5$；$P(Y \geqslant 1) = 1 - (1-e^{-2})^5$.

31. (1) 第二条路；(2) 第一条路. **32.** (1) 0.532 8，0.999 6，0.697 7，0.5；(2) $c = 3$.

33. 0.045 6. **34.** 31.25.

35. (1) 电池寿命在 250 小时以上的概率为 $P\{X > 250\} = 0.923\ 6$ (2) $x = 57.575$.

36. (1) $z_\alpha = 2.33$；(2) $z_\alpha = 2.75$，$z_{\frac{\alpha}{2}} = 2.96$.

37.

Y	0	1	4	9
p_k	1/5	7/30	1/5	11/30

38. $P\{Y = 1\} = \dfrac{1}{3}$；$P\{Y = -1\} = \dfrac{2}{3}$.

39. (1)

Y	-5	-3	1	5
p	0.3	0.3	0.2	0.2

(2)

Y	0	2	3
p	0.2	0.5	0.3

40. (1) $f_Y(y) = \dfrac{1}{y} \dfrac{1}{\sqrt{2\pi}} e^{-\frac{\ln^2 y}{2}}$，$y > 0$；(2) $f_Y(y) = \dfrac{1}{2}\sqrt{\dfrac{2}{y-1}} \dfrac{1}{\sqrt{2\pi}} e^{\frac{y-1}{4}}$，$y > 1$；

(3) $f_Y(y) = \dfrac{2}{\sqrt{2\pi}} e^{-\frac{y^2}{2}}$，$y > 0$.

41. (1) $f_Y(y) = \begin{cases} \dfrac{1}{y}, & 1 < y < e, \\ 0, & \text{其他}; \end{cases}$ (2) $f_Z(z) = \begin{cases} \dfrac{1}{2} e^{-\frac{z}{2}}, & z > 0, \\ 0, & z \leqslant 0. \end{cases}$

42. $f_Y(Y) = \begin{cases} \dfrac{2}{\pi} \dfrac{1}{\sqrt{1-y^2}}, & 0 < y < 1, \\ 0, & \text{其他}. \end{cases}$

第 3 章

1.

X \ Y	0	1	2	3
0	0	0	$\frac{3}{35}$	$\frac{2}{35}$
1	0	$\frac{6}{35}$	$\frac{12}{35}$	$\frac{2}{35}$
2	$\frac{1}{35}$	$\frac{6}{35}$	$\frac{3}{35}$	0

3. $\frac{\sqrt{2}}{4}(\sqrt{3}-1)$.

4. (1) $k=\frac{1}{8}$; (2) $P(X<1, Y<3)=\frac{3}{8}$; (3) $P(X<1.5)=\frac{27}{32}$; (4) $P(X+Y\leqslant 4)=\frac{2}{3}$.

5. (1) $A=12$; (2) $F(X, Y)=\begin{cases}(1-\mathrm{e}^{-3x})(1-\mathrm{e}^{-4y}), & x>0, y>0, \\ 0, & 其他;\end{cases}$

(3) 0.949 9.

6. $f(x, y)=\begin{cases}8\mathrm{e}^{-(4x+2y)}, & x>0, y>0, \\ 0, & 其他.\end{cases}$

7.

X \ Y	y_1	y_2	y_3	$P\{Y=x_i\}=p_i$
x_1	$\frac{1}{24}$	$\frac{1}{8}$	$\frac{1}{12}$	$\frac{1}{4}$
x_2	$\frac{1}{8}$	$\frac{3}{8}$	$\frac{1}{4}$	$\frac{3}{4}$
$P\{Y=y_j\}=p_j$	$\frac{1}{6}$	$\frac{1}{2}$	$\frac{1}{3}$	1

8.

X \ Y	0	1	2	3	$P(Y=j)$
0	0	0	$\frac{3}{35}$	$\frac{2}{35}$	$\frac{1}{7}$
1	0	$\frac{6}{35}$	$\frac{12}{35}$	$\frac{2}{35}$	$\frac{20}{35}$
2	$\frac{1}{35}$	$\frac{6}{35}$	$\frac{3}{34}$	0	$\frac{2}{7}$
$P(X=i)$	$\frac{1}{35}$	$\frac{12}{35}$	$\frac{12}{35}$	$\frac{4}{35}$	1

9. $f_X(x) = \begin{cases} 2.4x^2(2-x), & 0 \leqslant x \leqslant 1, \\ 0, & \text{其他}; \end{cases}$ $f_Y(y) = \begin{cases} 2.4y(3-4y+y^2), & 0 \leqslant y \leqslant 1, \\ 0, & \text{其他}. \end{cases}$

10. $f_X(x) = \begin{cases} \mathrm{e}^{-x}, & x > 0, \\ 0, & \text{其他}; \end{cases}$ $f_Y(y) = \begin{cases} y\mathrm{e}^{-y}, & y > 0, \\ 0, & \text{其他}. \end{cases}$ **11.** (1) $c = \dfrac{21}{4}$;

(2) $f_X(x) = \begin{cases} \dfrac{21}{8}x^2(1-x^4), & -1 \leqslant x \leqslant 1, \\ 0, & \text{其他}; \end{cases}$ $f_Y(y) = \begin{cases} \dfrac{7}{2}y^{\frac{5}{2}}, & 0 \leqslant y \leqslant 1, \\ 0, & \text{其他}. \end{cases}$

12. (1) $\dfrac{4}{9}$;

(2)

X\Y	0	1	2
0	$\dfrac{1}{4}$	$\dfrac{1}{3}$	$\dfrac{1}{9}$
1	$\dfrac{1}{6}$	$\dfrac{1}{9}$	0
2	$\dfrac{1}{36}$	0	0

13. (1) $P\{Y = m \mid X = n\} = \mathrm{C}_n^m p^m (1-p)^{n-m}, \ 0 \leqslant m \leqslant n, \ n = 0, 1, 2, \cdots;$

(2) $P\{X = n, Y = m\} = \mathrm{C}_n^m p^m (1-p)^{n-m} \dfrac{\mathrm{e}^{-\lambda}}{n!} \lambda^n, \ 0 \leqslant m \leqslant n, \ n = 0, 1, 2, \cdots.$

14. $f_{Y|X}(y \mid x) = \begin{cases} \dfrac{1}{2x}, & |y| < x < 1, \\ 0, & \text{其他}; \end{cases}$

$f_{X|Y}(x \mid y) = \begin{cases} \dfrac{1}{1-y}, & y < x < 1, \\ \dfrac{1}{1+y}, & -y < x < 1, \\ 0, & \text{其他}. \end{cases}$

15. $A = \dfrac{1}{\pi}; f_{Y|X}(y \mid x) = \dfrac{1}{\sqrt{\pi}} \mathrm{e}^{-(x-y)^2}, \ -\infty < y < +\infty.$

16. (1)

X\Y	3	4	5
1	1/10	2/10	3/10
2	0	1/10	2/10
3	0	0	1/10

(2) X 与 Y 不独立.

17. (1) 至少有一根软管在使用的概率为

$$P\{X+Y\geqslant 1\}=1-P\{X=0, Y=0\}=1-0.1=0.9.$$

(2) 在 $X=0$ 的条件下 Y 的条件分布律为

Y	0	1	2
$P\{Y=k \mid X=0\}$	5/12	1/3	1/4

在 $Y=1$ 的条件下 X 的条件分布律为

X	0	1	2
$P\{X=k \mid Y=1\}$	4/17	10/17	3/17

(3) 随机变量 X 和 Y 不是相互独立.

18. (1)

X	2	5	8
p_k	0.2	0.42	0.38

Y	0.4	0.8
p_k	0.8	0.2

(2) X 与 Y 不独立.

19. (1) 随机变量 X 和 Y 不是相互独立.

(2) 当 $0<x<1$ 时，$f_{Y|X}(y \mid x)=\dfrac{f(x, y)}{f_X(x)}=\begin{cases}\dfrac{1}{\sqrt{x}-x^2}, & x^2<y<\sqrt{x}, \\ 0, & \text{其他.}\end{cases}$

20. (1) $f(x, y)=\begin{cases}25\mathrm{e}^{-5y}, & 0<x<0.2, y>0, \\ 0, & \text{其他;}\end{cases}$ (2) e^{-1}.

21. (1) $f(x, y)=\begin{cases}\dfrac{1}{2}\mathrm{e}^{-\frac{y}{2}}, & 0<x<1, y>0, \\ 0, & \text{其他;}\end{cases}$ (2) 0.144 5.

22. Z 的分布律为

$$P(Z=k)=P(X+Y=k)=\sum_{i=1}^{k-1}P(X=i)P(Y=k-i)$$

$$=\sum_{i=1}^{k-1}\left(\frac{1}{2}\right)^i\left(\frac{1}{2}\right)^{k-i}=(k-1)\left(\frac{1}{2}\right)^k, \quad k=2, 3, \cdots.$$

23. $f_Z(z)=\begin{cases}\dfrac{1}{2z^2}, & z\geqslant 1, \\ \dfrac{1}{2}, & 0<z<1, \\ 0, & \text{其他.}\end{cases}$ **24.** 0.000 63. **25.** 证明略.

26. 设 $Z=X+Y$,

$$f_Z(z)=\begin{cases}0, & z\leqslant 0, \\ 1-\mathrm{e}^{-z}, & 0<z<1, \\ \mathrm{e}^{-z}(\mathrm{e}-1), & z\geqslant 1.\end{cases}$$

27. 证明略. **28.** (1) $\dfrac{1}{2}$, $\dfrac{1}{3}$.

(2)

V	0	1	2	3	4	5
p_k	0	0.04	0.16	0.28	0.24	0.28

(3)

U	0	1	2	3
p_k	0.28	0.30	0.25	0.17

(4)

W	0	1	2	3	4	5	6	7	8
p_k	0	0.02	0.06	0.13	0.19	0.24	0.19	0.12	0.05

29. $P\{\max(X, Y) \geqslant 0\} = P\{(X \geqslant 0) \bigcup (Y \geqslant 0)\} = P(X \geqslant 0) + P(Y \geqslant 0) - P\{X \geqslant 0, Y \geqslant 0\} = \dfrac{4}{7} + \dfrac{4}{7} - \dfrac{3}{7} = \dfrac{5}{7}$.

30. (1) $b = \dfrac{1}{1 - e^{-1}}$; (2) $f_X(x) = \begin{cases} \dfrac{e^{-x}}{1 - e^{-1}}, & 0 < x < 1, \\ 0, & \text{其他}; \end{cases}$ $f_Y(y) = \begin{cases} e^{-y}, & y > 0, \\ 0, & \text{其他}; \end{cases}$

(3) $F_U(u) = \begin{cases} 0, & u < 0, \\ \dfrac{(1 - e^{-u})^2}{1 - e^{-1}}, & 0 \leqslant u < 1, \\ 1 - e^{-u}, & u \geqslant 1. \end{cases}$

31. (1) $\dfrac{3}{4}$; (2) $\dfrac{3}{4}$. **32.** $g(u) = 0.3f(u-1) + 0.7f(u-2)$. **33.** $\dfrac{1}{9}$.

34. (1) $\dfrac{7}{24}$; (2) $f_Z(z) = \begin{cases} 2z - z^2, & 0 < z \leqslant 1, \\ 4 - 4z + z^2, & 1 < z \leqslant 2, \\ 0, & \text{其他}. \end{cases}$

35. (1) $\dfrac{1}{2}$; (2) $f_Z(z) = \begin{cases} \dfrac{1}{3}, & -1 \leqslant z \leqslant 2, \\ 0, & \text{其他}. \end{cases}$

36. (1) 不独立. (2) $f_Z(z) = \begin{cases} \dfrac{1}{2} z^2 e^{-z}, & z > 0, \\ 0, & \text{其他}. \end{cases}$

37. (1) $F_Y(y) = \begin{cases} 0, & y < 1, \\ \dfrac{y^3 + 18}{27}, & 1 \leqslant y < 2, \\ 0, & y \geqslant 2; \end{cases}$ (2) $\dfrac{8}{27}$.

38. (1)

X \ Y	-1	0	1
0	0	$\frac{1}{3}$	0
1	$\frac{1}{3}$	0	$\frac{1}{3}$

(2)

Z	-1	0	1
p_k	$\frac{1}{3}$	$\frac{1}{3}$	$\frac{1}{3}$

第4章

1. $\frac{1}{2}$，$\frac{5}{4}$，4. **2.** -0.2，13.4. **3.** 1.055 6. **4.** 0.4，0.1，0.5. **5.** $\frac{n}{N}$. **6.** 略.

7. (1) 44；(2) 68. **8.** (1) $E(X) = 2$，$E(Y) = 0$；(2) $-\frac{1}{15}$；(3) 5.

9. (1)$E(Y) = \int_{-\infty}^{+\infty} 2xf(x)\mathrm{d}x = \int_0^{+\infty} 2x\mathrm{e}^{-x}\mathrm{d}x = \left[-2x\mathrm{e}^{-x} - 2\mathrm{e}^{-x}\right]_0^{+\infty} = 2$；(2) $E(Y) = \int_{-\infty}^{+\infty} \mathrm{e}^{-2x}f(x)\mathrm{d}x = \int_0^{+\infty} \mathrm{e}^{-2x}\mathrm{e}^{-x}\mathrm{d}x = -\frac{1}{3}\mathrm{e}^{-3x}\Big|_0^{\infty} = \frac{1}{3}$.

10. $k = 2$，0.25. **11.** 4. **12.** (1) $\frac{3}{4}$；(3) $\frac{5}{8}$；(3) $\frac{1}{8}$. **13.** 10.9.

14. 5. **15.** (1) $2k^2$；(2) $\frac{\sqrt{\pi}}{2k}$；(3) $\frac{4-\pi}{4k^2}$. **16.** 1，$\frac{1}{6}$. **17.** 0.301，0.322.

18. 33.64. **19.** $f_T(t) = \begin{cases} 25t\mathrm{e}^{-5t}, & t \geqslant 0, \\ 0, & 其他, \end{cases}$ $E(T) = \frac{2}{5}$，$D(T) = \frac{2}{25}$.

20. $\frac{1}{p}$，$\frac{1-p}{p^2}$. **21.** $\frac{1}{18}$.

22. (1)

X \ Y	-1	1
-1	$\frac{1}{4}$	0
1	$\frac{1}{2}$	$\frac{1}{4}$

(2) 2. **23.** 3，192.

24. $E(X) = \int_0^1 x\left[\int_{-x}^x \mathrm{d}y\right]\mathrm{d}x = \int_0^1 2x^2\mathrm{d}x = \frac{2}{3}$；

$E(Y) = \int_0^1 \mathrm{d}x\left[\int_{-x}^x y\mathrm{d}y\right] = 0$；

$$E(XY) = \int_0^1 x \left[\int_{-x}^x y \, dy \right] dx = 0;$$

$$E(X^2) = \int_0^1 x^2 \left[\int_{-x}^x dy \right] dx = \int_0^1 2x^3 \, dx = \frac{1}{2};$$

$$D(X) = \frac{1}{2} - \left(\frac{2}{3} \right)^2 = \frac{1}{18}, \quad D(2X+1) = 4D(X) = \frac{4}{18} = \frac{2}{9}.$$

25. Z 的概率密度为 $\qquad f_Z(z) = \dfrac{1}{3\sqrt{2\pi}} e^{-\frac{(z-5)^2}{18}}, \; -\infty < z < +\infty.$

26. $E(|X-Y|) = \sqrt{\dfrac{2}{\pi}}$, $D(X-Y) = E(|X-Y|^2) - (E|X-Y|^2) = 1 - \dfrac{2}{\pi}.$

27. 证明略.　　**28.** $-28.$　　**29.** 证明略.

31. (1) $f_Y(y) = \begin{cases} \dfrac{3}{8\sqrt{y}}, & 0 < y < 1, \\[2mm] \dfrac{1}{8\sqrt{y}}, & 1 \leqslant y < 4, \\[2mm] 0, & \text{其他}; \end{cases}$ (2) $\dfrac{2}{3}$; (3) $\dfrac{1}{4}.$

32. (1) $\dfrac{1}{4}$; (2) $-\dfrac{2}{3}$.　　**33.** $-\dfrac{1}{36}, \; -\dfrac{1}{2}.$　　**34.** 证明略.　　**35.** 0.

36. $-\left(\dfrac{\pi-4}{4} \right)^2, \; \dfrac{\pi^2 - 8\pi + 16}{\pi^2 + 8\pi - 32}.$

37. $E(X_1) = \int_0^2 dx \int_0^2 x \cdot \dfrac{1}{8}(x+y) \, dy = \dfrac{7}{6},$

$$E(X_2) = \int_0^2 dx \int_0^2 y \cdot \frac{1}{8}(x+y) \, dy = \frac{7}{6},$$

$$\text{Cov}(X_1, X_2) = E\left\{ \left(X_1 - \frac{7}{6} \right) \left(X_2 - \frac{7}{6} \right) \right\}$$

$$= \int_0^2 dx \int_0^2 \left(x - \frac{7}{6} \right) \left(y - \frac{7}{6} \right) \cdot \frac{1}{8}(x+y) \, dy = -\frac{1}{36},$$

$$D(X_1) = E(X_1^2) - [E(X_1)]^2 = \int_0^2 dx \int_0^2 x^2 \cdot \frac{1}{8}(x+y) \, dy - \left(\frac{7}{6} \right)^2 = \frac{11}{36}.$$

$$D(X_2) = E(X_2^2) - [E(X_2)]^2 = \int_0^2 dx \int_0^2 y^2 \cdot \frac{1}{8}(x+y) \, dy - \left(\frac{7}{6} \right)^2 = \frac{11}{36}.$$

$$\rho_{XY} = \frac{\text{Cov}(X_1, X_2)}{\sqrt{DX_1}\sqrt{DX_2}} = \frac{-\dfrac{1}{36}}{\dfrac{11}{36}} = -\frac{1}{11},$$

$$D(X_1 + X_2) = D(X_1) + D(X_2) + 2\text{Cov}(X_1, X_2)$$

$$= \frac{11}{36} + \frac{11}{36} + 2 \times \left(-\frac{11}{36} \right) = \frac{5}{9}.$$

38. $\rho_{Z_1 Z_2} = \dfrac{\alpha^2 - \beta^2}{\alpha^2 + \beta^2}.$　　**39.** $-1.$　　**40.** 证明略.

第 5 章

1. $P\{|X-Y|\geqslant 6\}\leqslant \dfrac{1}{12}$.　**2.** $P\{10<X<18\}\geqslant 0.271$.　**3.** 269.　**4.** $p\approx 0.888\ 9$.

5. 2 265.　**6.** 0.006 2.　**7.** $P\left(X=\sum\limits_{i=1}^{16}X_i>1\ 920\right)=0.211\ 9$.　**8.** (1) 0.894 4；(2) 0.137 9.

9. 10. 证明略.　**11.** $\{X_n\}$ 服从大数定律.

12. 提示：$X_i^2(i=1,2,\cdots)$ 的期望和方差为

$$E(X_i^2)=D(X_i)+[E(X_i)]^2=\sigma^2,$$
$$D(X_i^2)=E(X_i^4)-[E(X_i^2)]^2=E(X_i^4)-\sigma^4.$$

由 $X_i^2(i=1,2,\cdots)$ 相互独立，故 $\dfrac{1}{n}\sum\limits_{i=1}^{n}X_i^2$ 的期望和方差分别为

$$E\left(\frac{1}{n}\sum_{i=1}^{n}X_i^2\right)=\sigma^2,\quad D\left(\frac{1}{n}\sum_{i=1}^{n}X_i^2\right)=\frac{1}{n}D(X_i^2).$$

对 $\dfrac{1}{n}\sum\limits_{i=1}^{n}X_i^2$ 用切比雪夫不等式有

$$1\geqslant P\left(\left|\frac{1}{n}\sum_{i=1}^{n}X_i^2-\sigma^2\right|<\varepsilon\right)\geqslant 1-\frac{\dfrac{1}{n}D(X_i^2)}{\varepsilon^2}.$$

令 $n\to\infty$，$\lim\limits_{n\to\infty}P\left(\left|\dfrac{1}{n}\sum\limits_{i=1}^{n}X_i^2-\sigma^2\right|<\varepsilon\right)=1$.

13. 4.5×10^{-6}.　**14.** 0.985 9.　**15.** 0.181 4.　**16.** $p\approx 0$.　**17.** (1) 0.135 7；(2) 0.993 8.

18. (1) 0.180 2.　(2) 0.443.　**19.** 0.001 35.　**20.** (1) 884；(2) 916.　**21.** 0.078 7.

22. 98.　**23.** 提示：用中心极根定理.

第 6 章

1. (1) $f(x_1,\cdots,x_{10})=\left(\dfrac{1}{\sqrt{2\pi}\sigma}\right)^{10}\cdot\exp\left[-\dfrac{\sum\limits_{i=1}^{10}(x_i-\mu)^2}{2\sigma^2}\right]$；

(2) $f_{\overline{X}}(x)=\left[\dfrac{1}{\sqrt{2\pi}(\sigma/\sqrt{10})}\right]\cdot\exp\left[-\dfrac{(x-\mu)^2}{2(\sigma/\sqrt{10})^2}\right]$.

3. (1) (1) (2) 是统计量；(3)(4) 不是统计量；(2) $E(\overline{X})=p$，$E(S^2)=D(X)=p(1-p)$.

4. (1) $P\{X_1=x_1,X_2=x_2,\cdots,X_n=x_n\}=p^{\sum\limits_{i=1}^{n}x_i}(1-p)^{n-\sum\limits_{i=1}^{n}x_i}$，其中 x_i 取值为 0 或 1；

(2) $P\left(\sum\limits_{i=1}^{n}X_i=k\right)=\dbinom{n}{k}p^k(1-p)^{n-k}$，$k=0,1,2,\cdots,n$；

(3) $E(\overline{X})=p$，$D(\overline{X})=\dfrac{1}{n}p(1-p)$，$E(S^2)=p(1-p)$.

5. (1) 0.262 8;

(2) $P\{\max\{X_1,X_2,X_3,X_4,X_5\}>15\}=0.292\ 3$，$P\{\min\{X_1,X_2,X_3,X_4,X_5\}<10\}=0.578\ 5$.

6. (1) $f(x_1,x_2,\cdots,x_{10})=\prod_{i=1}^{10}\frac{1}{\sqrt{2\pi}\sigma}e^{-\frac{(x_i-\mu)^2}{2\sigma^2}}$，$P\{\overline{X}<\mu\}=\frac{1}{2}$；(2) 0.431.

7. 0.829 3. **8.** (1) $C=1/3$; (2) $C=\sqrt{3/2}$; (3) 略. **9.** $P\left\{\sum_{i=1}^{10}X_i^2>1.44\right\}\approx0.1$.

10. (1) $E(S^2)=\sigma^2$; (2) $D(S^2)=\frac{2\sigma^2}{n-1}$. **11.** $E(\overline{X})=n,D(\overline{X})=\frac{n}{5},E(S^2)=2n$.

12. $E(S^2)=2$. **13.** 0.685 4. **14.** (1) 0.99, (2) $\frac{2\sigma^4}{15}$. **15.** 提示:运用定理及定义.

16. (1) 0.890 4;(2) 0.99. **17.** $Y\sim F(10,5)$. **18.** 0.674 4.

19. (1) $P(\overline{X}<29)=0.158\ 7$; (2) $P(|\overline{X}-\overline{Y}|>0.2)=0.810\ 4$.

20. 令 $S_1^2=\frac{1}{n_1-1}\sum_{i=1}^{n_1}(X_i-\overline{X})^2$，$S_2^2=\frac{1}{n_2-1}\sum_{j=1}^{n_2}(Y_i-\overline{Y})$，

则 $\qquad\sum_{i=1}^{n_1}(X_i-\overline{X})^2=(n_1-1)S_1^2$，$\sum_{j=1}^{n_2}(y_j-\overline{y})^2=(n_2-1)S_2^2$，

又 $\qquad\chi_1^2=\frac{(n_1-1)S_1^2}{\sigma^2}\sim\chi^2(n_1-1)$，$\chi_2^2=\frac{(n_2-1)S_2^2}{\sigma^2}\sim\chi^2(n_2-1)$，

那么

$$E\left[\frac{\sum_{i=1}^{n_1}(X_i-\overline{X})^2+\sum_{j=1}^{n_2}(Y_j-\overline{Y})^2}{n_1+n_2-2}\right]=\frac{1}{n_1+n_2-2}E(\sigma^2\chi_1^2+\sigma^2\chi_2^2)$$

$$=\frac{\sigma^2}{n_1+n_2-2}[E(\chi_1^2)+E(\chi_2^2)]$$

$$=\frac{\sigma^2}{n_1+n_2-2}[(n_1-1)+(n_2-1)]=\sigma^2.$$

21. $E(Y)=(n-1)E(S^2)=2(n-1)\sigma^2$.

第7章

1. $\frac{\overline{X}}{n}$. **2.** $3\overline{X}$. **3.** $\frac{1}{4}$，$\frac{7-\sqrt{13}}{2}$. **4.** (1) $\dfrac{n}{\sum\limits_{i=1}^{n}x_i}$；(2) $-\dfrac{n}{\sum\limits_{i=1}^{n}\ln x_i}$.

5. (1) 矩估计量 $\hat{\theta}=\dfrac{1-2\overline{X}}{\overline{X}-1}$；(2) 极大似然估计量 $\hat{\theta}=-1-\dfrac{1}{\dfrac{1}{n}\sum\limits_{i=1}^{n}\ln X_i}$. **6.** $\min\limits_{1\leqslant i\leqslant n}\{x_i\}$.

7. (1) $\dfrac{\overline{X}}{\overline{X}-1}$；(2) $\dfrac{n}{\sum\limits_{i=1}^{n}\ln X_i}$；(3) $\min\limits_{1\leqslant i\leqslant n}\{x_i\}$.

8. (1) $\dfrac{3}{2} - \overline{X}$；(2) $\dfrac{N}{n}$.　9. (1) $\dfrac{2}{\overline{X}}$；(2) $\dfrac{2}{\overline{X}}$.

10. (1) $\dfrac{1}{n}\sum\limits_{i=1}^{n}(X_i - \mu_0)^2$；(2) $\dfrac{n-1}{n}\sigma^2$.　11. (1) $\overline{X}$；(2) $\dfrac{2n}{\sum\limits_{i=1}^{n}\dfrac{1}{X_i}}$.

12. (1) $\dfrac{\sqrt{\pi\theta}}{2}$，$\theta$；(2) $\dfrac{1}{n}\sum\limits_{i=1}^{n}X_i^2$；(3) 存在且 $a = \theta$.

13. (1) $\dfrac{1}{\sqrt{6\pi}\sigma}\mathrm{e}^{-\frac{z^2}{6\sigma^2}}$，$-\infty < z < +\infty$；(2) $\dfrac{1}{3n}\sum\limits_{i=1}^{n}Z_i^2$；(3) 略；

14. $\hat{\theta} = 1.2$，是 θ 的无偏估计，$\hat{\theta} = 0.9$，不是 θ 的无偏估计.　15. $C = \dfrac{1}{2(n-1)}$.

16. $\dfrac{1}{2(n-1)}$.　17. $a = \dfrac{n_1 - 1}{n_1 + n_2 - 2}$，$b = \dfrac{n_2 - 1}{n_1 + n_2 - 2}$.

18. (1) $2\overline{X} - \dfrac{1}{2}$；(2) $4\overline{X}^2$ 不是 θ 的无偏估计量.

19. $a_1 = 0$，$a_2 = a_3 = \dfrac{1}{n}$，$D(T) = \dfrac{\theta(1-\theta)}{n}$.　20. $\dfrac{5}{9}\sigma^2$，$\dfrac{5}{5}\sigma^2$，$\dfrac{1}{2}\sigma^2$.

21. $(14.754, 15.146)$.　22. $n \geqslant \dfrac{4z_{\alpha/2}^2\sigma^2}{L^2}$.

23. (1) 当 σ 为已知时，置信区间为 $[5.608, 6.392]$；

(2) 当 σ 为未知时，置信区间为 $[5.558, 6.442]$.

24. (1) $(68.11, 85.09)$；　(2) $(190.33, 702.01)$.

25. 置信区间为 $[420.351, 429.743]$.　26. 置信区间为 $(-0.015, 0.215)$.

27. 置信区间为 $(0.21, 2.12)$.　28. 置信区间为 $(0.101, 0.244)$.

29. 单侧置信区间为 $(-\infty, 477.8)$.

30. 单侧置信区间为 $(1\,488.4, +\infty)$.

31. 单侧置信区间为 $(-\infty, 2.18)$.

第8章

1. 接受假设.　2. 不合格.　3. 总体平均值有显著性变化.

4. 这堆香烟（支）的重量（克）正常.　5. 电池的寿命不比该公司宣称的短.　6. 拒绝 H_0.

7. 两化验室测定的结果之间无显著差异.　8. 两批强度均值无显著差别.

9. 不能认为这批导线的电阻标准差仍为 0.005.

10. 能认为这批导线的标准差显著地偏大.

11. 接受 H_0.

12. (1) 接受 H_0；(2) 接受 H_0'.　13. 接受 H_0.　14. 接受 H_0.

U0325840